高等职业教育应用型人才培养教材

SMT 表面组装技术

（第3版）

杜中一 主 编
张 欣 王万刚 于雯雯 副主编

電子工業出版社
Publishing House of Electronics Industry
北京 · BEIJING

内 容 简 介

本书主要内容包括电子制造技术概述、表面组装元器件及电路板、焊膏与焊膏印刷、贴片胶与贴片胶涂敷、贴片、波峰焊、再流焊、清洗、检测及返修等SMT相关的基础知识及实用技术。

本书力求完整地讲述SMT的各个技术环节，并注意教材的实用性，在内容上接近SMT行业的实际情况，知识及技术贴近SMT产业的技术发展及SMT企业对岗位的需求。通过阅读本书，读者能够方便地学习到SMT行业的技术及工艺流程。

本书可作为电子专业、微电子专业及自动化专业等与SMT相关的其他专业的高等职业教育教材，也可供相关行业工程技术人员参考使用。

图书在版编目（CIP）数据

SMT表面组装技术 / 杜中一主编．—3版．—北京：电子工业出版社，2016.2
全国高等职业教育应用型人才培养规划教材

ISBN 978-7-121-28078-8

Ⅰ．①S… Ⅱ．①杜… Ⅲ．①SMT技术－高等职业教育－教材 Ⅳ．①TN305

中国版本图书馆CIP数据核字（2016）第011962号

策划编辑：王昭松
责任编辑：靳 平
印　　刷：三河市鑫金马印装有限公司
装　　订：三河市鑫金马印装有限公司
出版发行：电子工业出版社
　　　　　北京市海淀区万寿路173信箱　邮编　100036
开　　本：787×1092　1/16　印张：12.5　字数：316.2千字
版　　次：2009年6月第1版
　　　　　2016年2月第3版
印　　次：2021年6月第9次印刷
定　　价：30.00元

凡所购买电子工业出版社图书有缺损问题，请向购买书店调换。若书店售缺，请与本社发行部联系，联系及邮购电话：（010）88254888。

质量投诉请发邮件至zlts@phei.com.cn，盗版侵权举报请发邮件至dbqq@phei.com.cn。

服务热线：（010）88258888。

前 言

表面组装技术（SMT）已成为现代电子制造业的重要技术之一。中国已经成为全球最大的电子产品制造基地，电子制造业产业实力显著增强，经过改革开放30多年来的发展，产业规模位居世界首位，电子制造业大国地位日益凸显。2014年，中国电子信息制造业实现主营业务收入10.3万亿元，同比增长9.8%，占工业总体比重达到9.4%，比上年提高0.3个百分点。2014年，我国分别生产手机、微型计算机和彩色电视机16.3亿部、3.5亿台和1.4亿台，占全球出货量比重均达50%以上。企业对SMT相关技术人员需求量很大，为了满足培养SMT相关的专业技术人员的需要，我们组织编写了本书。

本书主要内容包括电子制造技术概述、表面组装元器件及电路板、焊膏与焊膏印刷、贴片胶与贴片胶涂敷、贴片、波峰焊、再流焊、清洗、检测及返修等SMT相关的基础知识及实用技术。

参与编写本书的作者都是全国各职业院校SMT专业或相关专业教学的一线骨干教师，对SMT技术及行业发展十分了解，并一起考察了广东省内一些著名的电子组装企业及科研机构，结合理论与实际生产经验，共同编写了本书。本书力求完整地讲述SMT各个工艺环节，并注意教材的实用性。本书在内容上紧密结合SMT行业的实际情况，知识及技术贴近SMT产业的技术发展及SMT企业对岗位的需求。通过阅读本书，读者能够全面地学习SMT行业的技术及工艺流程。本书可作为电子专业、微电子专业及自动化专业等与SMT相关的其他专业的高等职业教育教材。

本书由大连职业技术学院杜中一担任主编，负责统稿，张欣、王万刚、于雯雯担任副主编，姚伟鹏、江军、陈晓娟和刘鑫参编。全书共10章，其中第1章、第4章由杜中一编写，第2章由姚伟鹏和江军共同编写，第3章、第7章由张欣编写，第5章由陈晓娟编写，第6章由王万刚和杜中一共同编写，第9章由于雯雯编写，第8章、第10章由刘鑫编写。

本书第1版和第2版出版后，受到了各地高职高专院校师生的欢迎，被多校选用为相关课程的教材，甚至成为各校重点课程建设的主要课程资源，对此我们深感荣幸，心存感激。我们希望本书第3版仍能得到各地高职高专院校有关专家和教师的关心，并继续给予批评指正。本书根据SMT技术的发展及前两版存在的问题，对各章节进行了不同程度的整合、更新与充实，以方便师生的教学使用。

由于SMT技术正处于不断发展和完善中，资料的时效性很强，加上编者水平、经验有限，错误与不当之处在所难免，恳请各位读者批评指正。

编　者

2015年10月

目　　录

第1章

电子制造技术概述

1.1 电子制造简介

生产电子产品的行业就是电子制造业。电子制造业已经超越其他任何行业，成为当今第一大产业。

中国的快速发展加速了全球电子制造业的发展。中国已经成为全球最大的电子产品制造基地，电子制造业产业实力显著增强。经过改革开放30多年来的发展，产业规模位居世界首位，彩电、手机、计算机产量均居全球首位，电子制造业大国地位愈益凸显。2014年，中国电子信息制造业实现主营业务收入10.3万亿元，同比增长9.8%，占工业总体比重达到9.4%，比上年提高0.3个百分点。2014年，中国共生产手机、微型计算机和彩色电视机16.3亿部、3.5亿台和1.4亿台，占全球出货量比重均达50%以上。

1.1.1 硅片制备

硅是集成电路制造中最重要的半导体材料，超过90%的集成电路芯片都是在硅片上制作而成的。硅片制备的流程图如图1-1所示。

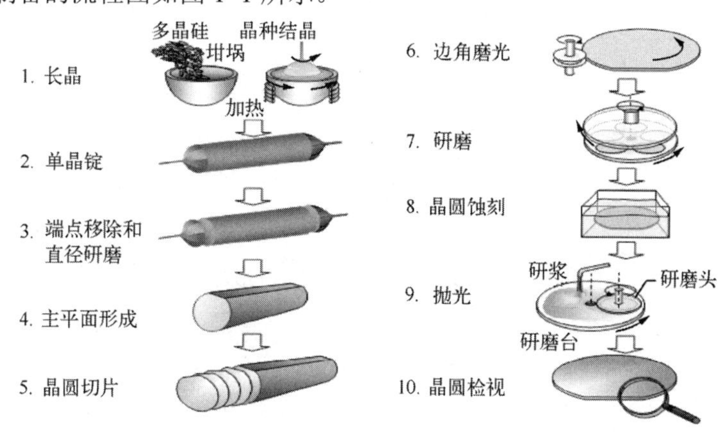

图1-1 硅片制备的流程图

1. 多晶硅提纯

硅在自然界中主要以氧化物和硅酸盐两种形式存在，经过化学反应后得到多晶硅，再提纯后得到高纯多晶硅。多晶硅纯度如表 1-1 所示。

表 1-1　多晶硅纯度

等　级	纯　度
工业纯	75%～90%
化学纯	90%～99%
分析纯	99%～99.99%
半导体纯	99.99%～99.9999%
MOS 纯	99.9999%以上

2．长晶

长晶即晶体生长，是把半导体级多晶硅块按一定的晶向转换成一块大的单晶硅锭。

3．端点移除和直径研磨

由于单晶硅锭的头和尾部分在直径及杂质浓度等方面不符合要求，不能够做晶圆使用，因此要将两端移除，去除单晶硅锭的头和尾部分，并将剩余部分进行研磨，达到统一均匀的直径标准。

4．主平面形成

制作硅片定位边或定位槽。主要功能是在硅片制造过程中起定位作用，以及标明硅片的晶向和导电类型，如 P 型或 N 型。通常早期 200mm 以下的硅片采用定位边，并在硅片上打上激光条码标志，标明硅片的出厂日期或批次之类的信息。

5．晶圆切片

使用带金刚石刀刃的内圆切割机进行切割。但 300mm 以上的硅片，一般采用线锯进行切割。

6．边角磨光

边角磨光又叫倒角，目的是使硅片边缘圆滑，减少因边缘损伤而引起的硅片缺陷。

7．研磨

进行双面机械磨片，去除切片时留下的损伤，并初步平坦化。

8．晶圆蚀刻

利用化学方法在硅表面腐蚀掉一层硅（大约 20μm），进一步去除硅片的表面损伤和污迹。

9．抛光

利用化学和机械的方法获得硅片表面的高度平整化。抛光是实现深亚微米级光刻的重要步骤。抛光后的硅片两面都会像一面镜子。

10．晶圆检视

对硅片进行物理尺寸、平整度、晶体缺陷、体电阻率、氧含量及颗粒等方面的质量检测。

1.1.2　芯片制造

芯片制造的四大基本工艺：增层、光刻和刻蚀、掺杂、热处理。反复运用这四种工艺就可以在硅片上制造出各种半导体芯片。

1．增层

增层就是在硅片表面增加一层各种薄膜材料（如二氧化硅、金属铝等），增层原理图如图 1-2 所示。

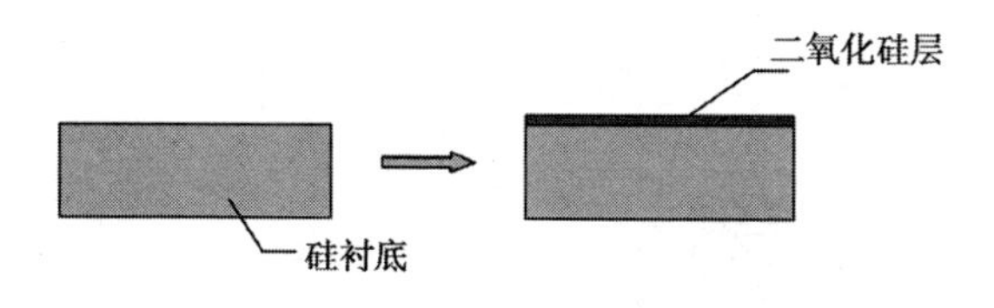

图 1-2　增层原理图

增层有多种方法，例如，氧化法，即在硅片表面热氧化一层氧化层（如二氧化硅）；淀积法，即在硅片表面物理沉积一层薄膜（如金属铝淀积）等。

2．光刻和刻蚀

利用一系列光刻和刻蚀工艺方法在硅片表面制作出不同的图形，其原理图如图 1-3 所示。

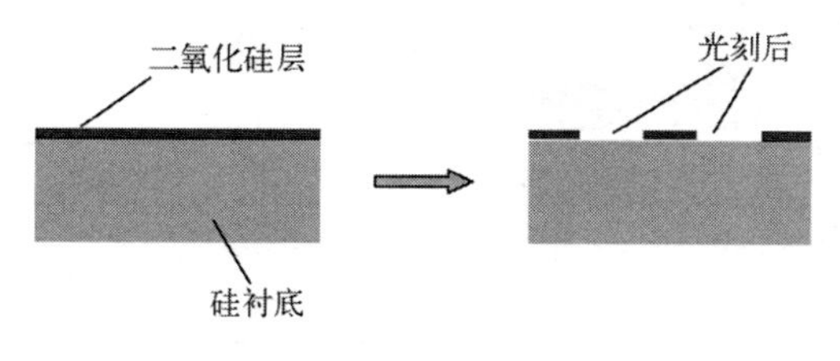

图 1-3　光刻和刻蚀原理图

3．掺杂

在硅材料中掺入少量杂质（如硼、砷等），使其电学性能发生改变，其原理图如图 1-4 所示。掺杂主要有两种方法：扩散和离子注入。

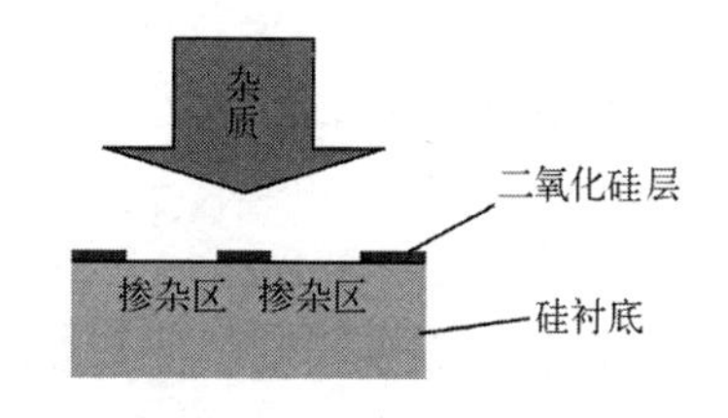

图 1-4　掺杂原理图

4．热处理

热处理是把硅片进行简单的加热和冷却，以达到特定的目的（如修复硅片缺陷等），常用的方法是退火。

1.1.3 封装

所谓封装就是将芯片制作成元器件的过程。封装主要有两个作用，一是互连作用，即把芯片上的连接点用特定的细导线（通常是金线、铜线、铝线）连接到封装外壳的引脚上，这些引脚又通过印制电路板上的导线与其他元器件建立连接，从而实现内部芯片与外部电路的连接；二是保护作用，芯片必须与外界隔离，防止空气中的杂质对芯片内部结构的腐蚀，造成电气性能下降，封装后的芯片也更便于安装和运输。

封装的好坏直接影响到芯片自身性能的发挥，几种常见的封装形式及外形如表1-2所示。

表1-2 几种常见的封装形式及外形

封装形式	外形	封装形式	外形
SIP (Single Inline Package) 单列直插式封装		DIP (Double In-Line Package) 双列直插式封装	
SOP (Small Outline Package) 小外廓封装		SOJ (Small Outline J-Lead Package) 小外廓J形引线封装	
QFP (Quad Flat Package) 四边扁平封装		LCC (Leadless Chip Carrier) 无引线芯片载体	
BGA (Ball Grid Array) 球栅阵列		PGA (Pin Grid Array) 针栅阵列	

1.2 电子组装技术概述

1.2.1 电子组装技术

电子组装技术（Electronic Assembly Technology）又称为电子装联技术。电子组装技术是根据电路原理图，对各种电子元器件、机电元器件及基板进行互连、安装和调试，使其成为合格电子产品的技术。

电子组装技术是伴随着电子器件封装技术的发展而不断前进的，有什么样的器件封装，就产生了什么样的组装技术，即电子元器件的封装形式决定了生产的组装工艺，电子组装技术根据所组装的元器件封装形式的不同分为两类，即通孔插装技术THT（Through Hole Technology）和表面组装技术SMT（Surface Mount Technology）。

电子管的问世，宣告了一个新兴行业的诞生，它引领人类进入了全新的发展阶段，电子技术的快速发展由此展开，世界从此进入了电子时代。开始，电子管在应用中安装在电子管座上，而电子管座安装在金属底板上，组装时采用分立引线进行器件和电子管座的连接，通过对各连接线的扎线和配线，保证整体走线整齐。其中，电子管的高电压工作要求，使得我们对强电和信号的走线，以及生产中对人身安全等给予了更多关注和考虑。

1947 年，美国贝尔实验室发明了半导体点接触式晶体管，从而开创了人类的硅文明时代。半导体器件的出现、低电压工作的晶体管器件应用，不仅给人们带来了生活方式的改变，也使人类进入了高科技发展的快行道。引线、金属壳封装的晶体管和引线、小型化的无源器件，为我们将若干有关联的电路集成到一块板子上创造了基础，于是单面印制电路板和平面布线技术应运而生，组装工艺强调单块印制电路板的手工焊接，由此大大缩小了电子产品的体积，随着技术的不断发展，出现了半自动插装技术和浸焊装配工艺，生产效率提高了许多。

20 世纪 70 年代，随着晶体管的小型塑封化，集成电路、厚薄膜混合电路的应用，电子器件出现了双列直插式金属、陶瓷、塑料封装，DIP、SOIC 塑料封装使得无源器件的体积进一步小型化，并形成了双面印制电路板和初始发展的多层印制电路板，组装技术也发展到采用全自动插装和波峰焊技术，电路的引线连接则更简单化，如图 1-5 所示。

20 世纪 80 年代以来，随着微电子技术的不断发展，以及大规模、超大规模集成电路的出现，使得集成电路的集成度越来越高，电路设计采用了计算机辅助分析的设计技术。此时，器件的封装形式也随着电子技术发展，在不同时期由不同封装形式分别占领主流地位，如 20 世纪 80 年代由于微处理器和存储器的大规模 IC 器件的问世，满足高速和高密度要求的周边引线、短引脚的塑料表贴封装占据了主导地位；而 20 世纪 90 年代由于超大规模和芯片系统 IC 的发展，推动了周边引脚向面阵列引脚和球栅阵列密集封装发展，并促使其成为主流。无源器件发展到表面组装元件 SMC（Surface Mount Component），并继续向微型化发展，IC 器件的封装有了表面组装器件 SMD（Surface Mount Device），在这一时期 SMD 有了很大的发展，产生了球栅阵列封装 BGA、芯片尺寸封装 CSP（Chip Size Package）、多芯片组件 MCM（Multi-Chip Model）等封装形式。表面组装技术 SMT 正是在这样的形式下发展起来的，如图 1-6 所示为表面组装示意图。

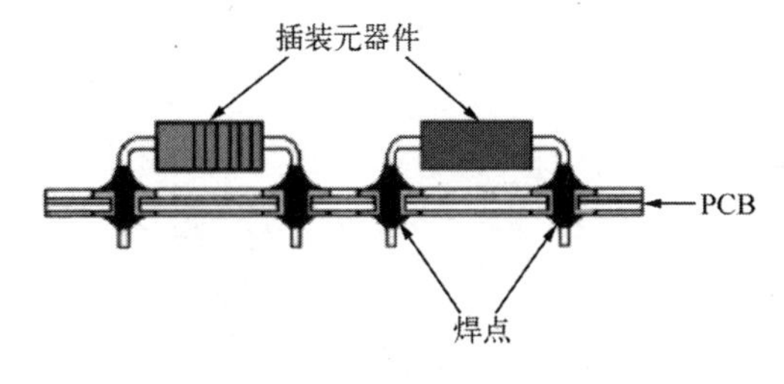

图 1-5　插装元器件示意图

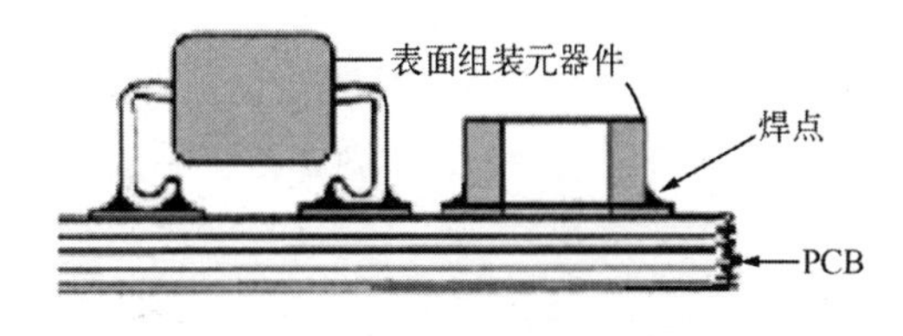

图 1-6　表面组装示意图

1.2.2　表面组装技术（SMT）

表面组装技术（SMT）也叫表面贴装技术，是新一代电子组装技术，它将传统的电子元器件压缩成为体积只有几十分之一的元器件，从而实现了电子产品组装的高密度、高可靠、小型化、低成本及生产的自动化。将这些元器件装配到电路上的工艺方法称为 SMT 工艺，相关的组装设备则称为 SMT 设备。目前，先进的电子产品，特别是计算机及通信类电子产品，已普遍采用 SMT 技术。国际上表面组装元器件产量逐年上升，而传统元器件产量逐年下降，因此随着时间的推移，SMT 技术将越来越普及。

表面组装技术是目前电子组装行业里最流行的一种技术和工艺，它有以下几个特点。

（1）组装密度高，电子产品体积小、重量轻，贴片元器件的体积和重量只有传统插装元器件的 1/10 左右。一般采用 SMT 之后，电子产品体积缩小 40%～60%，重量减轻 60%～80%。

（2）可靠性高，抗震能力强，焊点缺陷率低。

（3）高频特性好，减少了电磁和射频干扰。

（4）易于实现自动化，提高了生产效率，降低了成本。

1.2.3 SMT 的基本工艺流程

随着电子产品向小型化、高组装密度方向发展，电子组装技术也以表面贴装技术为主。但在一些电路板中仍然会存在一定数量的通孔插装元器件。插装元器件和表面组装元器件兼有的组装称为混合组装，简称混装，全部采用表面组装元器件的组装称为全表面贴装。

组装方式及其工艺流程主要取决于组装元器件的类型和组装的设备条件。大体上可分成单面贴装工艺、单面混装工艺、双面贴装工艺和双面混装工艺四种类型。

1. 单面贴装工艺

单面贴装是指元器件全为贴装元器件，并且元器件都在 PCB 一面的组装。单面贴装工艺主要流程：印刷焊膏→贴片→再流焊→清洗→检测→返修，其主要步骤如图 1-7 所示。

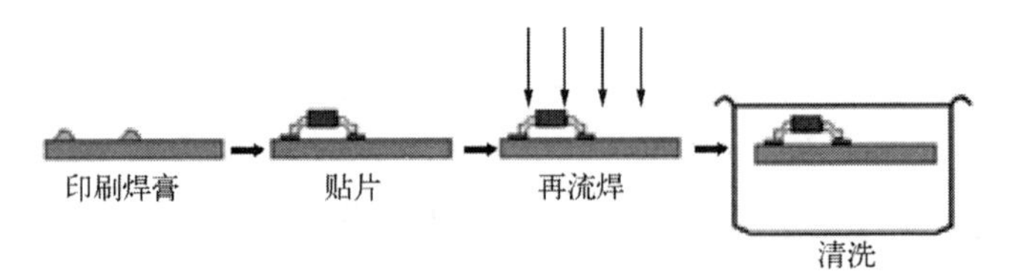

图 1-7 单面贴装工艺主要步骤

2. 单面混装工艺

单面混装是指元器件既有贴装元器件也有插装元器件，并且元器件都在 PCB 一面的组装。单面混装工艺主要流程：印刷焊膏→贴片→再流焊→插件→波峰焊→清洗→检测→返修，其主要步骤如图 1-8 所示。

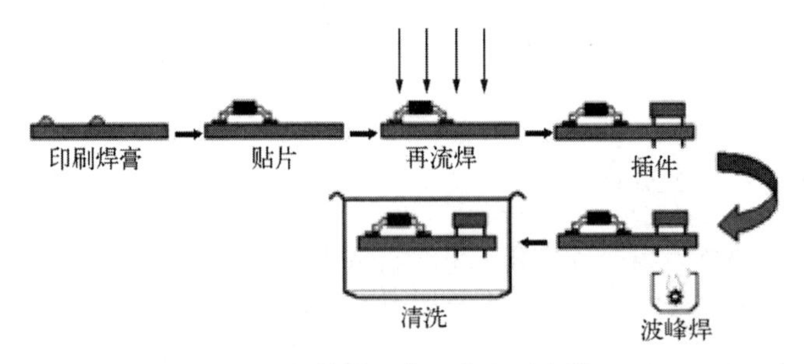

图 1-8 单面混装工艺主要步骤

3．双面贴装工艺

双面贴装是指元器件全为贴装元器件，并且元器件分布在 PCB 两面的组装。双面贴装工艺主要流程：A 面印刷焊膏→贴片→再流焊→翻板→B 面印刷焊膏→贴片→再流焊→清洗→检测→返修，其主要步骤如图 1-9 所示。

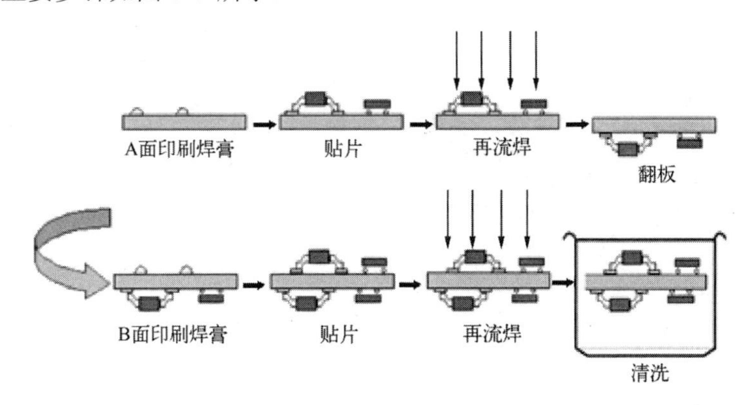

图 1-9　双面贴装工艺主要步骤

4．双面混装工艺

双面混装是指元器件既有贴装元器件也有插装元器件，并且元器件分布在 PCB 两面的组装。双面混装工艺主要流程：A 面印刷焊膏→贴片→再流焊→插件→引脚打弯→翻板→B 面点贴片胶→贴片→固化→翻板→波峰焊→清洗→检测→返修，其主要步骤如图 1-10 所示。

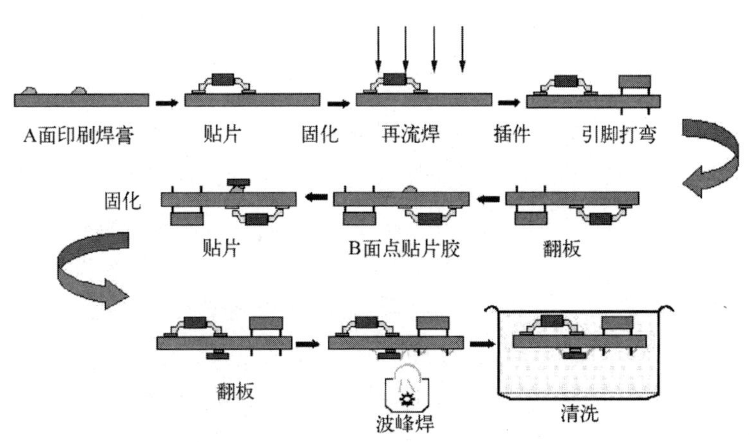

图 1-10　双面混装工艺主要步骤

1.2.4　SMT 生产线的构成与设计

1．SMT 生产线的构成

SMT 生产工艺一般包括锡膏印刷、贴片和再流焊三个主要步骤。一条完整的 SMT 生产线包括的基本设备必须包括印刷机、贴片机和再流焊机三个主要设备。此外，根据不同生产实际需求，还可以有波峰焊机、检测设备及清洗设备等。SMT生产线的设计和设备选型要结合产品生产的实际需要、实际条件、适应性和先进性等几个方面进行考虑。如图1-11所示是最基本的SMT生产线组成示意图。

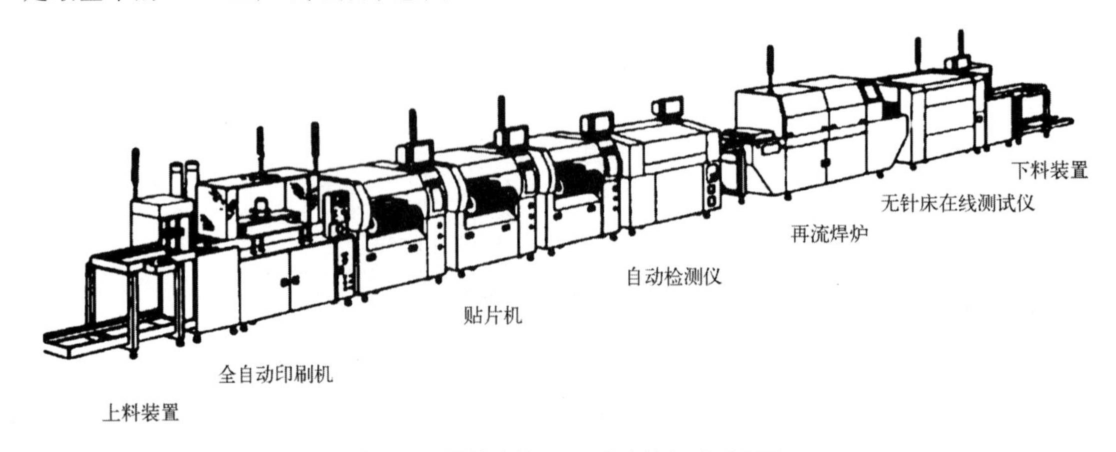

图1-11　最基本的SMT生产线组成示意图

印刷机是将锡膏涂敷在PCB的焊盘图形上，为SMC / SMD的贴装提供黏附及焊接的材料。贴片机是把元器件从包装中取出，并贴放到印制电路板相应的位置上。贴片机是SMT生产线中最关键的设备，往往会占到整条生产线投资的50%以上，其生产效率的高低会制约整条生产线生产能力的发挥，因此提高贴片机的生产效率具有十分现实的意义。再流焊机是通过提供一种加热环境，使焊锡膏受热融化，从而让表面贴装元器件和PCB焊盘通过焊锡膏合金可靠地结合在一起。

2．SMT生产线的设计

SMT生产线的设计要注意消除瓶颈现象。一条SMT生产线包括有多台设备，多台设备共同工作时整体的运行效率不是由速度最高的设备决定的，而是由速度相对较低的设备所决定的。如果生产时某一台设备的速度慢于其他设备，那这台设备就将成为制约整条SMT生产线速度提高的瓶颈。

通常瓶颈现象会出现在贴片机上，要消除瓶颈现象就必须增加贴片机的数量。增加贴片机数量，可以为生产线提供更多的生产能力，从而使生产线整体趋于平衡，达到解决瓶颈现象的目的。增加贴片机的类型及数量要根据生产线实际生产的产品情况而定，一般情况下最好采购几台高速贴片机和几台多功能贴片机。其中，高速贴片机解决小型元器件贴片速度的问题，几台高速贴片机分别负责不同类型元器件的贴片，这样每个高速贴片机进行相对单一类型的元器件贴片，贴片的速度就会明显的提高；几台多功能贴片机贴装其他剩余大型的IC元器件，并对不同的元器件加以分类，分配给不同的多功能贴片机。这样就会解决贴片机效率引起的生产瓶颈问题。当然如果投资的预算较少，只能购买一台贴片机，必须要选择多功能贴片机，因为它可以贴装多种类型的元器件。

1.2.5　SMT 生产现场防静电要求

1. 防静电的目的

电子技术的迅猛发展使电子产品的功能越来越强大、体积越来越小，但这都是以电子元器件的静电敏感度越来越高为代价的。高集成度意味着单元线路会越来越窄，耐受静电放电的能力越来越差。通常人能够感觉到的静电都在两千伏以上，而只要几伏的静电就能将对静电敏感的元器件损伤。此外，大量新发展起来的特种元器件所使用的材料也都是静电敏感材料，从而让电子元器件，特别是半导体材料元器件，对于生产、组装和维修等过程环境的静电控制要求越来越高。

但另一方面，在电子产品生产、使用和维修等环境中，又会大量使用容易产生静电的各种高分子材料，这无疑给电子产品的静电防护带来了更多的难题和挑战。

对于电子产品生产车间，尽可能地减少生产过程中由于各种原因产生的静电放电 ESD（Electron Static Discharge）破坏现象，提高电子产品的成品率。对于防静电工作区，如电子产品的维修间、检测实验室等，尽可能地避免由于维修或检测仪器的不规范而发生 ESD 现象。

2. 静电放电对电子产品造成的损伤

静电放电对电子产品造成的损伤有突发性损伤和潜在性损伤两种。

（1）突发性损伤：指的是器件被严重损坏，功能丧失。这种损伤通常能够在质量检测时被发现，因此给工厂带来的主要是返工维修的成本。

（2）潜在性损伤：指的是器件部分被损，功能尚未丧失，且在生产过程的检测中不能发现，但在使用当中会使产品变得不稳定，时好时坏，因而对产品质量构成更大的危害。

这两种损伤中，潜在性损伤占据了 90%，突发性损伤只占 10%。也就是说，90%的静电损伤没办法检测到，只有到用户使用时才会被发现。手机经常出现的死机、自动关机、话音质量差、杂音大、信号时好时差、按键出错等问题绝大多数与静电损伤有关。也因为这一点，静电放电被认为是电子产品质量最大的潜在杀手，静电防护也成为电子产品质量控制的一项重要内容。

3. 生产现场的防静电设施管理

（1）静电安全工作台：由工作台、防静电桌垫、腕带接头和接地线等组成。

（2）防静电桌垫上应有两个以上的腕带接头，一个供操作人员使用，一个供技术人员或检验人员使用。

（3）静电安全工作台上不允许堆放塑料盒、橡皮、纸板、玻璃等易产生静电的杂物，图纸资料应放入防静电文件袋内。

（4）防静电腕带。直接接触静电敏感元器件的人员必须带防静电腕带，腕带与人体皮肤应有良好接触。

（5）防静电容器。生产场所的元器件盛料袋、周转箱、PCB 上下料架等应具备静电防护作用，不允许使用金属和普通容器，所有容器都必须接地。

（6）防静电工作服。进入静电工作区的人员和接触 SMD 元器件的人员必须穿防静电工作服，特别是在相对湿度小于 50%的干燥环境中（如冬季），工作服面料应符合国家有关标准。

（7）进入工作区的人员必须穿防静电工作鞋，穿普通鞋的人员应使用导电鞋束、防静电鞋套或脚跟带。

（8）生产线上用的传送带和传动轴，应装有防静电接地的电刷和支杆。

（9）对传送带表面可使用离子风静电消除器。

（10）生产场所使用的组装夹具、检测夹具、焊接工具和各种仪器等，都应设有良好的接地线。

（11）生产场所入口处应安装防静电测试台，每一个进入生产现场的人员均应进行防静电测试，合格后方能进入现场。

习　题　1

1．芯片制造包括哪些基本工艺？
2．什么是电子组装技术？
3．SMT 的基本工艺流程有哪些？
4．静电放电对电子产品造成的损伤有哪两种？
5．SMT 生产现场为什么要防静电？

第2章

表面组装元器件及电路板

2.1 表面组装元器件的特点与分类

2.1.1 表面组装元器件的特点

微型电子产品的广泛使用，促进了 SMC 和 SMD 向微型化方向发展。同时，一些机电元器件，如开关、继电器、滤波器、延迟线、热敏和压敏电阻，也都实现了片式化。表面组装元器件有以下几个显著的特点。

（1）在 SMT 元器件的电极上，有些焊端完全没有引线，有些只有非常小的引线；相邻电极之间的间距比传统的双列直插式集成电路的引线间距（2.54mm）小很多，IC 的引脚中心距已由 1.27mm 减小到 0.3mm；在集成度相同的情况下，SMT 元器件的面积比传统的元器件小很多，片式电阻电容已经由早期的 3.2mm×1.6mm 缩小到 0.6mm×0.3mm；随着裸芯片技术的发展，BGA 和 CSP 类高引脚数器件已广泛应用到生产中。

（2）SMT 元器件直接贴装在印制电路板表面，将电极焊接在元器件同一面的焊盘上。这样，印制电路板上通孔的周围没有焊盘，使印制电路板的布线密度大大提高。

（3）表面组装技术不仅影响布线在印制电路板上所占面积，而且也影响器件和组件的电学特性。无引线或短引线，减少了寄生电容和寄生电感，从而改善了高频特性，有利于提高使用频率和电路速度。

（4）形状简单，结构牢固，紧贴在印制电路板表面上，提高了可靠性和抗震性；组装时没有引线打弯、剪线，在制造印制电路板时，减少了插装元器件的通孔；尺寸和形状标准化，能够采取自动贴片机进行自动贴装，效率高，可靠性高，便于大批量生产，而且综合成本较低。

（5）从传统的意义上来讲，表面组装元器件没有引脚或具有短引脚，与插装元器件相比，可焊性检测方法和要求是不同的，整个表面组件承受的温度较高，但表面组装的引脚或端点与 DIP 引脚相比，在焊接时可承受的温度较低。

当然，表面组装元器件也存在着不足之处。例如，密封芯片载体很贵，一般用于高可靠性产品，它要求与基板的热膨胀系数匹配，即使这样，焊点仍然容易在热循环过程中失效；由于元器件都紧紧贴在基板表面上，元器件与 PCB 表面非常贴近，基板上的空隙就相当小，给清洗造成困难，要达到清洁的目的，必须要有非常良好的工艺控制；元器件体积小，电阻、电容一般不设标记，一旦弄乱就不容易搞清楚；元器件与 PCB 之间热膨胀系数存在差异，在 SMT 产品中必须注意到此类问题。

2.1.2　表面组装元器件的分类

表面组装元器件按结构形状分为薄片矩形、圆柱形、扁平形等。表面组装元器件按功能分为无源器件、有源器件和机电器件三类，如表 2-1 所示。

表 2-1　表面组装元器件按功能分类

类　别	封装器件	种　类
无源器件	电阻器	厚膜电阻器、薄膜电阻器、热敏器件、电位器等
	电容器	多层陶瓷电容器、有机薄膜电容器、云母电容器、片式钽电容器等
	电感器	多层电感器、线绕电感器、片式变压器等
	复合器件	电阻网络、电容网络、滤波器等
有源器件	分立组件	二极管、晶体管、晶体振荡器等
	集成电路	片式集成电路、大规模集成电路等
机电器件	开关、继电器	钮子开关、轻触开关、簧片继电器等
	连接器	片式跨接线、圆柱形跨接线、接插件连接器等
	微电机	微型微电机等

2.2　片式无源器件（SMC）

SMC 包括片状电阻器、电容器、滤波器和陶瓷振荡器等。单片陶瓷电容器、钽电容器和厚膜电阻器为最主要的无源器件，它们一般呈矩形或圆柱形，其表面组装形式已获得广泛应用。

SMC 特性参数的数值系列与传统元器件的差别不大，标准的标称数值有 E6、E12、E24 等。长方体 SMC 是根据其外形尺寸的大小划分成几个系列型号，现有两种表示方法，欧美产品大多采用英制系列，日本产品采用公制系列，我国则两种系列都在使用。例如，公制系列的 3216（英制 1206）的矩形贴片元器件，长 L=3.2mm（0.12in，in 表示英寸），宽 W=1.6mm（0.06in）。并且，系列型号的发展变化也反映了 SMC 元器件的小型化过程：5750（2220）→4532（1812）→3225（1210）→3216（1206）→2520（1008）→2012（0805）→1608（0603）→1005（0402）→0603（0201）。

SMC 的元器件种类用型号加后缀的方法表示，如 3216C 表示 3216 系列的电容器，而 2012R 表示 2012 系列的电阻器。

2.2.1　电阻器

电阻器在电路中起分压、分流和限流作用，是一种应用非常广泛的电子元器件。最初的电阻为有引脚电阻，按照引脚引出线的方式、结构形状、功率大小不同，可以对电阻进行分类。表面组装电阻器最初为矩形片状，20 世纪 80 年代初出现了圆柱形。随着表面组装器件（SMD）和机电元器件等向着集成化、多功能化方向发展，又出现了电阻网络、阻容混合网络、混合集成电路等短小、扁平引脚的复合元器件。与分立元器件相比，它具有微型化、无引脚、尺寸标准化、特别适合在 PCB 上进行表面组装等特点。

1．矩形片式电阻器

矩形片式电阻器正面通常是黑色的。与传统的插装电阻器相比，虽然矩形片式电阻器体积很小，但是阻值范围和精度并不差。例如，英制 1206 系列电阻，阻值范围为 0.39Ω～10MΩ，允许偏差有±1%、±5%等几种精度，额定功率为 0.1～0.25W。

片式电阻根据制造工艺不同可分为两种类型，一类是厚膜型（RN 型），另一类是薄膜型（RK 型），其电阻温度系数分为 F、G、H、K、M 五级。厚膜型是在扁平的高纯度 Al_2O_3 基板上网印电阻膜层，烧结后经光刻而成，精度高、温度系数小、稳定性好，但阻值范围较窄，适用于精密和高频领域。薄膜型是在基体上喷射一层镍铬合金而成的，性能稳定，阻值精度高，但价格较贵。在电阻层上涂敷特殊的玻璃釉层，使电阻在高温、高湿下性能稳定。RK 型电阻器是电路中应用最广泛的电阻器。

（1）矩形片式电阻器的基本结构。如图 2-1 所示，电极是为了保证电阻器具有良好的可焊性和可靠性，一般采用三层电极结构：内层电极、中间电极和外层电极。内层为银钯（Ag-Pd）合金（0.5mil，1mil=0.001in），它与陶瓷基板有良好的结合力。中间为镍（Ni）层（0.5mil），它防止在焊接期间银层的浸析。最外层为端焊头，不同的国家采用不同的材料，日本通常采用 Sn-Pb 合金，厚度为 1mil，美国则采用 Ag 或 Ag-Pd 合金。

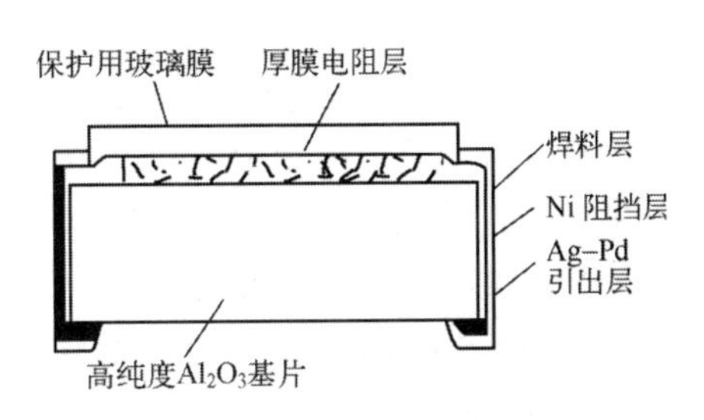

图 2-1　矩形片式电阻器的基本结构

基板材料一般采用 96%的 Al_2O_3 陶瓷。基板除了应具有良好的电绝缘性外，还应在高温下具有优良的导热性、电性能和机械强度等特征，以充分保证电阻、电极浆料印制到位。

电阻元器件通常使用具有一定电阻率的电阻浆料印制在陶瓷基板上，再经过烧结形成厚膜电阻。电阻浆料一般用二氧化钌，近年来开始采用便宜的金属系电阻浆料，如氧化物系、碳化物系和铜系材料，以降低成本。

玻璃钝化层主要是为了保护电阻体。它一方面起到机械保护的作用；另一方面使电阻体表面具有绝缘性，避免电阻与邻近导体接触而产生故障。在电镀中间电极的过程中，还可以防止电镀液对电阻膜的侵蚀而导致电阻性能的下降。玻璃钝化层一般由低熔点的玻璃浆料经印制烧结而形成。

（2）外形尺寸。矩形片式电阻器按电极结构形状可分为 D 型和 E 型两种。D 型结构的反面电极尺寸只标最大尺寸，无公差要求；E 型结构对反面电极尺寸有公差要求，目前比较常用。1/16W、1/8W 和 1/4W 的电阻器尺寸不同，标称值为 10Ω～100MΩ。EIA（Electronic Industries Association，美国电子工业联合会）标准规范 IS-30 给出了尺寸的通用表示法。一般来说，1/16W、1/8W 和 1/4W 电阻器用 EIA 尺寸可以分别表示为 0805（0.08in×0.05in）、1206（0.12in×0.06in）和 1210（0.12in×0.10in）。标称值为 1/8W 的 1206 是通用尺寸，目前已有 1206 尺寸的 0Ω电阻器。

（3）精度和标记识别。制作用于极高精度电路的薄膜电阻器要求精度高于 1%。根据精度要求的不同，价格上可能有很大差别。例如，精度为 1%的电阻器通常要比精度为 5%的电阻器贵一倍。精度更高的元器件，价格也更高，但很少使用，而且应该避免使用。

采用厚膜工艺生产的电阻器公差可达到设计值的 1%～20%。20%公差的产品有时可直接由烧结膜制成，但更严格的公差必须经过调阻。

对于公差低于 1%的电阻器，厚膜结构已不能胜任，必须使用更昂贵的薄膜工艺。多数情况下，溅射一层氯化钽作为电阻膜，和厚膜片式电阻器一样，先淀积低阻值的电阻膜，再通过调阻达到所要求的公差要求。与机械方法不同，它是通过将电阻膜在氧化气氛中加热一定时间来实现调阻的，使膜表面转化成一层五氧化二钽的绝缘层。随着五氧化二钽的生长，氯化钽的厚度相应减小，从而提高了电阻值，可以达到低于 0.1%的公差。

在片式电阻器中，RN 型电阻器精度高、电阻温度系数小、稳定性好，但阻值范围较窄，适用于精密和高频领域；RK 型电阻器是电路中应用得最为广泛的。根据 IEC63 标准“电阻器和电容器的优选值及其公差”的规定，电阻值允许偏差为±10%的，称为 E12 系列；电阻值允许偏差为±5%的，称为 E24 系列；电阻值允许偏差为±1%的，称为 E96 系列。

当片式电阻器阻值精度为 5%时，通常采用三个数字（包括字符）表示。跨接线记为 000；阻值小于 10Ω的，在两个数字之间补加“R”；阻值在 10Ω 以上的，则最后一个数值表示增加的零的个数。例如，用 101 表示 100Ω，用 4R7 表示 4.7Ω，用 563 表示 56kΩ。

当片式电阻阻值精度为 1%时，通常采用四个数字（包括字符）表示。前面三个数字为有效数，第四个表示增加的零的个数；阻值小于 10Ω的，仍补加“R”；阻值为 100Ω以上的，则在第四位补“0”。例如，用 1000 表示 100Ω，用 4R70 表示 4.70Ω，用 1004 表示 1MΩ，用 10R0 表示 10.0Ω。

2. 圆柱形片式电阻器

圆柱形片式电阻器的结构形状和制造方法基本上与带引脚的电阻器相同，只是去掉了原来电阻器的轴向引脚，做成无引脚形式，因而也称为金属电极无引脚面接合 MELF（Metal Electrode Leadless Face）。MELF 主要有碳膜 ERD 型、高性能金属膜 ERO 型及跨接用的 0Ω 电阻器三种。它由传统的插装电阻器改型而来，电极不用插装焊接用的引线，而是使电极金属化和涂敷焊料，以用于表面贴装。MELF 吸取了现代制造技术的优点，因而其成本稍低于矩形片式电阻器。

与矩形片式电阻器相比，MELF 电阻器无方向性和正反面，包装使用方便，装配密度高，固定到 PCB 上有较高的抗弯曲能力，特别是噪声电平和三次谐波失真都比较低，常用于高档音响电器产品。

3. 电位器和可变电阻器

表面组装电位器又称片式电位器，包括片状、圆柱状、扁平矩形结构等各类电位器。它在电路中起调节电压和电流的作用，故分别称为分压式电位器和可变电阻器。

严格地说，可变电阻器是一种两端器件，其阻值可以调节；而电位器则是一种三端器件，它是利用抽头部分来对固定阻值进行调节的。在实际情况下，这两个名词常常互用，而“电位器”一词常兼指两者。

2.2.2　电容器

矩形片式电容器正面通常是灰色的。电容器的基本结构十分简单，它由两块平行金属极板及极板之间的绝缘电介质组成。电容器极板上每单位电压能够存储的电荷数量称为电容器的电容，通常用大写字母 *C* 表示。电容器每单位电压能够存储的电荷数量越多，那么其容量也就越大。

电容器的电容是会随温度的变化而改变的，通常用温度系数来表示电容随温度的变化大小及方向。温度系数通常以百万分之几每摄氏度来标明（10^{-6}/℃）。正温度系数意味着电容随温度的增高而增加，随温度的降低而减小；负温度系数意味着电容随温度的增高而减小，随温度的降低而增加。例如，1μF 电容器的温度系数为-150×10^{-6}/℃，则温度每上升 1℃，电容减小 150pF。

绝缘电介质的绝缘强度（V/mil，伏特/密耳，1mil=0.001in）和厚度决定了电容器的最高直流耐压。若直流电压超出该数值，电介质就可能被击穿，且传导电流，从而导致电容器的永久损坏。电容器上所标识的电压值为额定电压，通常小于最高耐压值。

表面组装用的电容器简称片式电容器，目前已发展为多品种、多系列。在实际应用中，表面组装电容器中大约 80%是多层片状瓷介质电容器，其次是表面组装钽和铝电解电容器，而表面组装有机薄膜和云母电容器则很少使用。陶瓷电容器的一般使用容量值为 1 ～10μF，直流工作电压为 25～200V；钽电容的电容值为 0.1～100μF，直流工作电压为 6～50V。

1．瓷介质电容器

片式陶瓷电容器以陶瓷材料为电容介质。它由介质和电极材料交替叠层，并在 1000～1400℃下烘烧而成。介质层一般为钛酸钡，而电极是铂-钯-银厚膜。交替的电极与相对的端电极连接，形成一组平板电容器。多层陶瓷电容器是在单层片状电容器的基础上制成的，电极深入电容器内部，并与陶瓷介质相互交错。电极的两端露在外面，并与两端的焊端相连。

介质的层数和厚度决定电容器的最终容值，少则 2 层，多则 50 层，根据需要而定。对一定层数，通过减小介质层的厚度可提高容值。有两个因素确定了电容器实际的最低厚度，其一是要求介质击穿电压与厚度成反比；其二是由于内部针孔缺陷增加了潜在失效率。为使额定直流电压达到或超过 50V，采用厚度不小于 0.025mm（0.001in）的介质层，便可得到最好的可靠性。对于消费类产品和低压场合应用，介质厚度有时减至 0.013～0.015mm。

同片式电阻器一样，电容器端电极用镍或铜阻挡层加以保护，以防止在焊接时贵金属电极熔解，在端电极上面涂一层可焊的锡或锡-铅合金。

片式瓷介质电容器有矩形和圆柱形两种。圆柱形是单层结构，生产量很少；矩形则少数为单层结构，大多数为多层叠层结构，又称 MLC，有时也称独石电容器。

（1）矩形瓷介质电容器。MLC 已普遍用于电子调谐器、收音机、彩色电视机、录音机、计算机、通信机、传真机、电子表、液晶电视机等领域，正朝着提高介电常数、减小介质厚度、增加容量体积比的方向发展。

MLC 通常采用无引脚矩形结构，如图 2-2 所示。制作时将作为内电极材料的白金、钯或银的浆料印制在生坯陶瓷膜上，经叠层的形式，根据电容量的需要，少则二三层，多则数十层。它以并联方式与两端面的外电极连接，分成左、右两个外电极端。外电极的结构与片式电阻器一样，采用三层结构：内层为Ag或Ag-Pd，厚度为20～30μm；中间镀Ni或Cd，厚度为1～2μm，主要作用是阻止Ag离子迁移；外层镀Sn或Sn-Pb，厚度为1～2μm，主要作用是易于焊接，改善耐焊接热和耐湿性。这种陶瓷的结构形成一个坚固的方块，可以承受恶劣的环境及像浸入焊料这样一些与表面组装工艺有关的处理。

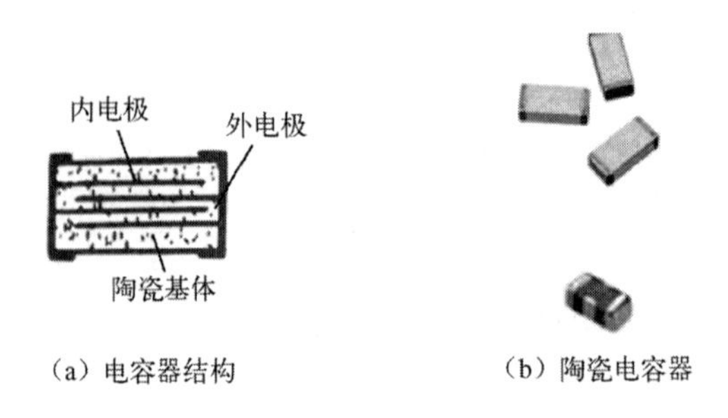

（a）电容器结构　（b）陶瓷电容器

图2-2　多层瓷介质电容器

陶瓷电容器的电性能取决于所采用的介质材料的性质。一般情况下，介质材料根据EIA-198的规定进行分类。通常，一种材料的介电常数越高，其温度稳定性和介质损耗就越差。片式陶瓷电容有三种不同的电解质，分别为COG/NPO、X_7R和Z_5U，它们有不同的容量范围、温度及温度稳定性。以X_7R为介质的电容器，通常是将钛酸钡材料作为基础，表现出较高的温度敏感性和较大的介电常数，其温度和电解质特性较差，在一般场合最好选用它。Z_5U介质的电容器，介电常数最高，适用于要求小体积、大容值的场合。以COG/NPO为介质的电容器，通常是以各种稀土钛酸盐作为基础，具有最高的温度稳定性和低介质损耗，其温度和电解质特性较好，但COG电容器比其他类型的要大一些，而且价格更贵。由于片式电容器的端电极、金属电极、介质三者的热膨胀系数不同，因而在焊接过程中，升温速率不能过快，特别是波峰焊时预热温度应该足够高，否则易造成片式电容的损坏。客观上，片式电容损耗率明显高于片式电阻损坏率。

MLC的特点包括：短小、轻薄；因无引脚，寄生电感小；等效串联电阻低，电路损耗小；不但电路的高频特性好，而且有助于提高电路的应用频率和传输速度；电极与介质材料共烧结，耐潮性好，结构牢固，可靠性高，对环境温度等具有优良的稳定性和可靠性。

片式陶瓷电容器是首先被广泛应用于表面组装的元器件之一，因此，在世界范围内，已经实现了高度的标准化。

（2）圆柱形瓷介质电容器。圆柱形瓷介质电容器的主体是一个被覆盖有金属内表面电极和外表面电极的陶瓷管。为了满足表面组装工艺的要求，瓷管的直径已从传统管形电容器的3～6mm减小到1.4～2.2mm，瓷管的内表面电极从一端引出到外壁，和外表面电极保持一定的距离，外表面电极引至瓷管的另一端。通过控制瓷管内、外表面电极重叠部分的多少，来决定电容器的两个引出端。瓷管的外表面再涂敷一层树脂，在树脂上打印有关标记，这样就构成了圆柱形瓷介质电容器。

瓷介质电容器十分可靠，已大量用于汽车工业，它也曾用于军事和航天方面。然而，陶瓷电容器在波峰焊时容易开裂，这种裂缝极小，通常难以察觉，而在使用过程中，则可能扩大，以致失效。开裂的原因有多种，其中包括由于焊盘图形设计质量差或元器件的取向不正确而造成过多的或不均匀的焊料角焊缝。

2．片式钽电解电容器

在各种电容器中，钽电解电容器具有最大的单位体积容量，因而容量超过 0.33μF 的表面组装元器件通常要使用钽电解电容器。钽电解电容器的电解质响应速度快，故在大规模集成电路等需要高速运算处理的场合，使用钽电解电容器最好。而铝电解电容器由于价格上的优势，适合在消费类电子设备中应用。

钽电容器具有比较小的物理尺寸，主要用于小信号、低电压电路，它的电容量和额定电压的适用范围比插装元器件明显减小。实践证明，固态电解质钽电容器比液态电解质钽电容器能更好地满足表面组装的要求。片式钽电解电容器有矩形和圆柱形两大类。

（1）矩形钽电解电容器。固体钽电解电容器的结构如图 2-3 所示。它的正极制造过程：先将非常细的钽金属粉压制成块，在高温及真空条件下烧结成多孔形基体，然后再对烧结好的基体进行阳极氧化，在其表面生成一层 TaO_5 膜，构成以 TaO_5 膜为绝缘介质的钽粉烧结块正极基体。它的负极制造过程：在钽负极基体上浸渍硝酸锰，经高温烧结形成固体电解质 MnO_2，再经过工艺处理形成负极石墨层，接着再在石墨层外喷涂铅锡合金等导电层，便构成了电容器的芯子。可以看出，固体钽电解电容器的正极是钽粉烧结块，绝缘介质为 TaO_5，负极为 MnO_2 固体电解质。将电容器的芯子焊上引出线后再装入外壳内，然后用橡胶塞封装，便构成了固体钽电解电容器。有的电容器芯子采用环氧树脂包封的形式以构成固体钽电解电容器。

如图 2-4 所示为钽电解电容器实物。矩形钽电容外壳为有色塑料封装，一端印有深色标志线，为正极。在封面上有电容的容值及耐压值，一般有醒目的标志，以防用错。矩形钽电解电容器的主要性能如表 2-2 所示。

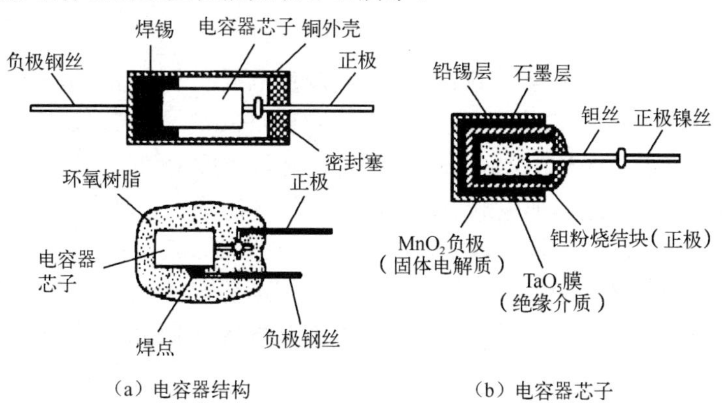

（a）电容器结构　（b）电容器芯子

图 2-3　固体钽电解电容器的结构

图 2-4　钽电解电容器实物

表 2-2　矩形钽电解电容器的主要性能

温度范围/℃	-55～125
额定电压最高使用温度/℃	85
额定电压范围/V	4～35
电容范围/μF	0.047～100
容量允差	±20%～±10%
漏电流/μA	<0.5
耐焊接热/℃	260±5

（2）圆柱形钽电解电容器。圆柱形钽电解电容器由阳极、固体半导体阴极组成，采用环氧树脂封装。制作时，将作为阳极引脚的钽金属线放入钽金属粉末中，加压成型；在 1650～2000℃的高温真空炉中烧结成阳极芯片，将芯片放入磷酸等赋能电解液中进行阳极氧化，形成介质膜，通过钽金属线与磁性阳极端子连接后做成阳极；然后浸入硝酸锰等溶液中，在 200～400℃的气浴炉中进行热分解，形成二氧化锰固体电解质膜作为阴极；成膜后，在二氧化锰层上沉积一层石墨，再涂银浆，用环氧树脂封装，打印标志后就成为产品。

钽电解电容器具有以下特点。

① 由于钽电解电容器采用颗粒很细的钽粉烧结成多孔的正极，所以单位体积内的有效面积大，而且钽氧化膜的介电常数比铝氧化膜的介电常数大，因此在相同耐压和电容量的条件下，钽电解电容器的体积比铝电解电容器的体积要小得多。

② 使用温度范围宽。一般钽电解电容器都能在-40℃～85℃范围内工作，有的还能在 155℃下工作。

③ 漏电流小，损耗低，绝缘电阻大，频率特性好。

④ 容量大，寿命长，可制成超小型元器件。

⑤ 由于钽氧化膜化学性能稳定，而且耐酸、耐碱，因而钽电解电容器性能稳定，长时间工作仍能保持良好的电性能。

⑥ 由于钽电解电容器采用钽金属材料，再加上工艺原因，因而成本高、价格贵。

⑦ 钽电解电容器是有极性的电容器，且耐压低。

钽电解电容器主要用于铝电解电容器性能参数难以满足要求的场合，如要求电容器体积小、上下限温度范围宽、频率特性及阻抗特性好、产品稳定性高等的军用和民用整机电路。

3．铝电解电容器

铝电解电容器是有极性的电容器，它的正极板用铝箔，将其浸在电解液中进行阳极氧化处理，铝箔表面上便生成一层三氧化二铝薄膜，其厚度一般为 0.02～0.03μm。这层氧化膜便是正、负极板间的绝缘介质。电容器的负极是由电解质构成的，电解液一般由硼酸、氨水、乙二醇等组成。为了便于电容器的制造，通常把电解质溶液浸渍在特殊的纸上，再用一条原态铝箔与浸过电解质溶液的纸贴合在一起，这样可以比较方便地在原态铝箔带上引出负极，如图 2-5（a）所示。将上述的正、负极按其中心轴卷绕，便构成了铝电解电容器的芯子，然后将芯子放入铝外壳封装，便构成了铝电解电容器。为了保证电解质溶液不泄漏、不干涸，在铝外壳的口部用橡胶塞进行密封，如图 2-5（b）所示。

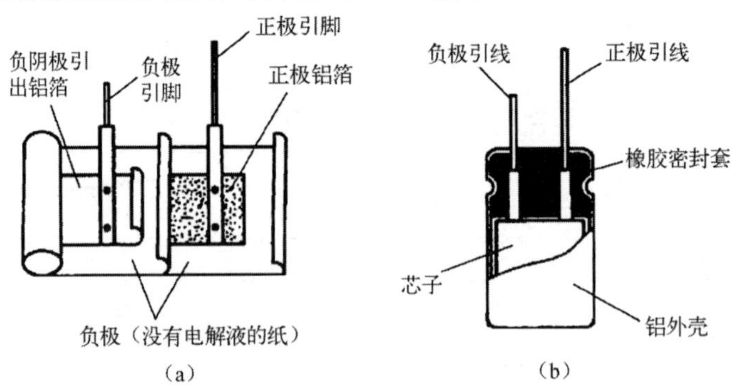

图 2-5　铝电解电容器的构造

为了获得较大的电容量且体积又要小，在正极铝箔的一面用化学腐蚀方法形成凸凹不平的表面，使电极的表面积增大，从而使电容量增加。

铝电解电容器之所以有极性，是因为正极板上的氧化铝膜具有单向导电性，只有在电容器的正极接电源的正极，负极接电源的负极时，氧化铝膜才能起到绝缘介质的作用。如果将铝电解电容器的极性接反，氧化铝膜就变成了导体，电解电容器不但不能发挥作用，还会因有较大的电流通过，造成过热而损坏电容器。

为了防止铝电解电容器在使用时发生意外爆炸事故，一般在铝外壳的端面压制有沟槽式的机械薄弱环节，一旦电解电容器内部压力过高，薄弱环节的沟槽便会开裂，进行泄压防爆。

铝电解电容器虽然有极性，但如果在结构和工艺上采用新方法，也可以制成无极性的电解电容器。

钽电解电容器使用固体电解质，而铝电解电容器使用电解液，并且电解液要经受 200～250℃的密封焊接温度，这就存在着若干技术难题，故铝电解电容器是最难且又最慢实现片式化的电子元器件。片式铝电解电容器从 1983 年开始研制，直到 1993 年才开始进入实用化。片式铝电解电容器主要用于各种消费类和通信、计算机等高可靠性的场合。

铝电解电容器实物如图 2-6 所示，在铝电解电容器外壳上的深色标记代表负极，容量值及耐压值在外壳上也有标注。

图 2-6　铝电解电容器实物

铝电解电容器具有以下特点。

① 单位体积的电容量特别大。

② 铝电解电容器是有极性的。

③ 介电常数较大，一般为 7～10。

④ 容量误差大，损耗大，漏电流大，且容量和损耗会随温度的变化而变化。

⑤ 工作温度范围狭窄，只适合在-20～50℃范围内工作。

⑥ 工作电压较低，一般为 6.3～400V。

⑦ 价格不贵。

铝电解电容器适合在直流或脉动电路中用于整流、滤波和音频旁路。

4. 云母电容器

云母电容器的结构很简单，它由金属箔片和薄云母层交错层叠而成。将银浆料印在云母上，然后层叠，经热压后形成电容坯体，再完成电极连接，便得到了片式云母电容器，如图 2-7 所示，层数越多，电容也就越大。

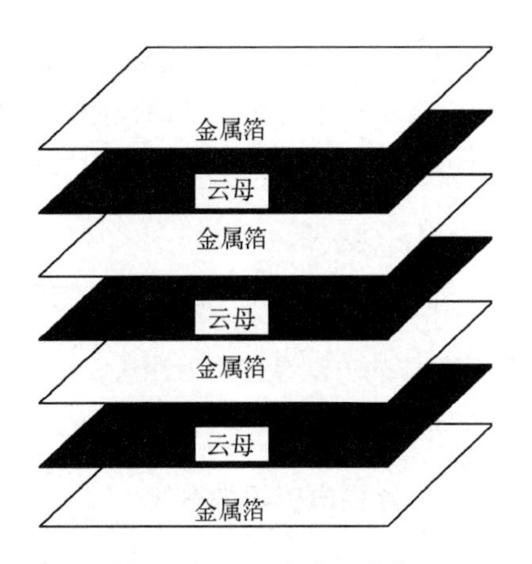

图 2-7　云母电容器结构

云母电容器通常的容值范围为 1pF～0.1μF，额定电压为 100～2500V（直流）。常见的温度系数范围为 $-20\sim100\times10^{-6}$/℃。云母的典型介电常数为 5。

片状云母电容器采用天然云母作为电介质，做成矩形片状。由于它具有耐热性好、损耗低、Q 值和精度高、易做成小容量等特点，因而特别适合在高频电路中使用，近年来已在无线通信、硬磁盘系统中大量使用。

5．片式薄膜电容器

随着电子产品趋向小型化、便携式，片式产品的需求量逐步增大，薄膜电容器的片式化也有了较大的发展。片式薄膜电容器具有电容量大、阻抗低、寄生电感小、损耗低等优点。它的适用范围日趋扩大，无论在军事、宇航等设备中，还是在工业、家电等消费类设备中，已成为不可缺少的重要电子元器件。

薄膜电容器是以聚酯、聚丙烯薄膜作为电介质的一类电容器。1985 年以前，片式薄膜电容器是将金属的聚酯薄膜卷绕成电容器芯子，并热压成矩形片状，外电极连接后用环氧树脂封装而成。这种电容器的明显缺点是耐热性差，只适合在较低温度下用再流焊进行组装。日本松下公司开发的以聚苯硫醚薄膜为电介质的薄膜电容器具有较高的耐热性和优异的电性能，从而使片式薄膜电容器得到了广泛的应用。薄膜电容器结构如图 2-8 所示。

片状薄膜电容器实物如图 2-9 所示，其工作温度范围为-55～125℃，工作电压为 16～50V（直流），容量范围为 100pF～0.22F。片式薄膜电容器具有体积小、容量范围大、允许误差低、高频下损耗极小、耐高温及温度系数优良等特点。

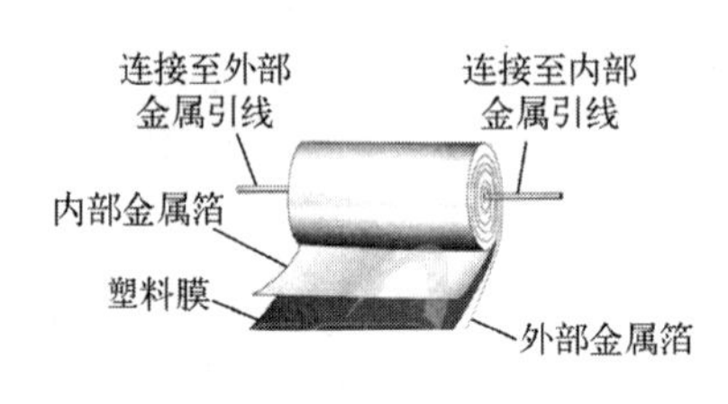

图 2-8　薄膜电容器结构

图 2-9　片状薄膜电容器实物

6．片式微调电容器

片式微调电容器按所用介质来分有薄膜和陶瓷两类。陶瓷微调电容器在各类电子产品中已经得到了广泛的应用。

与普通微调电容器相比，片式陶瓷微调电容器主要的特点是：制作片式陶瓷微调电容器的材料具有很高的耐热性，其配件具有优异的耐焊接热特性；小型化，使用中不产生金属渣，安装方便。

可变电容器适合于高频应用，如通信和视频产品。典型的产品系列所包括的范围大约有 1.5～50pF 几个等级，可调范围从小容量值的 2∶1 左右到大容量值的 7∶1。产品因制造厂家的不同而不同，但在电位器中所讨论的许多机械问题也适用于微调电容器。

2.2.3　电感器

矩形片式电感器的正面通常是深灰色。虽然通过颜色可以区分电容器、电阻器和电感器，但最直接的方法是使用万用表，分别测量其电阻值。片式电感器与其他片式元器件一样，是适用于表面组装技术的新一代无引线或短引线微型电子元器件，其引出端的焊接面在同一平面上。

1．片式电感器的分类

按制造工艺来分，片式电感器主要有四种类型，即绕线型、叠层型、编织型和薄膜片式。

常用的是绕线型和叠层型两种，前者是传统绕线电感器小型化的产物；后者则采用多层印刷技术和叠层生产工艺制作，体积比绕线型片式电感器还要小，是电感元器件领域重点开发的产品。

（1）绕线型。它的特点是电感量范围广，精度高，损耗小，允许电流大，制作工艺继承性强，简单，成本低，但不足之处是在进一步小型化方面受到限制。以陶瓷为芯的绕线型电感器在高频率下能够保持稳定的电感量和相当低的损耗值，因而在高频回路中占据一席之地。

（2）叠层型。它具有良好的磁屏蔽性，烧结密度高，机械强度好。不足之处是合格率低、成本高、电感量较小、损耗大。

它与绕线型片式电感器相比有许多优点：尺寸小，有利于电路的小型化；磁路封闭，不会干扰周围的元器件，也不会受邻近元器件的干扰，有利于元器件的高密度安装；一体化结构，可靠性高；耐热性、可焊性好；形状规整，适合于自动化表面安装生产。

（3）编织型。它的特点是在 1MHz 以下单位体积电感量比其他片式电感器大，体积小，容易安装在基片上，可用作功率处理的微型磁性元器件。

（4）薄膜片式。它具有在微波频段保持低损耗、高精度、高稳定性和小体积的特性。其内电极集中于同一层面，磁场分布集中，能确保贴装后的元器件参数变化不大，在 100MHz 以上呈现良好的频率特性。

2．各类型电感器的外形

各类型电感器的外形如图 2-10 所示。

（a）用于信号电路的 SMD 电感器

（b）用于电源电路的 SMD 电感器

（c）线路滤波电感器

（d）Ferrite Core for Flat Cable

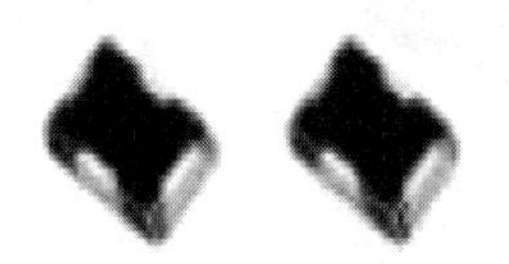

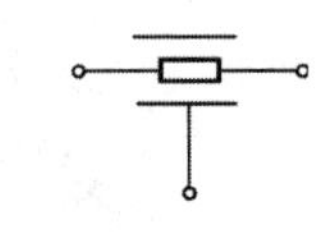

（e）NFR21G RC 双向 T 形滤波器

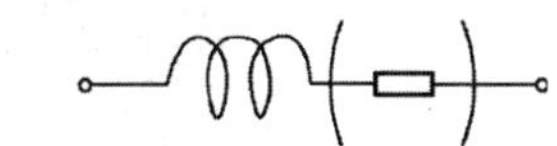

（f）BLM03 系列 Ferrite beads filter

图 2-10　各类型电感器的外形

3．电感器使用注意事项

（1）电感类组件的铁芯与绕线容易因温升效果产生电感量变化，注意其本体温度必须在使用规格范围内。

（2）电感器的绕线在电流通过后容易形成电磁场，在组件位置摆放时，注意使相邻电感器彼此远离，或绕线组互成直角，以减少相互间的干扰。

（3）电感器的各层绕线间，尤其是多圈细线，也会产生间隙电容量，造成高频信号旁路，降低电感器的实际滤波效果。

（4）用仪表测试电感值与损耗值时，为使数据正确，测试引线应尽量接近组件本体。

2.2.4　其他片式元器件

其他片式元器件，如接插件、继电器、插座和开关等，其表面化发展速度缓慢。但随着用户积极地由插装转向表面组装，被保留下来的插装元器件只有机电元器件。面对此种情况，厂商们正密切关注新的表面组装产品的问世。

1．接插件

一般焊料不能提供高质量的机械支撑，插装焊本身的焊接强度比表面组装要大得多，一是因为插装焊接截面积大；二是由于引线插入通孔内，提供了机械支撑。通常由接插件引起的有初焊过程中的热冲击、操作过程中的温度循环、插拔力、扭曲力和震动力。

设计接插件的关键要素有四个：引线结构、模塑化合物、机械支撑和引线金属。

（1）引线结构。接插件引线最重要的特点是具有一定的柔性。显然，柔性的引线不仅能弥补接插件与电路板间的热膨胀系数，而且对插入应力还起着缓冲作用。鸥翼形和 J 形引脚都可采用。但因为 J 形引脚结构是把引线弯在元器件本体下面，这样的连接点很难进行目测，目前只有少数几种接插件采用这种结构。

（2）模塑化合物。传统的热塑料材料熔点较低，不适用于表面组装再流焊工艺。而高温热塑材料是适用的，但它们具有的高熔点却增加了工艺难度和造价。

（3）机械支撑。除少数情况外，接插件不应仅靠焊接作为唯一的机械支撑方式，而可以采用多种辅助支撑方法。接插件可以利用铆接、压接、绕接或螺纹连接的方法安装在电路板上。

（4）引线金属。为保证足够的焊接强度，接插件引线的电镀金属必须有很高的可焊性。可焊性差不仅在生产过程中会出现问题，而且会降低焊接强度。共晶的 Sn-Pb 涂敷提供了最高的可焊性，而其他的涂敷效果都差不多。

目前，市场上有多种表面组装的接插件出售。如图 2-11（a）所示为立式接插件，其他元器件插入该接插件的上面；如图 2-11（b）所示为侧卧式接插件，其他元器件插入该接插件的侧面。

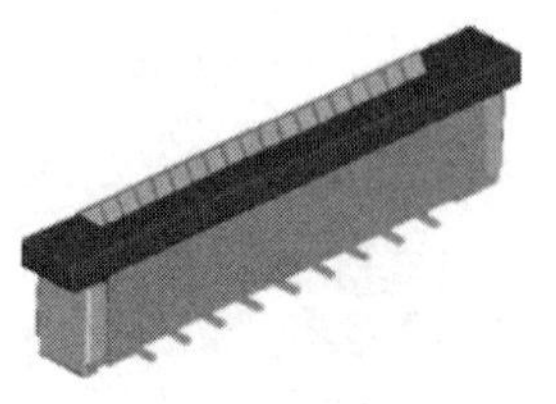

（a）立式接插件

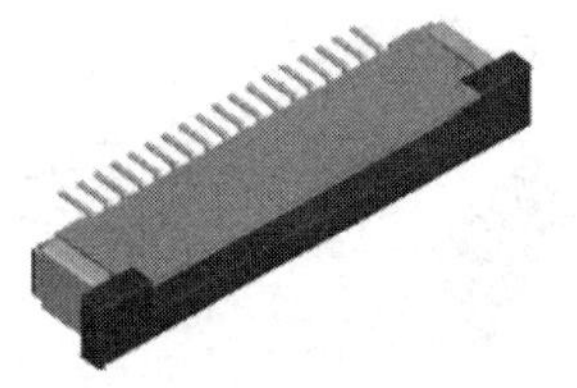

（b）侧卧式接插件

图 2-11　表面组装接插件

2．IC 插座

表面组装插座通常有两种形式。第一种是为插装而设计的，它可以把表面组装 IC 转变成插孔安装。当希望在全插装板上使用表面组装封装时，转接插座是很好的选择。这样，现有的插装线就可以用来组装整块电路板，而无须开发一个全新的只安装表面组装器件的组装板。

IC 插座如图 2-12 所示。

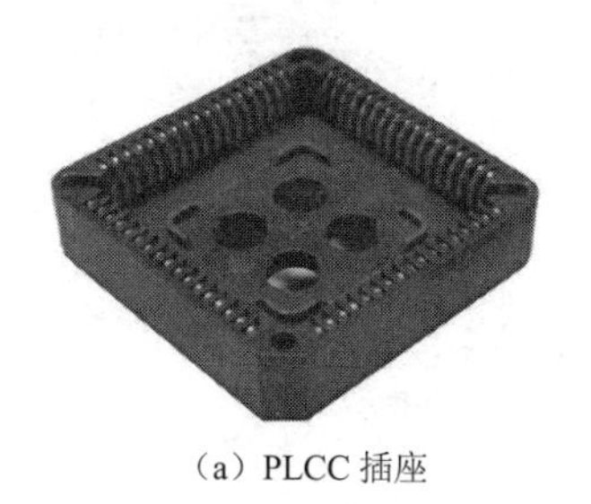

（a）PLCC 插座

（b）CPU 插座

图 2-12　IC 插座

第二种形式的插座是为表面组装而设计的。它与原来的封装有大致相同的焊盘图形，因此如果设计合理，电路板既可直接安装 IC，也可安装互换的插座。这种插座常用于早期生产的通用 ROM 芯片。

插座与元器件引线之间没有形成金属结合，而是完全依赖机械接触，所以它们不像焊接那样牢固。这种触点在高湿环境中可能受到腐蚀，机械接触在冲击或震动中可能断开，插座还很昂贵，因此，不是所有元器件都考虑使用插座，只是在合理的情况下才使用。例如，用于元器件测试或老化系统中的插座必须经受反复的插拔，它们必须设计得更加耐用。

老化插座和测试插座如图 2-13 所示。

（a）老化插座

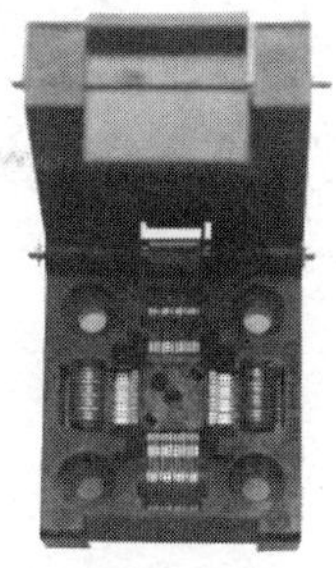

（b）测试插座

图 2-13　老化插座和测试插座

3．连接器

为保证电子机械元器件的发展与电子设备的发展速度同步，要求连接器能够适应高密度组装。

以前在 PCB 上进行高密度组装时，对连接器的主要要求是小型化。然而现在，不仅要小型化，而且还要满足结构及功能上的要求。要满足连接器小型化，插针中心距就必须变窄，从而增加单位面积的插针数。

提高组装密度的方法之一是表面组装，其最大优势是消除了 PCB 上连接器引线的焊接通孔，使 PCB 线路设计的自由度加大，从而使电路设计更合理。

多极化是指插针数多达 200～2000 个，同时多极连接器使用时必须要考虑插针的中心距。随着连接器极数的增加，插拔变得更加困难，便于插拔而又不造成操作性能恶化的最多极数为 200 根插针。表面组装连接器如图 2-14 所示。

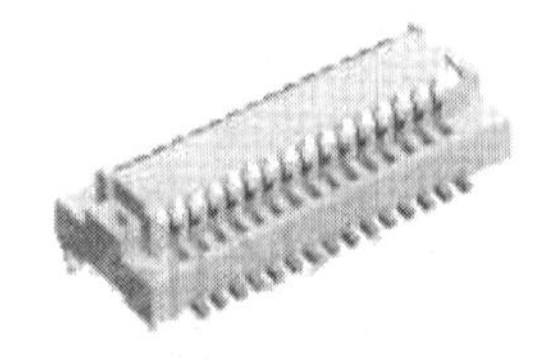

图 2-14　表面组装连接器

4．开关、继电器

许多 SMT 开关和继电器还是插装设计，只不过将其引线做成表面组装形式。产品设计主要受物理条件的限制，如开关调节器的尺寸或通过接触点的额定电流。因此，SMT 与插装相比，并没有提供多少特有的优越性。进行这种转变的主要动机，是为了与电路板上的其他元器件保持工艺上的兼容性。

表面组装用的小型开关至今仍是电子元器件中极重要的一部分，进一步开发接触可靠、安装稳定性高和焊接后容易洗净且优质的高质量产品是当务之急。

表贴继电器和表贴开关如图 2-15 所示。

（a）表贴继电器

（b）表贴开关

图 2-15　表贴继电器和表贴开关

2.3　片式有源器件

为适应 SMT 的发展，各类半导体元器件，包括分立元器件中的二极管、晶体管、场效应管，集成电路的小规模、中规模、大规模、超大规模，甚大规模集成电路及各种半导体元器件，如气敏、色敏、压敏、磁敏和离子敏等元器件，正迅速地向表面组装化发展，成为新型的表面组装元器件（SMD）。

SMD 的出现对推动 SMT 的进一步发展具有十分重要的意义。这是因为，SMD 的外形尺寸小，易于实现高密度安装；精密的编带包装适宜高效率的自动化安装；采用 SMD 的电子设备，体积小，重量轻，性能得到改善，整机可靠性获得提高，生产成本降低。SMD 与传统的 SIP 及 DIP 元器件的功能相同，但封装结构不同。

表面组装技术提供了比通孔插装技术更多的有源封装类型。例如，在 DIP 中，只有三个主要的本体尺寸：300mil、400mil 和 600mil，中心间距为 100mil。陶瓷封装和塑料封装的封装尺寸、引脚结构都一样。与之相比，表面组装却要复杂得多。

2.3.1　分立元器件的封装

大多数表面组装分立元器件都是塑料封装。功耗在几瓦以下的功率元器件的封装外形已经标准化。目前，常用的分立元器件包括二极管、三极管、小外形晶体管和片式振荡器等。

典型 SMD 分立元器件的分立引脚外形如图 2-16 所示。

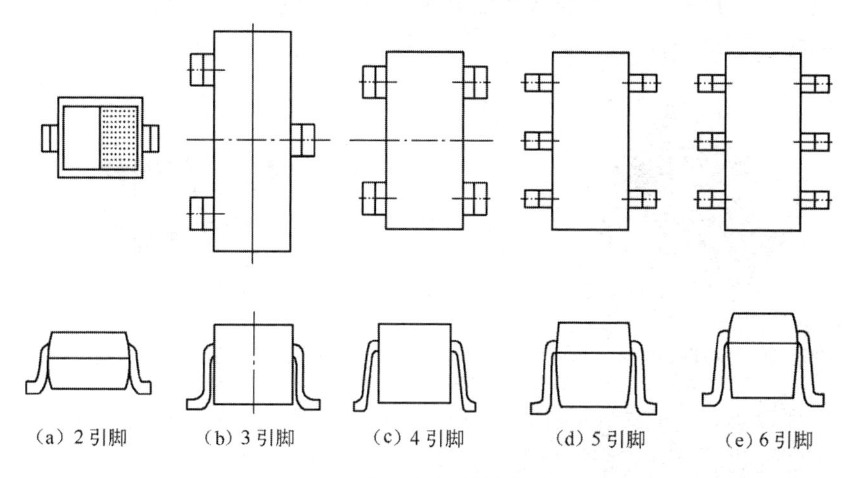

图 2-16　分立引脚外形

两端 SMD 有二极管和少数三极管器件，三端 SMD 一般为三极管类器件，四～六端 SMD 大多封装了两只三极管或场效应管。

1. 二极管

二极管是一种单向导电性组件。所谓单向导电性是指当电流从它的正向流过时，它的电阻极小；当电流从它的负极流过时，它的电阻很大，因而二极管是一种有极性的组件。其外壳的封装形式有玻璃封装、塑料封装等。

用于表面组装的二极管有三种封装形式。第一种是圆柱形的无引脚二极管，其封装结构是将二极管芯片装在具有内部电极的细玻璃管中，细玻璃管两端装上金属帽作为正、负电极。外形尺寸有 1.5mm×3.5mm 和 2.7mm×5.2mm 两种。圆柱形二极管如图 2-17 所示。

第二种为塑料封装矩形薄片二极管，外形尺寸为 3.8mm×1.5mm×1.1mm，可用在 VHF（Very High Frequency，甚高频率）～S 频段，采用塑料编带包装，如图 2-18 所示。

第三种是 SOT23 封装形式的片状二极管，外形如图 2-19 所示，多用于封装复合二极管，也用于封装高速开关二极管和高压二极管。

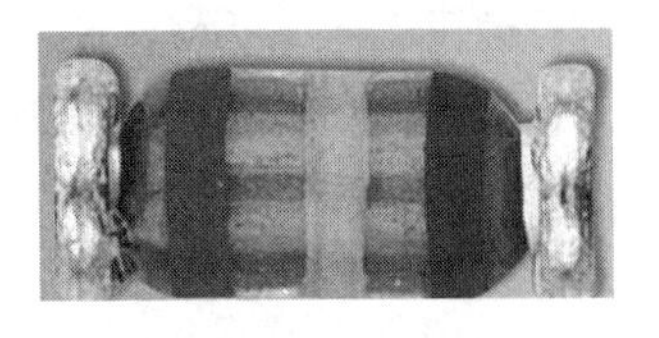

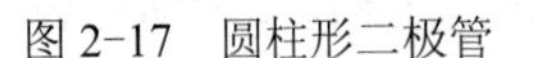

图 2-17　圆柱形二极管

图 2-18　塑料封装矩形薄片二极管

图 2-19　SOT23 封装二极管

2．三极管

三极管是半导体基本元器件之一，具有电流放大作用，是电子电路的核心组件。三极管是在一块半导体基板上制作两个相距很近的 PN 结，两个 PN 结把整块半导体分成三部分，中间部分是基区，两侧部分是发射区和集电区，排列方式有 PNP 和 NPN 两种。从三个区引出相应的电极，分别为基区 b、发射区 e 和集电区 c。SOT89 封装三极管如图 2-20 所示。SOT143 封装三极管如图 2-21 所示。

图 2-20　SOT89 封装三极管

图 2-21　SOT143 封装三极管

三极管之所以具有电流放大的作用，其实质是三极管能以基极电流微小的变化来控制集电极电流较大的变化，这是三极管最基本和最重要的特性。电流放大倍数对于某只三极管来说是一个定值，但随着三极管工作时基极电流的变化也会有一定的改变。

表贴三极管可分为双极型三极管和场效应管，一般称为片状三极管和片状场效应管。

片状三极管的封装形式很多。一般来讲，封装尺寸小的大都是小功率三极管，封装尺寸大的多为中功率三极管。一般片状三极管很少有大功率管。片状三极管有 3 个引脚的，也有 4～6 个引脚的，其中 3 个引脚的为小功率普通三极管，4 个引脚的为双栅场效应管或高频三极管，而 5～6 个引脚的为组合三极管。

3．小外形晶体管

小外形晶体管（Small Outline Transistor，SOT）又称为微型片式晶体管，它作为最先问世的表面组装有源器件之一，通常是一种三端或四端元器件，主要用于混合式集成电路，被组装在陶瓷基板上，近年来已大量用于环氧纤维基板的组装。小外形晶体管主要包括 SOT23、SOT89 和 SOT143 等。

（1）SOT23。SOT23 是通用的表面组装晶体管，其外部结构如图 2-19 所示。SOT23 封装有三条翼形引脚，引脚材质为 42 号合金，强度好，但可焊性差。这类封装常见于小功率晶体管、场效应管、二极管和带电阻网络的复合晶体管。该封装可容纳的最大芯片尺寸是 0.030in×0.030in，在空气中可耗散达 200mW 的热量。它有低、中、高三种断面图，以满足混合电路和印制电路的不同要求。高引脚封装更适合于 PCB，因为它更易清洗。

SOT23 表面均印有标记，通过相关半导体元器件手册可以查出对应的极性、型号与性能参数。SOT23 采用编带包装，现在也普遍采用模压塑料空腔带包装。

（2）SOT89。为了能更有效地通过基板散热，这种封装平贴在基板表面上，其外部结构如图 2-20 所示。SOT89 的集电极、基极和发射极从管子的同一侧引出，管子底面有金属散热片和集电极相连。SOT89 具有三条薄的短引脚，分布在晶体管的一端，通常用于较大功率的元器件。SOT89 最大封装管芯尺寸为 0.60in×0.60in。在 25℃的空气中，它可以耗散 500mW 的热量，这类封装常见于硅功率表面组装晶体管。

（3）SOT143。SOT143 有四条翼形短引脚，引脚中宽度偏大一点的是集电极。它的散热性能与 SOT23 基本相同，这类封装常见于双栅场效应管及高频晶体管，一般用作射频晶体管。它与 SOIC 封装相似，只是 PCB 间隙较小。其封装管芯外形尺寸、散热性能、包装方式及在编带上的位置与 SOT23 基本相同。SOT143 的外形如图 2-21 所示。

SOT23、SOT89 和 SOT143 最常见的提供方式是采用 EIA 标准 RS-481 的编带或卷盘形式供应。其中，最流行的是带有放置器件的模压凹槽的导电带。这些封装是唯一采用波峰焊和再流焊两种方法焊接的有源器件。其余的有源器件，如 SOIC 和 PLCC，大都只用再流焊进行焊接。这些类型的封装在外形尺寸上略有差别，但对于采用 SMT 的电子整机，都能满足贴装精度要求，产品的极性排列和引脚也基本相同，具有一定的互换性。

2.3.2　SMD 集成电路的封装

由于封装技术的进步，SMD 集成电路的电气性能指标比 THT 集成电路更好。集成电路封装不仅起到集成电路芯片内键合点与外部进行电气连接的作用，也为集成电路芯片提供了一个稳定、可靠的工作环境，对集成电路芯片起到机械和环境保护的作用，从而使得集成电路芯片能发挥正常的功能。总之，集成电路封装质量的好坏，对集成电路总体的性能优劣影响很大。因此，封装应具有较强的力学性能、良好的电气性能、散热性能和化学稳定性。

集成电路封装还必须充分适应电子整机的需要和发展。由于各类电子设备、仪器仪表的功能不同，其总体结构和组装要求也往往不尽相同。因此，集成电路封装必须多种多样，才可以满足各种整机的需要。与传统的双列直插式、单列直插式集成电路不同，商品化的 SMD 集成电路按照它们的封装方式，可以分为以下几类。

1．小外形集成电路

小外形集成电路 SOIC 又称小外形封装 SOP 或小外形 SO，在日本被称为小型扁平封装器件，它由双列直插式封装 DIP 演变而来，是 DIP 集成电路的缩小形式。1971 年，飞利浦公司开发出小外形集成电路，用于电子手表，它采用双列翼形引脚结构，中心距为 0.05in，现已被在全世界广泛应用。小外形集成电路常见于线性电路、逻辑电路、随机存储器等单元电路中。

小外形集成电路本质上是一种引脚中心距缩小了的 DIP 封装，其外形如图 2-22 所示。J 形引脚的 SOIC 又称为 SOJ，这种引脚结构不易损坏，且占用 PCB 面积较小，能够提高装配密度。与 J 形引脚封装相比，SOIC 在装卸搬运过程中要格外小心，以防损坏引脚。鸥翼形引脚的 SOP 封装特点是引脚容易焊接，在工艺过程中检测方便，但占用 PCB 的面积较 SOJ 大。由于 SOJ 能节省较多的 PCB 面积，采用这种封装能提高装配密度，因而集成电路表面组装采用 SOJ 的比较多。

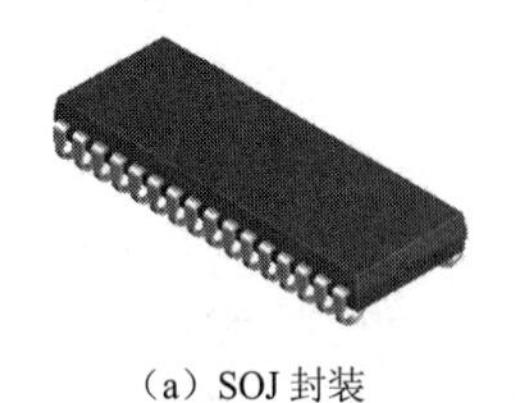
（a）SOJ 封装

（b） SOP 封装

（c） TSOP 封装

图 2-22　SOIC 封装

SOIC 采用再流焊来完成电路与基板的连接。考虑到封装材料的耐热性、电路受冲击后的性能变化及可靠性等因素，加热温度一般固定在 215℃，而且用气相再流焊（Vapor Phase Soldering，VPS）对 SOP 比较适合。另外，为避免焊接中的热冲击应力，最好采用局部加热的焊接方式，即加热点仅针对元器件的引脚部，如激光焊接、热压模焊接等，这样可增加元器件在焊接工序中的可靠性。

与 DIP 相比，SOIC 占用 PCB 的面积比较小，重量比 DIP 减轻了 1/9～1/3。与 PLCC 相比，当引脚数少于 20 时，小外形集成电路可以节省更大的覆盖面积，而且焊点也较容易检验。多数数字逻辑电路和各种线性电路都采用这种封装形式。最初，对于 SO 并没有针对引脚的共面度要求，但现在 JEDEC 关于 SOIC 的标准则有 0.004in 引脚的共面度要求，这与 PLCC 的情况一样。

SOIC 视外形、间距大小采用几种不同的包装方式：塑料编带包装，带宽分别为 16mm、24mm 和 44mm；32mm 粘接式编带包装；棒式包装和托盘包装。

2．无引脚陶瓷芯片载体

陶瓷芯片载体封装的芯片是全密封的，具有很好的环境保护作用，一般用于军品。陶瓷芯片载体分为无引脚和有引脚两种结构，前者称为 LCCC（Leadless Ceramic Chip Carrier），后者称为 LDCC（Leaded Ceramic Chip Carrier）。由于 LCCC 没有金属线，若直接组装在有机电路板上，则会由于温度、热膨胀系数不同，在焊点上造成应力，甚至引起焊点开裂，因而出现了后来的 LDCC。LDCC 用铜合金或可代合金制成 J 形或鸥翼形引脚，焊在 LCCC 封装体的镀金凹槽端点，从而成为有引脚陶瓷芯片载体。由于这种附加引脚的工艺复杂烦琐，成本高且不适于大批量生产，故目前这类封装很少采用。

LCCC 的外壳采用 90%～96%的氧化铝或氧化陶瓷片，经印制布线后叠片加压，在保护气体中高温烧结而成，然后粘贴半导体芯片，完成芯片外壳与外端子间的连线，再加上顶盖进行密封封装。LCCC 芯片载体封装的特点是没有引脚，在封装体的四周有若干个城堡状的镀金凹槽，作为与外电路连接的端点，可直接将它焊到 PCB 的金属电极上。这种封装因为无引脚，故寄生电感和寄生电容都较小。同时，由于 LCCC 采用陶瓷基板作为封装，密封性和抗热应力都较好。LCCC 成本高，安装精度高，不宜大规模生产，仅在军事及高可靠性领域使用的表面组装集成电路中采用，如微处理单元、门阵列和存储器等。

LCCC 的电极中心距主要有 1.0mm 和 1.27mm 两种，其外形有矩形和方形。常用的矩形 LCCC 有 18、22、28 和 32 个电极数，方形 LCCC 则有 16、20、24、28、44、52、68、84、

109、124 和 156 个电极数。引脚中心距为 0.05in 的无引脚陶瓷芯片载体又进一步分为 A、B、C 和 D 型，这四种封装形式已建立在 JEDEC 中，其中两种是为插座式组装设计的，标准为 MS002～MS005。LCCC 封装如图 2-23 所示。

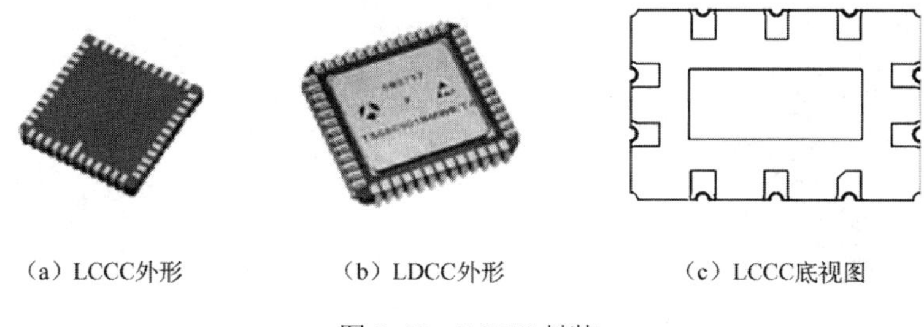

（a）LCCC外形　（b）LDCC外形　（c）LCCC底视图

图 2-23　LCCC 封装

LCCC 封装有依靠空气散热和通过 PCB 基板散热两种类型。安装时可直接将 LCCC 贴装在 PCB 上，封装体盖板无论朝上或朝下都可以，盖板的朝向是对元器件芯片背面而言的，芯片背面是封装热传导的主要途径。当芯片背面朝向 PCB 基板时，元器件产生的热量主要通过基板传导出去。因此，采用盖板朝上的 LCCC 封装，不宜用空气对流冷却系统。

3．塑封有引脚芯片载体

陶瓷封装元器件的生产历史比塑封元器件要长，做成表面组装形式时，通常将端子电极用印制烧结的方法做在载体的侧面或底面。当与电路板组装连接时，因载体电极与基板焊盘间不存在缓冲作用，故连接部位易受到组装应力的影响。同时，陶瓷封装元器件的生产工艺要求高，价格也比塑料封装元器件高得多。基于此，20 世纪 80 年代前后，塑封元器件以其优异的性价比在 SMT 市场上迅速崛起，得到广泛应用。但是陶瓷封装元器件也有优越性，它属于密封型元器件，具有良好的导热性能和耐腐蚀性，能在恶劣的环境下可靠地工作。

有引脚塑料芯片载体 PLCC 也是由 DIP 演变而来的，相对于陶瓷芯片载体，它是一种较便宜的芯片载体形式。PLCC 几乎是引脚数大于 40 的塑料封装 DIP 所必须替代的封装形式，后者因过大覆盖面积的要求而不切实际。PLCC 是弯在封装下面的 J 形引脚，其间距为 0.05in。这类封装常见于逻辑电路、微处理器阵列、标准单元中。

1981 年，JEDEC 成立了特别工作小组来进行 PLCC 的注册工作。用于方形封装的 PLCC，被称为 MO-047 的 JEDEC 外形标准，它规定的端头数有 20、28、44、52、68、84、100 和 124。这种外形用于大多数数字电路和线性电路，总引脚数等分在四边上，数目相等。存储器芯片优选矩形外形，以便与硅片的几何形状相配。

第二个注册的是 MO-052 的 JEDEC 外形标准，用于矩形封装，引脚数为 18、22、28 和 32。18 个引脚的 PLCC 有两种规格，较短的用于 64KB 的动态随机存储器，较长的用于 256KB 的动态随机存储器。28 个和 32 个引脚的封装用于电可擦可编程只读存储器 E^2PROM。

PLCC 采用在封装体四周具有下弯曲的 J 形短引脚，如图 2-24（a）所示。由于 PLCC 组装在电路基板表面，不必承受插拔力，故一般采用铜材料制成，这样可以减小引脚的热阻柔性。当组件受热时，还能有效地吸收由于元器件和基板间热膨胀系数不一致而在焊点上造成的应力，防止焊点断裂。但这种封装的 IC 被焊在 PCB 上后，检测焊点比较困难。PLCC 的引脚数一般为数十至上百条，这种封装一般用在计算机微处理单元 IC、专用集成电路 ASIC 和门阵列电路等处。

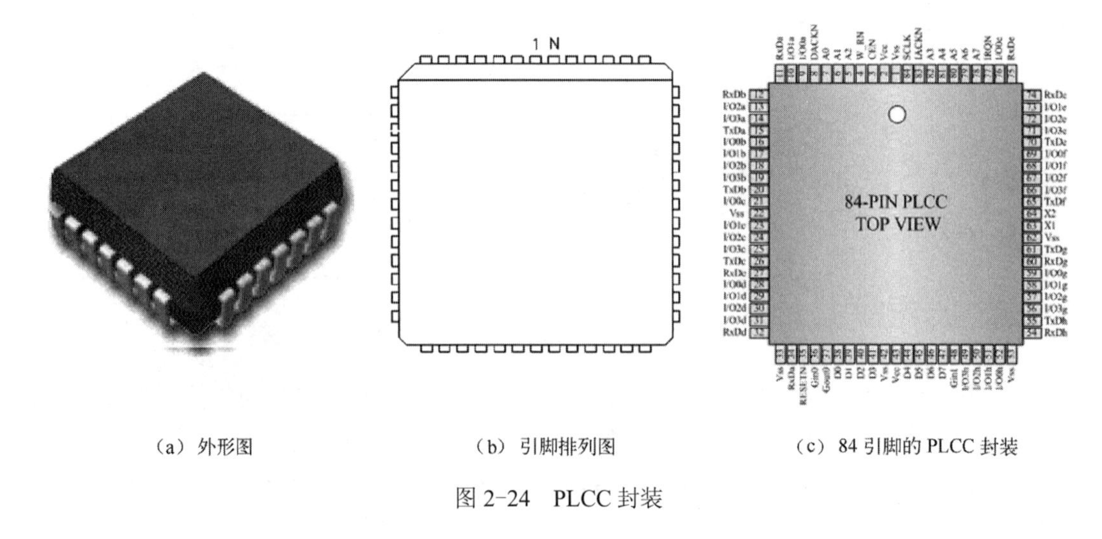

（a）外形图　　（b）引脚排列图　　（c）84 引脚的 PLCC 封装

图 2-24　PLCC 封装

每种 PLCC 表面都有标记点定位，以供贴片时判断方向，使用 PLCC 时要特别注意引脚的排列顺序。与 SOIC 不同，PLCC 在封装体表面并没有引脚标识，它的标识通常为一个斜角，如图 2-24（b）所示。一般将此标识放在向上的左手边，若每边的引脚数为奇数，则中心线为 1 号引脚；若每边的引脚数为偶数，则中心的两条引脚中靠左的引脚为 1 号。通常从标识处开始计算引脚的起止。

PLCC 的引脚具有可塑性，以便吸收焊点的应力，从而避免焊点开裂。由于 J 形引脚在设计上已考虑到引脚的可塑性，因而应确保引脚端和边沿不与塑料壳相接触。PLCC 中值得关注的问题是：当引脚弯曲而碰到塑料壳时，引脚的移动会受到限制，从而成为非可塑性。如果在运输或装卸过程中引脚被弄弯，就可能发生该情况。

PLCC 主要采用再流焊和气相焊，其中气相焊更为适合。这样 PLCC 引脚受惰性气体的保护而不易被氧化，且能精确地控制焊接温度，提高可靠性。由于 PLCC 为 J 形引脚，故它在包装上可采用带状及棒状包装，这样更有利于运输及贴片时装料。

4．方形扁平封装

随着大规模集成电路的集成度空前提高，特别是专用集成电路 ASIC 的广泛应用，芯片的引脚正朝着多引脚、细间距方向发展。QFP（Quad Flat Package，方形扁平封装）是专为小引脚间距表面组装 IC 而研制的新型封装形式。QFP 是适应 IC 容量增加、I/O 数量增多而出现的封装形式，目前已被广泛使用，常见的有门阵列的 ASIC 器件。

QFP 封装体外形尺寸规定，必须使用 5mm 和 7mm 的整数倍，到 40mm 为止。QFP 的引脚是用合金制作的，随着引脚数增多，引脚厚度、宽度变小，J 形引脚封装就很困难，因而 QFP 器件大多采用鸥翼形引脚，引脚中心距有 1.0mm、0.8mm、0.6mm、0.5mm 直至 0.3mm 等多种，引脚数为 44～160 个。

QFP 也有矩形和方形之分。引脚形状有鸥翼形、J 形和 I 形。J 形引脚的 QFP 又称为 QFJ。QFP 封装结构如图 2-25 所示。QFP 封装由于引脚数多、接触面较大，因而具有较高的焊接强度，但在运输、储存和安装中，引脚易折弯和损坏，使封装引脚的共面度发生改变，影响元器件引脚的共面焊接，因而在使用中要特别注意。按有关规定，元器件引脚的共面性误差不能大于 0.1mm，即各引脚端和基板的间隙差至少要小于 0.1mm。

多引脚、细间距的 QFP 在组装时要求贴片机具有高精度，确保引脚和电路板上焊盘图形对准，同时还应配备图形识别系统，在贴装前对每块 QFP 器件进行外形识别，判断元器件引出线的完整性和共面性，以便把不合格的元器件剔除，确保各引脚的焊点质量。

方形封装对许多用户很有吸引力。方形封装的主要优点在于它能使封装具有高密度，例如，引脚中心距同样是 0.6mm 的方形封装和 PLCC 封装相比，方形封装器件内部的互连数超过 PLCC 的两倍。

方形封装也有某些局限性。在运输、操作和安装时，引脚易损坏，引脚共面度易发生畸变，尤其是角处的引脚更易损坏，且薄的本体外形易碎裂。在装运中，把每只封装放入相应的载体中，从而把引脚保护起来，这使得成本显著增加。

为了避免方形封装的这些问题，美国开发了一种特殊的 QFP 器件封装，其鸥翼形引脚中心间距为 0.025in，可容纳的引脚数为 44～244 个，这种封装突出的特征是：它有一个脚垫用于减震，一般外形比引脚长 3mil，以保护引脚在操作、测试和运输过程中不受损坏。因此，这种封装通常称为“垫状”封装，其结构如图 2-25（b）所示。

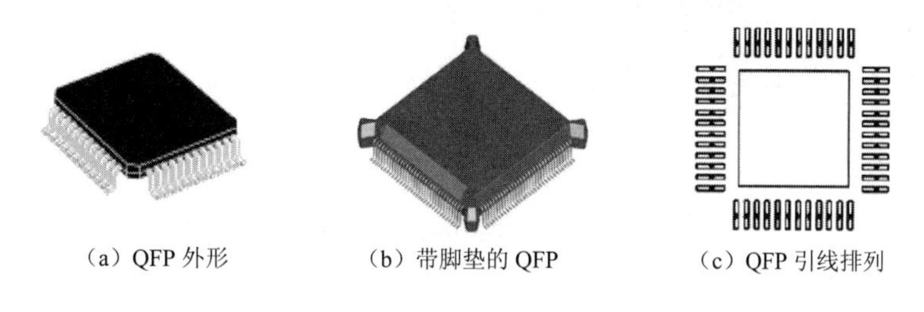

（a）QFP 外形　　（b）带脚垫的 QFP　　（c）QFP 引线排列

图 2-25　QFP 封装结构

5．BGA 封装

随着电子产品向小型化、便携化和高性能方向发展，对电路组装技术和 I/O 引脚数提出了更高的要求，芯片体积越来越小，引脚越来越多，给生产和返修带来困难。为了适应 I/O 数的快速增长，新型封装形式——球栅阵列（Ball Grid Array，BGA）于 20 世纪 90 年代初投入实际使用。

与 QFP 相比，BGA 的主要特点是：芯片引脚不是分布在芯片的周围，而是在封装的底面，实际上是将封装外壳基板四面引出脚变成以面阵布局的 Pb-Sn 凸点引脚，I/O 端子间距大（如 1.0mm、1.27mm、1.5mm），可容纳的 I/O 数目多；引脚间距远大于 QFP 方式，提高了成品率；封装可靠性高，焊点缺陷率低，焊点牢固；对中与焊接不困难；焊接共面性较 QFP 容易保证，可靠性大大提高；有较好的电特性，特别适合在高频电路中使用；由于端子小，导体的自感和互感很低，频率特性好；再流焊时，焊点之间的张力产生良好的自动对中效果，允许有 50%的贴片精度误差；信号传输延迟小，适应频率大大提高；能与原有的 SMT 贴装工艺和设备兼容。

BGA 工作时的芯片温度接近环境温度，其散热性良好。但 BGA 封装也具有一定的局限性，主要表现在：BGA 焊后检查和维修比较困难，必须使用 X 射线透视或 X 射线分层检测，才能确保焊接连接的可靠性，设备费用大；易吸湿，使用前应先做烘干处理。

BGA 通常由芯片、基座、引脚和封壳组成，根据芯片的位置方式分类，分为芯片表面向上和向下两种；按引脚排列分类，分为球栅阵列均匀分布、球栅阵列交错分布、球栅阵列周边分布、球栅阵列带中心散热和接地点的周边分布等；按密封方式分类，分为模制密封和浇注密封等；从散热角度分类，分为热增强型、膜腔向下型和金属球栅阵列；依据基座材料不同，BGA 可分为塑料球栅阵列 PBGA（Plastic Ball Grid Array）、陶瓷球栅阵列 CBGA（Ceramic Ball Grid Array）、陶瓷柱栅阵列 CCGA（Ceramic Columm Grid Array）和载带球栅阵列 TBGA（Tape Ball Grid Array）四种。

（1）PBGA。PBGA 是目前应用最广泛的一种 BGA 器件，主要应用在通信产品和消费产品中，其结构如图 2-26 所示。PBGA 的载体是普通的 PCB 基材，芯片通过金属丝压焊方式连接到载体的上表面，然后用塑料模压成型，在载体的下表面连接有共晶组分的焊球阵列。

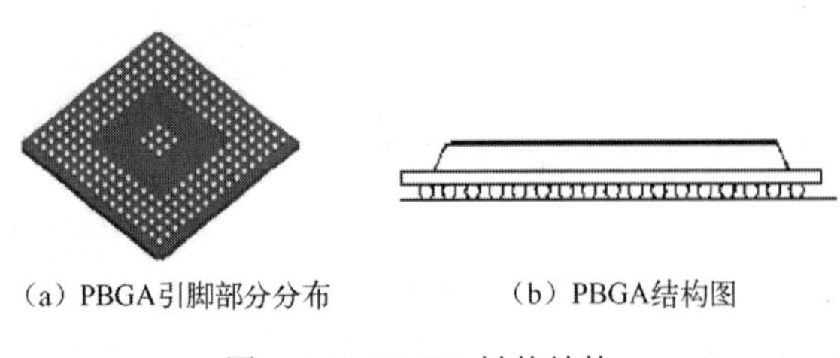

（a）PBGA引脚部分分布　　　　（b）PBGA结构图

图 2-26　PBGA 封装结构

PBGA 的优点是：与环氧树脂 PCB 的热膨胀系数相匹配，热综合性能良好；可以利用现有的组装技术和原材料制造 PBGA，整个封装的费用相对较低；与 QFP 相比，其焊球的表面平整度高，能够进行控制，且不易受到机械损伤；在 BGA 系列中成本相对较低，电气性能优良，适用于大批量的电子组装；在再流焊过程中，BGA 焊球具有一定的自动对中功能，从而提高组装的质量；载体与 PCB 基板相同，热膨胀系数几乎相同，因而在再流焊中对焊点几乎不产生应力，对焊点的可靠性影响也较小。

但是 PBGA 封装也存在一些缺点，主要是由于塑料封装容易吸潮，对于普通的 PBGA 器件，在开封后一般应在 8h 内使用，否则 PBGA 会吸收空气中的水汽，焊接时的迅速升温会使芯片内的潮气蒸发导致芯片损坏。PBGA 芯片在拆封后必须使用的期限由芯片的敏感性等级决定。

PBGA 的包装一定要使用密封方式，包装开封后应在规定的时间内完成贴装与焊接，如果超过了规定的时间，贴装前应将元器件烘干后使用。

（2）CBGA。CBGA 是 BGA 封装的第二种类型，是为了解决 PBGA 吸潮性而改进的品种。CBGA 的芯片连接在多层陶瓷载体的上面，芯片与多层陶瓷载体的连接可以有两种形式：一种是芯片线路层朝上，采用金属丝压焊的方式实现连接；另一种是芯片的线路层朝下，采用倒装片结构方式实现芯片与载体的连接。

CBGA 封装的主要优点是：可靠性高，具有优良的电性能和热性能；共面性好，易于焊接，具有良好的密封性能；与 QFP 相比，不易受到机械损伤；对湿气不敏感，存储时间长；适用于 I/O 数大于 250 的电子组装应用。CBGA 也有一些不足之处，例如，封装尺寸为

32mm×32mm 时，PCB 和 CBGA 的多层陶瓷载体之间的热膨胀系数不同，导致热循环中焊点失效，对尺寸大于 32mm×32mm 的，则考虑采用其他类型的 BGA。

（3）CCGA。CCGA 是 CBGA 在陶瓷尺寸大于 32mm×32mm 时的另一种形式。与 CBGA 不同的是，在陶瓷载体的下表面连接的不是焊球，而是焊料柱。焊料柱阵列可以是完全分布或部分分布，常见的焊料柱直径约为 0.5mm，高度约为 2.21mm，柱阵列间距典型值为 1.27mm，如图 2-27 所示。CCGA 有两种形式，一种是焊料柱与陶瓷底部采用共晶焊料连接，另一种则采用浇注式固定结构。

CCGA 的优缺点同 CBGA 相似，它优于 CBGA 之处在于它的焊料柱可以承受因 PCB 和陶瓷载体的热膨胀系数不同所产生的应力，其不足之处是组装过程中焊料柱比焊球易受机械损伤。

（4）TBGA。TBGA 是 BGA 相对较新的封装类型，如图 2-28 所示。它的载体是铜-聚酰亚胺-铜双金属层带，载体的上表面分布着用于信号传输的铜导线，而下表面作为地层使用。芯片与载体之间的连接可以采用倒装片技术来实现，当芯片与载体的连接完成后，要对芯片进行封装，以防受到机械损伤。载体上的孔起到了连通两个表面、实现信号传输的作用，焊球通过采用类似金属丝压焊的微焊接工艺连接到过孔焊盘上，形成焊球阵列。在载体的顶面用胶连接着一个加固层，用于给封装提供刚性和保证封装体的共面性。在倒装片的背面一般用导热胶连接着散热片，封装提供良好的散热特性。TBGA 的焊球直径约为 0.65mm，典型的焊球间距有 1.0mm、1.27mm 和 1.5mm 几种。目前，常用的 TBGA 封装的 I/O 数小于 448，而国外一些大公司正在开发 I/O 数大于 1000 的 TBGA。

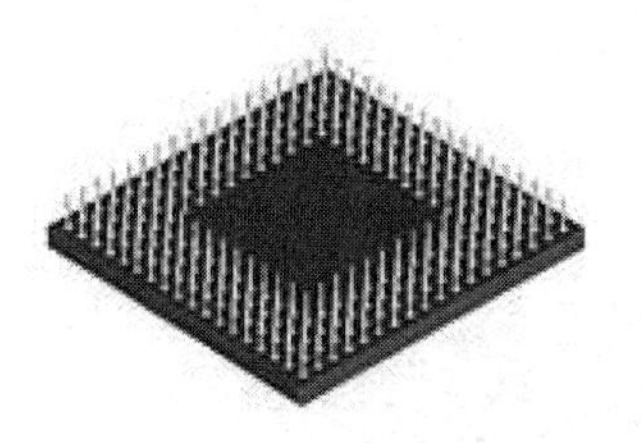

图 2-27　CCGA 外形图

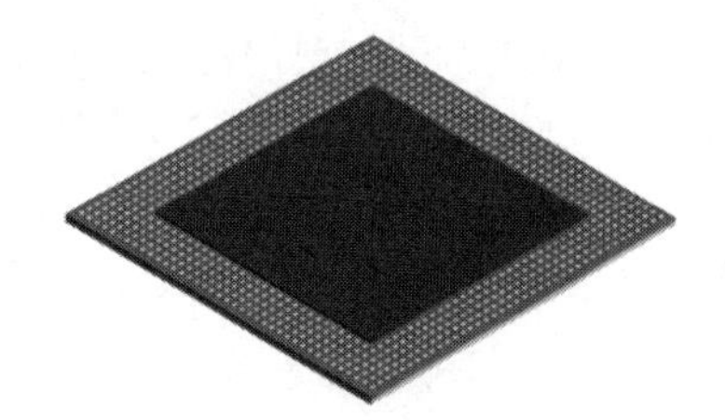

图 2-28　TBGA 外形图

TBGA 的主要优点是：比其他 BGA 封装类型更轻更小；具有比 QFP 和 PBGA 封装更优的电性能；可适用于批量电子组装；TBGA 封装加固层同 PCB 的基板匹配，组装后对焊点可靠性影响不大。但 TBGA 也有不足之处，其封装费用过高，目前主要用于高性能、高 I/O 数的产品。

6. 芯片级封装

芯片级封装 CSP（Chip Scale Package）是 BGA 进一步微型化的产物，产生于 20 世纪 90 年代中期，它的封装尺寸与裸芯片相同或比裸芯片稍大（通常封装尺寸与裸芯片之比定义为 1.2∶1）。CSP 外端子间距大于 0.5mm，并能适应再流焊组装。

CSP 封装结构如图 2-29 所示。无论是柔性基板还是刚性基板，CSP 封装均是将芯片直接放在凸点上，然后由凸点连接引线，完成电路的连接。

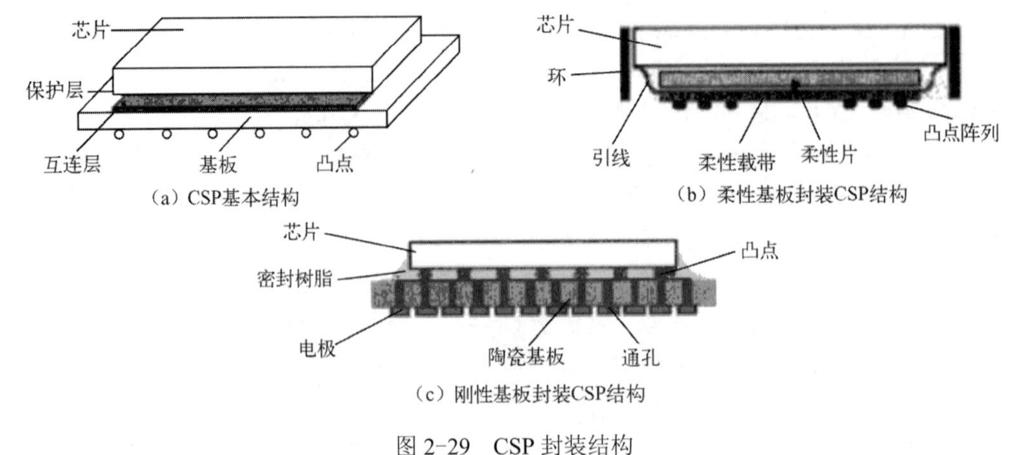

（a）CSP基本结构

（b）柔性基板封装CSP结构

（c）刚性基板封装CSP结构

图 2-29　CSP 封装结构

CSP 器件具有的优点是：CSP 器件质量可靠；封装尺寸比 BGA 小；安装高度低；CSP 虽然是更小型化的封装，但比 BGA 更平，更易于贴装，贴装公差小于±0.3mm；它比 QFP 提供了更短的互连，因此电性能更好，即阻抗低、干扰小、噪声低、屏蔽效果好，更适合在高频领域应用；具有高导热性。

芯片组装元器件的发展近年来相当迅速，已由常规的引脚连接组装元器件形成载带自动键合（Tape Automated Bonding，TAB）、凸点载带自动键合（Bumped Tape Automated Bonding，BTAB）和微凸点连接（Micro-Bump Bonding，MBB）等多种门类。芯片组装元器件具有批量生产、通用性好、工作频率高、运算速度快等特点，在整机组装设计中若配以 CAD 方式，还可大大缩短开发周期，目前已广泛应用在大型液晶显示屏、液晶电视机、小型摄录一体机、计算机等产品中。CSP 封装的内存条如图 2-30 所示，可以看出，采用 CSP 技术后，内存颗粒所占用的 PCB 面积大大减小。

图 2-30　CSP 封装的内存条

7．裸芯片

人们力图将芯片直接封装在 PCB 上，通常采用的封装方法有两种：一种是 COB（Chip On Board）法，另一种是倒装焊法。适用 COB 法的裸芯片（Bare Chip）又称为 COB 芯片，适用倒装焊法的裸芯片则称为 Flip Chip，简称 FC，两者的结构有所不同。

（1）COB 芯片。焊区与芯片体在同一平面上，焊区周边均匀分布，焊区最小面积为

90μm×90μm，最小间距为 100μm。由于 COB 芯片焊区是周边分布的，所以 I/O 增长数受到一定限制，特别是它在焊接时采用线焊实现焊区与 PCB 焊盘相连接，因此，PCB 焊盘应有相应的焊盘数，并也是周边排列，才能与之相适应，所以，PCB 制造工艺难度也相对增大。此外，COB 的散热也有一定困难。

COB 封装如图 2-31 所示，可以看出，COB 封装比其他封装更节省空间，但是封装的难度更大。

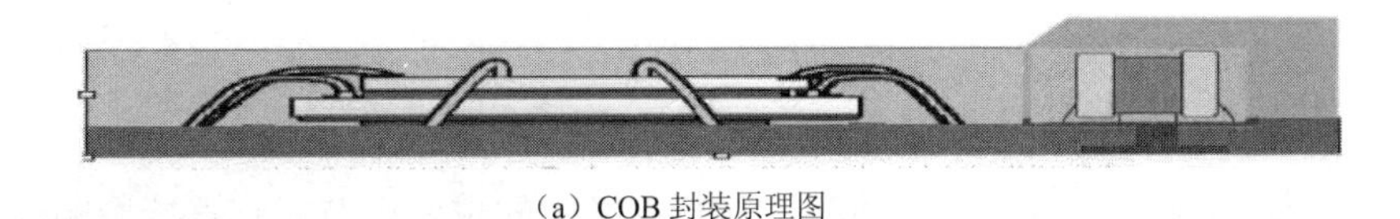

（a）COB 封装原理图

（b）COB 工艺制造芯片内部图

（c）COB 封装外部图

图 2-31　COB 封装

（2）FC 倒装片。所谓倒装片技术，又称为可控塌陷芯片互连（Controlled Collapse Chip Connection，C4）技术。它是将带有凸点电极的电路芯片面朝下（倒装），使凸点成为芯片电极与基板布线层的焊点，经焊接实现牢固的连接，这一组装方式也称为 FC 法。它具有工艺简单、安装密度高、体积小、温度特性好及成本低等优点，尤其适合制作混合集成电路。

FC 与 COB 的区别在于，焊点呈面阵列式排在芯片上，并且焊区做成凸点结构，凸点外层即为 Sn-Pb 焊料，故焊接时将 FC 反置于 PCB 上，并可以采用 SMT 方法实现焊接。

采用 FC 倒装片技术的芯片上芯片集成如图 2-32 所示，可以看出，这是多芯片技术的应用。

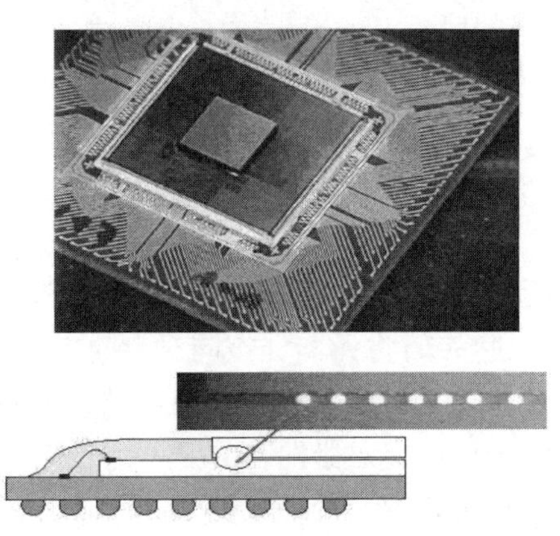

图 2-32　采用 FC 倒装片技术的芯片上芯片集成

FC 倒装片具有串扰小等特点，尤其适合裸芯片多输入/输出、电极整表面排列、焊点微型化的高密度发展趋势，是最具有发展前途的一种裸芯片焊接技术。为此，FC 倒装片技术已成为多芯片组件 MCM 的支撑技术，并已开始广泛用于 BGA、CSP 等新型微型化元器件和组件的芯片焊接。

2.4　SMD/SMC 的使用

2.4.1　表面组装元器件的包装方式

表面组装元器件的包装方式已经成为 SMT 系统中的重要环节，它直接影响组装生产的效率，必须结合贴片机送料器的类型和数目进行优化设计。表面组装元器件的包装形式主要有四种，即编带、管式、托盘和散装。大批量生产，建议选择编带封装形式；低产量或样机生产，建议选择管装；散装很少使用，因为散装必须一个一个地拾取或需要装配设备重新进行封装。

1．编带包装

编带包装是应用最广泛、时间最久、适应性强、贴装效率高的一种包装形式，并已标准化。除 QFP、PLCC 和 LCCC 外，其余元器件均采用这种包装方式。编带包装所用的编带主要有纸带、塑料袋和黏结式带三种。纸带主要用于包装片式电阻、电容；塑料袋用于包装各种片式无引脚组件、复合组件、异形组件、SOT、SOP、小尺寸 QFP 等片式组件。

编带包装料带盘及料带如图 2-33 所示。

（a）编带包装料带盘

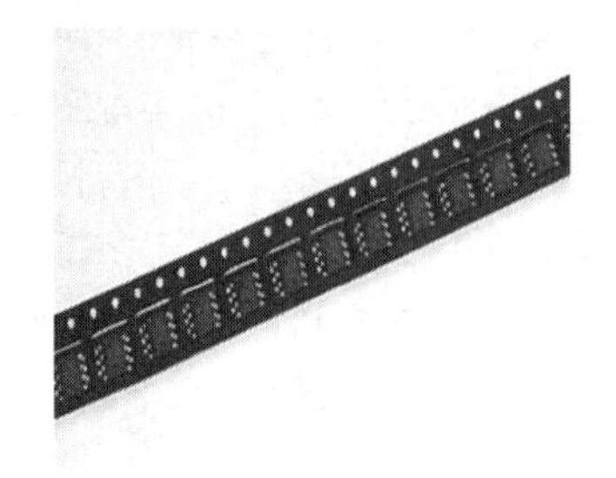

（b）料带

图 2-33　编带包装料带盘及料带

2．管式包装

管式包装主要用来包装矩形片式电阻、电容、某些异形和小型器件，主要用于 SMT 元器件品种很多且批量小的场合。包装时将元器件按同一方向重叠排列后一次装入塑料管内（一般 100～200 只/管），管两端用止动栓插入贴片机的供料器，将贴装盒罩移开，然后按贴装程序，每压一次管就给基板提供一只片式元器件。

管式包装材料的成本高，且包装的元器件数受限。同时，若每管的贴装压力不均衡，则元器件易在细狭的管内被卡住。但对表面组装集成电路而言，采用管式包装的成本比托盘包装要低，不过贴装速度不及编带方式。

集成电路的防静电管式包装如图 2-34 所示，可以看出，集成电路的形状决定了塑料管的形状。同时，硬塑料可以避免 SMD/SMC 在运输中被损坏。

图 2-34　集成电路的防静电管式包装

3. 托盘包装

托盘包装是用矩形隔板使托盘按规定的空腔等分，再将元器件逐一装入盘内，一般 50 只/盘，装好后盖上保护层薄膜。托盘有单层、三层、十层、十二层、二十四层自动进料的托盘送料器。这种包装方式开始应用时，主要用来包装外形偏大的中、高、多层陶瓷电容，目前，也用于包装引脚数较多的 SOP 和 QTP 等元器件。

托盘包装的托盘有硬盘和软盘之分。硬盘常用来包装多引脚、细间距的 QTP 元器件，这样封装体引出线不易变形；软盘则用来包装普通的异形片式元器件。

单层托盘包装如图 2-35 所示。

（a）装有实物的托盘

（b）空托盘

图 2-35　单层托盘包装

4. 散装

散装是将片式元器件自由地封入成型的塑料盒或袋内，贴装时把塑料盒插入料架上，利用送料器或送料管使元器件逐一送入贴片机的料口。这种包装方式成本低、体积小，但适用范围小，多被圆柱形电阻采用。

SMT 元器件的包装形式很关键，它直接影响组装生产的效率，必须结合贴片机送料器的类型和数目进行最优设计。

2.4.2　表面组装元器件的保管

表面组装元器件一般有陶瓷封装、金属封装和塑料封装。前两种封装的气密性较好，不存在密封问题，元器件能保存较长的时间，但对于塑料封装的 SMD 产品，由于塑料自身的气密性较差，所以要特别注意塑料表面组装元器件的保管。

绝大部分电子产品中所用的 IC 元器件，其封装均采用模压塑料封装，原因是大批量生产易降低成本。但由于塑料制品有一定的吸湿性，因而塑料元器件（SOJ、PLCC、QFP）属于潮湿敏感元器件。由于通常的再流焊或波峰焊都是瞬时对整个 SMD 加热，等焊接过程中的高热施加到已经吸湿的塑封 SMD 壳体上时，所产生的热应力会使塑壳与引脚连接处发生裂缝，裂缝会引起壳体渗漏并受潮而慢慢地失效，还会使引脚松动从而造成早期失效。

1. 塑料封装表面组装元器件的储存

塑料封装表面组装元器件在存储和使用中应注意：库房室温低于 40℃，相对湿度小于 60%，这是塑料封装表面组装元器件储存场地的环境要求；塑料封装 SMD 出厂时，都被封装于带干燥剂的潮湿包装袋内，并注明其防潮湿有效期为一年，不用时不开封。

2. 塑料封装表面组装器件的开封使用

开封时先观察包装袋内附带的湿度指示卡。当所有黑圈都显示蓝色时，说明所有的 SMD 都是干燥的，可以放心使用；当 10%和 20%的圈变成粉红色时，也是安全的；当 30%的圈变成粉红色时，即表示 SMD 有吸湿的危险，并表示干燥剂已经变质；当所有的圈都变成粉红色时，即表示所有的 SMD 已严重吸湿，贴装前一定要对该包装袋中所有的 SMD 进行驱湿烘干处理。

下面介绍湿度指示卡读法。湿度指示卡有许多品种，但基本上可以归纳为六圈式和三圈式。三圈式湿度指示卡如图 2-36 所示。六圈式湿度指示卡可显示的湿度为 10%、20%、30%、40%、50%和 60%，三圈式湿度指示卡只有 30%、40%和 50%，其所指示的某相对湿度是介于粉红色圈和蓝色圈之间的淡紫色圈所对应的百分数。例如，30%的圈变成粉红色，40%的圈仍为蓝色，则蓝色与粉红色之间显示淡紫色圈旁的“30%”，即为相对湿度值。

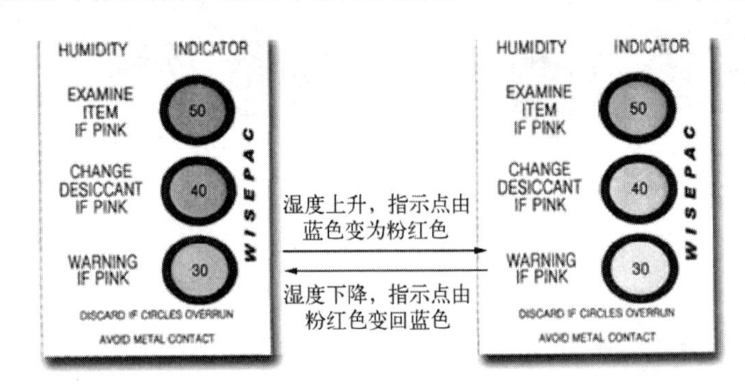

图 2-36　三圈式湿度指示卡

3. 包装袋开封后的操作

SMD 的包装袋开封后，应遵循要求从速取用。生产场地的环境应满足：室温低于 30℃，相对湿度小于 60%；生产时间极限：QFP 为 10h，其他（SOP、SOJ、PLCC）为 48h（有些为 72h）。

所有塑封 SMD，当开封时发现湿度指示卡的湿度为 30%以上或开封后的 SMD 未在规定的时间内装焊完毕，以及超期储存 SMD 时，在贴装前一定要先进行驱湿烘干。烘干方法分为低温烘干法和高温烘干法。

低温烘干法中的低温箱温度为（40±2）℃，适用的相对湿度小于 5%，烘干时间为 192h；高温烘干法中的烘箱温度为（125±5）℃，烘干时间为 5～8h。

凡采用塑料管包装的 SMD（SOP、SOJ、PLCC、QFP 等），其包装管不耐高温，不能直接放进烘箱中烘烤，应另行放在金属管或金属盘内才能烘烤。

QFP 的包装塑料盘有不耐高温和耐高温两种。耐高温的可直接放入烘箱中进行烘烤；不耐高温的不能直接放入烘箱烘烤，以防发生意外，应另放在金属盘进行烘烤。转放时应防止损伤引脚，以免破坏其共面性。

4．剩余 SMD 的保存方法

（1）配备专用低温低湿储存箱。将开封后暂时不用的 SMD 连同送料器一起存放在箱内，但配备大型专用低温低湿储存箱的费用较高。

（2）利用原有完好的包装袋。只要袋子不破损且内装干燥剂良好，仍可将未用完的 SMD 重新装回袋内，然后用胶带封口。

2.5　表面组装元器件的发展趋势

表面组装元器件发展至今，已有多种封装类型的 SMC/SMD 用于电子产品的生产。IC 引脚间距由最初的 1.27mm 发展至 0.8mm、0.65mm、0.4mm、0.3mm，SMD 由 SOP 发展到 BGA、CSP 及 FC，其指导思想仍是 I/O 数越多越好。为了达到系统延迟的最小化，芯片封装应更接近、间距更小，因此半导体元器件向多引脚、轻重量、小尺寸、高速度的方向发展，如图 2-37 所示。

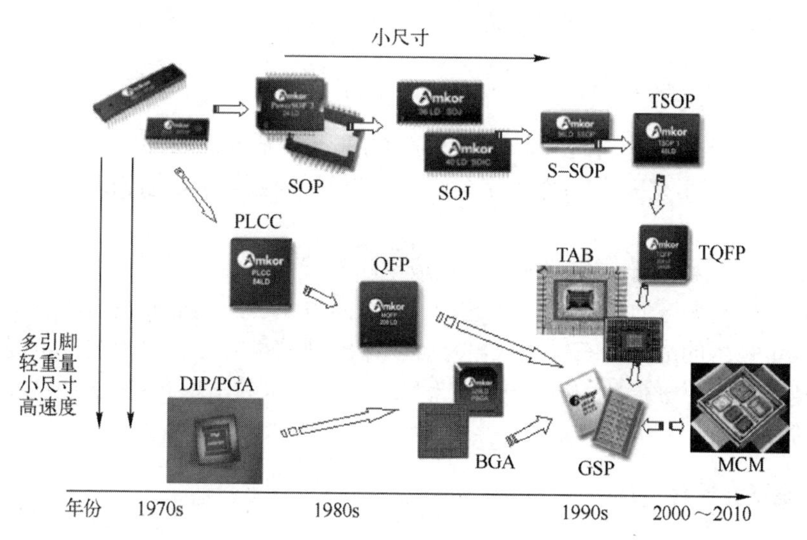

图 2-37　电子元器件的发展

新型元器件有许多优越性。例如，CSP 不仅是一种芯片级的封装尺寸，而且是可确认的优质芯片（Known Good Die，KGD），体积小，重量轻，超薄（仅次于 FC），但也存在一些问题，特别是能否适应大批量生产。一种新型封装结构的元器件，即使有无限的优越性，但如果不能解决工业化生产的问题，则不能称为好的封装元器件。CSP 就是因其制作工艺复杂，即 CSP 制作中要用微孔基板，否则难以实现芯片与组件板的互连，从而制约了它的发展。新型 IC 封装的趋势必然是尺寸更小、I/O 数更多、电气性能更好、焊点更可靠、散热能力更强，并能实现大批量生产。

1．MCM 级的模块化芯片

目前，MCM 是以多芯片组件形式出现的，一旦它的功能具有通用性，组件功能会演化成元器件的功能，它不仅具有强大的功能，而且具有互换性，并有可能实现大批量生产。

2．芯片电阻网络化

目前，已经面世的电阻网络由于标准化和设计限制，尚未广泛推广。若在芯片上集成无源器件，再随芯片一起封装，将会使元器件的功能更强大。

3．系统级封装（SIP）

系统级封装或封装内系统（System In a Package，SIP），是多芯片封装进一步发展的产物。SIP 中可封装不同类型的芯片，芯片之间可进行信号存取和交流，从而实现一个系统所具备的功能。

4．芯片上系统（SOC）

芯片上系统（System On a Chip，SOC），又称为系统单芯片，它的意义就是在单一芯片上具备一个完整的系统运作所需的 IC，这些主要 IC 包括处理器、输入/输出装置、将各功能快速连接起来的逻辑线路、模拟线路及该系统运作所需要的内存。SOC 将系统级的功能模块集成在一块芯片上，使集成度更高，元器件的端子数为 300～400，是典型的硅圆片级封装。

5．硅绝缘（SOI）技术

随着对硅芯片技术的深入研究，使得 SOI（Silicon On Insulator）技术得以崭露头角。SOI 技术能与硅集成工艺完全相容，完全继承了硅材料与硅集成电路的成果，并有自己独特的优势。

CMOS 金属氧化物半导体是超大规模集成电路发展的主流，硅绝缘 CMOS 是全介质隔离的，无栓锁效应，有源区面积小，寄生电容小，泄露电流小，在集成电路的各个领域有着广泛的应用。SOI 技术的成功为三维集成电路提供了实现的可能性，也为进一步提高集成电路的集成度和速度开辟了一个新的发展方向。因此，SOI 技术的出现必将会给现有的 IC 封装形式带来新的挑战。

6．纳米电子元器件

纳米技术的研究为微电子技术开创了新的前途和应用领域。美国从 1982 年就开始研究量子耦合元器件，德国、法国、日本等国家也都在近年加大了对纳米技术的投入。美国 TI 公司是最早开始研究纳米元器件的公司，这些纳米元器件包括量子耦合元器件、模拟谐振隧道元器件、量子点谐振隧道二极管、谐振隧道晶体管、纳米传感器、微型执行器及 MEMS。美国 IBM 公司与日本日立公司制作中央研究所都已研制成功单电子晶体管和量子波元器件。

纳米电子元器件可采用 GaAs（砷化镓）材料制作，也可以用 Si-Ge 元器件。纳米材料的特殊性能使得纳米电子元器件具有更优良的性能。例如，量子耦合元器件的研究使得在一块芯片上用 0.1μm 的工艺技术集成 10^6 个元器件成为可能，此时在单片集成电路上就能实现极其复杂的系统。由此可见，纳米技术的应用将导致微电子元器件产生突破性的进展。

表面组装元器件的发展随着芯片内容的增多，I/O 端子数也在增多，这必将导致芯片封装形式的改进，在新材料、新技术不断涌现的情况下，必将会出现性能更优、组装密度更高的新的封装形式。

2.6 电路板

1. 纸基覆铜箔层压板

纸基覆铜箔层压板（Copper Clad Laminate，CCL），简称纸基 CCL，是用浸渍纤维纸作为增强材料，浸以树脂溶液并经干燥加工后，覆以涂胶的电解铜箔，经高温、高压的压制成型加工，所制成的覆铜板又称为纸基覆铜板。

纸基覆铜板按照美国 ASTM/NEMA 标准规定的型号，主要品种有 FR-1、FR-2、FR-3（以上为阻燃类板），以及 XPC、XXXPC（以上为非阻燃类板）等类型产品。亚洲地区主要采用 FR-1 和 XPC 两种类型产品；欧美等地区则主要使用 FR-2、FR-3 及 XXXPC 类型产品。

由于纸基覆铜板绝大多数的生产、使用都在亚洲地区，又因日本在此类型产品制造技术方面在世界居领先地位，所以，在执行纸基覆铜板的技术标准时，其权威标准（包括性能指标和试验方法）是日本工业标准（JIS 标准）。

纸基覆铜板部分型号对照表如表 2-3 所示。

表 2-3　纸基覆铜板部分型号对照表

名　称	树脂体系	特　性	NEMA	IPC	JIS	GB
覆铜箔酚醛纸层压板	酚醛树脂	一般电特性、冷冲	XPC	00	PP-7	CPECP-04
	酚醛树脂	高电特性、冷冲	XXXPC	01	PP-3	CPECP-02
	酚醛树脂、阻燃	一般电特性、冷冲	FR-1	02	PP-7F	CPECP-09F
	酚醛树脂、阻燃	高电特性、冷冲	FR-2	03	PP-3F	CPECP-06F
	酚醛树脂、阻燃	高电特性、冷冲	FR-3	04	PE-1	CPECP-22F

注：1. NEMA：美国电气制造商协会标准。
2. IPC：IPC 标准。
3. JIS：日本工业协会标准。
4. GB：中华人民共和国标准。

FR-1 和 XPC 覆铜板大都采用漂白浸渍木浆纸为增强材料，以改性酚醛树脂为树脂黏合剂。在制造中，所用的电解铜箔标称厚度一般为 35μm（1 盎司/平方英尺）规格，厚度为 1.66mm，板面为 1020mm×1220mm（最常用产品面积），即一张覆单面铜箔的 FR-1 板，质量一般为 3.00～3.10kg；一张该面积大小的 XPC 板，质量一般为 2.85～2.95kg。板的常用厚度规格为 0.8mm、1.0mm、1.2mm、1.6mm 和 2.0mm。

纸基覆铜板的特点如下。

（1）纸基疏松，只能冲孔，不能钻孔；吸水性高；相对密度小。

（2）介电性能及机械性能不如环氧板。

（3）耐热性、力学性能与环氧-玻纤布基覆铜板相比较低。

（4）成本低、价格便宜，一般在民用产品中被广泛使用。

（5）一般只适合制作单面板；在焊接过程中应注意温度调节，并注意 PCB 的干燥处理，防止温度过高使 PCB 出现起泡现象。

2．环氧玻璃纤维布覆铜板

以环氧树脂或改性环氧树脂为黏合剂而制作的玻璃纤维布覆铜板是当前覆铜板中产量最大、使用最多的一类。在 NEMA 标准（美国电气制造商协会标准）中，环氧玻璃纤维布覆铜板有四个型号：G-10（不阻燃）、FR-4（阻燃）、G-11（保留热强度，不阻燃）和 FR-5（保留热强度，阻燃）。在覆铜板产品中，非阻燃产品的用量在逐步减少。在环氧玻璃纤维布覆铜板中，90%以上的产品为 FR-4 型。当前，FR-4 型产品已发展为一大类，可适用于不同用途的环氧玻璃纤维布覆铜板的总称。在 IP-4101 标准中已经命名的，属于 FR-4 型覆铜板的产品有：24 号产品，其树脂体系的主体为改性或不改性环氧树脂，阻燃 T_g 为 150～200℃；25 号产品，树脂体系为环氧 PPO 树脂，阻燃 T_g 为 150～200℃；26 号产品，树脂体系为环氧树脂（用于加成法工艺），阻燃 T_g 为 170～220℃。

在 FR-4 型产品中，还有一种不是覆铜板，但销量却非常大的产品——半固化片。半固化片用于多层印制板制作时把各内层板黏结起来，也是一种性能要求很高的产品。

不同型号环氧玻璃纤维布覆铜板的生产工艺流程基本相同，它们的主要区别是树脂配方不同。

环氧玻璃纤维布覆铜板的特点如下。

（1）可以冲孔和采用高速钻孔技术，通孔孔壁光滑，金属化效果好。

（2）低吸水性，工作温度较高，本身性能受环境影响小。

（3）电气性能优良，机械性能好，尺寸稳定性、抗冲击性比酚醛纸基覆铜板要高。

（4）适合制作单面板、双面板和多层板。

（5）适合制作中、高档民用电子产品。

环氧玻璃纤维布覆铜板生产工艺流程，一般是分段式生产，它主要由四段构成：第一段为树脂配制；第二段为基材上胶；第三段为叠合（国外称叠书）与层压；第四段为修边、检验和包装。

环氧玻璃纤维布覆铜板是覆铜板所有品种中用途最广、用量最大的一类。它广泛应用于通信、计算机、仪器仪表、数字电视、卫星、雷达等产品。随着电子产品向轻、薄、短小和数字化方向发展，印制电路板向精细图形、高密度、多层方向发展，原来使用纸基覆铜板的电子产品，逐步改用玻璃纤维布覆铜板，使纸基覆铜板发展滞缓，玻璃纤维布覆铜板特别是多层 PCB 用玻璃纤维布覆铜板得到更为迅速的发展。

3．复合基覆铜板

复合基材印制板使用的基材的面料和芯料由不同增强材料构成。复合基覆铜板在机械性能和制造成本上介于纸基覆铜板、环氧玻璃纤维布覆铜板两者之间。复合基使用的覆铜板基材主要是 CEM（Composite Epoxy Material）系列，其中以 CEM-1 和 CEM-3 最具代表性。

（1）CEM-1 覆铜板。它是在 FR-3 基础上改进而来的。FR-3 是纸基浸渍环氧树脂与铜箔复合制成的。CEM-1 则是在纸基浸渍环氧树脂后，再双面复合一层玻璃纤维布，然后再与铜箔复合热压，因此 CEM-1 结构上比 FR-3 多了两层玻璃纤维布，所以 CEM-1 机械强度、耐潮性、平整度、耐热性、电气性能等综合性能，均比纸基 CCL 优异。因此，CEM-1 能用来制作频率特性要求高的 PCB，如电视机的调谐器、电源开关、超声波设备、计算机电源和键盘，也可以用于电视机、录音机、收音机、电子设备仪表、办公自动化设备等。CEM-1 是 FR-3 理想的取代产品，其结构如图 2-38 所示。

CEM-1 覆铜板具有以下特点。

① 主要性能优于纸基覆铜板。

② 优秀的机械加工性能。

③ 成本比玻璃纤维布覆铜板低。

（2）CEM-3 覆铜板。它是由 FR-4 改良而来的。CEM-3 在结构上是采用玻璃毡（又称无纺布）浸渍环氧树脂后，再两面合贴玻璃纤维布，然后与铜箔复合，热压成型。它与 FR-4 的区别在于，采用玻璃毡取代大部分玻璃纤维布，在机械性能方面增大了“韧性”程度。通常 CEM-3 是直接制作成双面覆铜板，CEM-3 板材在钻孔加工中，加工的方便程度要高于 FR-4，其原因就在于玻璃毡在结构上比玻璃纤维疏松，此外在冲孔加工中也比 FR-4 优异。

CEM-3 相比 FR-4 的不足之处：CEM-3 的厚度、精度不及 FR-4；PCB 焊接后，扭曲程度也比 FR-4 高。

总之，CEM-3 是与 FR-4 近似的产品，能适用于多种电子产品制作 PCB 之用，特别是在价格上有很大的优势，其结构如图 2-39 所示。

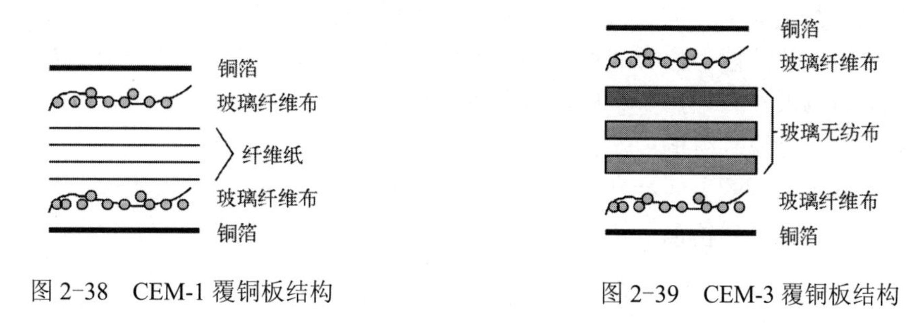

图 2-38　CEM-1 覆铜板结构　　图 2-39　CEM-3 覆铜板结构

CEM-3 覆铜板具有以下特点。

① 基本性能相当于 FR-4 覆铜板。

② 优秀的机械加工性能。

③ 使用条件与 FR-4 覆铜板相同。

④ 成本低于 FR-4 覆铜板。

有的 CEM-3 产品，在耐漏电起痕（CTI）、板的尺寸精度、尺寸稳定性等方面，已优于一般的 FR-4 产品。用 CEM-1、CEM-3 代替 FR-4 基板制造双面 PCB，目前已在日本、欧美等国家和地区得到了广泛的应用。

4．金属基覆铜板

金属基覆铜板一般由金属基板、绝缘介质层和导电层（一般为铜箔）三部分组成，即将表面经过处理的金属基板的一面或两面覆以绝缘介质层和铜箔，经热压复合而成。

（1）金属基覆铜板分类。从金属基板的结构上划分，常见的有三种，即金属基板、包覆型金属基板和金属芯基板。金属基板是以金属板（铝、铜、铁、钼等）为基材，在其基板上覆有绝缘介质层和导电层（铜箔）；包覆型金属基板是在金属板的六面包覆一层釉料，经烧结而成一体的底基材，在此上经丝网漏印、烧结制成导体电路图形；金属芯基板一般由金属殷钢（铁镍合金）芯材，在其表面涂敷一层有机高分子绝缘介质层，或将其复合在半固化片上或 PET 薄膜之中，覆上导体箔（有的用加成法直接形成导电图形），如图 2-40 所示。其中，金属基板是最常见、用量最多的一种。

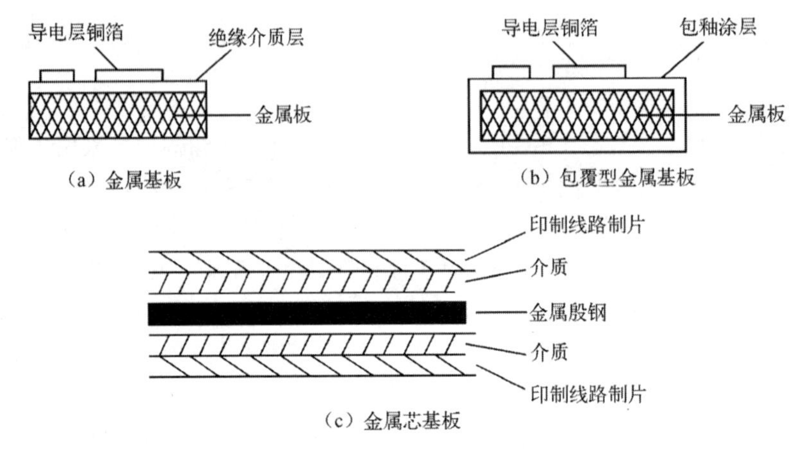

图 2-40　金属基板的分类

金属基板从其组成上分类，可分为：铝基覆铜板、铁基覆铜板、铜基覆铜板、钼基覆铜板。金属基覆铜板从特性上分类，可分为：通用型金属基覆铜板，阻燃型金属基覆铜板，高耐热型金属基覆铜板，高导热型金属基覆铜板，超高导热型金属基覆铜板，高频、微波型金属基覆铜板及多层金属基覆铜板。

（2）金属基覆铜板的主要特性。金属基覆铜板的特性主要由占有绝大部分板厚成分的金属板性能决定。不同基材覆铜板特性对比如表 2-4 所示。

表 2-4　不同基材覆铜板特性对比

特性 \ 基板类型	金属基覆铜板	环氧玻璃布基覆铜板
散热性	◎	△
机械强度	◎	○
尺寸稳定性	○	△
机械加工性	◎	X
大型基板化	◎	◎
电磁波屏蔽性	◎	X
高频性	△	○
多层配线性	X	◎

注：◎——很好、○——好、△——一般、X——差。

① 优异的散热性能。金属基覆铜箔板具有优良的散热性能，这是此类板材最突出的特点。用它制成的 PCB，可防止在 PCB 上装载的元器件及基板的工作温度上升，也可将电源功放元件、大功率元器件、大电路电源开关等元器件产生的热量迅速散发。在不同类型的金属基板中，以铜做基材的金属基板散热性最好。但铜板与铝板若用同样体积比，铜的价格高，密度大，并不适于基板材料向轻量化发展，因此未广泛采用。只有制造高散热性金属基板时，才少量采用铜板。铝板比铁板散热性好。各种不同基板散热特性对比表 2-5 所示。

表 2-5　各种不同基板散热特性对比

基　　板	厚　　度（mm）	饱 和 热 阻（℃/w）
环氧玻璃布基板	1.2	7.83
陶瓷基板	0.6	1.19
铁基环氧玻璃布基板	1.0	1.78
铁基-环氧树脂板	1.0	1.35
铝基-环氧树脂板	1.0	1.10

② 良好的机械加工性能。金属基覆铜板具有高机械强度和韧性，此点大大优于刚性树脂类覆铜板和陶瓷基板，因此可在金属基板上实现大面积印制板的制造。重量较大的元器件可在此类基板上安装。另外，金属基板还具有良好的平整度，可在基板上进行敲锤、铆接等方面的组装加工。在其制成的 PCB 上，非布线部分也可以进行折曲、扭曲等方面的机械加工。

③ 优异的尺寸稳定性。对于各种覆铜板来说都存在着热膨胀（尺寸稳定性）问题，特别是板厚度方向（Z 轴）的热膨胀，使金属化孔、线路的质量受到影响。而铁、铝基板的线膨胀系数比一般的树脂类基板小得多，更接近于铜的线膨胀系数，这样有利于保证印制电路的质量和可靠性。

④ 电磁屏蔽性。为了保证电子电路的性能，电子产品中的一些元器件须防止电磁波的辐射、干扰，金属基板可充当屏蔽板起到屏蔽电磁波的作用。

⑤ 电磁特性。铁基覆铜板的基板材料是具有磁性能铁系元素的合金（如矽钢板、低碳钢、镀锌冷轧钢板等），利用它的这一特性将其应用于磁带录音机（VTR）、软盘驱动器（FDD）、伺服电机等小型精密电机上。此种金属基覆铜板既起到 PCB 的作用，又起到小型电机定子基板的功能。

（3）金属基覆铜板的应用。铁基覆铜板和硅钢覆铜板具有优异的电气性能、导磁性和耐压性，基板强度高。主要用于无刷直流电机、录音机、收录一体机、主轴电机及智能型驱动器等。

铝基覆铜板具有优异的电气性能、散热性、电磁屏蔽性、高耐压及弯曲加工性能，主要用于汽车、摩托车、计算机、家电、通信电子产品和电力电子产品等。金属 PCB 基板中以铝基覆铜板的市场用量最大。

铜基覆铜板具有铝基覆铜板的基本性能，其散热性优于铝基覆铜板，该种基板可承载大电流，用于制造电力电子和汽车电子等大功率电路的 PCB，但铜基板密度大、价值高、易氧化，使其应用受到限制，用量远远低于铝基覆铜板。

5. 陶瓷印制板

陶瓷印制板就是用陶瓷材料做绝缘基材的印制板。这种印制板的特点是散热性好，热传导率大；尺寸稳定性好；耐热性好；机械强度高；高频特性好。

陶瓷基材分为结晶玻璃类和玻璃加填料类，主要以三氧化二铝为填料。板上导电图形材料是铜、银、金、钯和铂等，也用稳定性好的钨、钼。陶瓷多层板的制造工艺有一次烧结多层法和厚膜多层法。

陶瓷印制板大多作为厚膜和薄膜电路及混合电路板，用于汽车发动机控制电路、录像机、VCD 等装置中作为电源、发热元件部分的电路板。此类印制板多数含有阻容等元器件，故也可用于多片电路封装和电调谐器板。

6. 柔性印制板

柔性印制板适应电子市场“更小、更快、更便宜”的组装要求，所表现出来的“柔性”特征，对达到整个电子产品的微型化及对笔记本计算机、移动电话这类便携式产品的更新换代有着重大意义。随着电子市场的多样化、多功能需求，柔性印制板的开发与生产已逐步走向成熟。

柔性八拼印制板如图 2-41 所示。它广泛应用于计算机、电话机、继电器、导弹、汽车仪表等电子设备中。

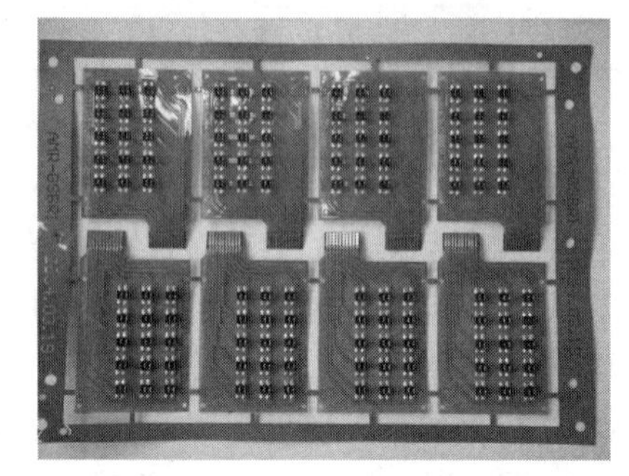

图 2-41　柔性八拼印制板

在一般情况下，要求柔性印制板基材的柔曲次数能达到百万次以上。同时，它能够有效地连接活动部件，减少手工装置的工作量，缩短整机组装时间，提高整机可靠性，减少电子装置的体积和重量。

习　题　2

1．写出下列表面组装元器件的长和宽。

① 公制系列 3216　②公制系列 2012　③公制系列 1608　④公制系列 1005

2．电阻器表面印有 114 表示阻值为（　　），是（　　）系列，精度为（　　）；电阻器表面印有 5R60 表示阻值为（　　），是（　　）系列，精度为（　　）；电阻器表面印有 R39 表示阻值为（　　），是（　　）系列，精度为（　　）。

3．矩形片式电阻器正面通常是（　　）色，矩形片式电容器正面通常是（　　）色，矩形片式电感器正面通常是（　　）色。区分电容器、电阻器和电感器最直接的方法是使用（　　），分别测量其（　　）值。

4．（　　）封装的元器件，由于自身的气密性较差，属于潮湿敏感器件，所以要特别注意这种表面组装器件的保管。

5．表面组装元器件的包装方式有哪几种？

第3章

焊膏与焊膏印刷

焊膏（Solding Paste）又称为焊锡膏、锡膏，它是伴随着SMT技术应运而生的一种新型焊料，也是SMT生产中极其重要的辅助材料。它的质量好坏直接关系到SMT品质的好坏，因此受到人们广泛的重视。焊膏由焊料粉末与糊状助焊剂混合组成，是高黏度的膏体，在外力作用下，其流动行为会发生改变，并对焊膏的印刷质量有很大的影响。

本章将首先介绍焊膏的主要成分：锡铅焊料合金与无铅焊料合金。其次介绍焊膏的特性、分类及如何评价焊膏，为正确选购和使用焊膏奠定基础。

本章还将讨论如何印刷好焊膏。焊膏印刷是SMT的第一道工序，它影响着后续的贴片、再流焊、清洗、测试等工艺，并直接决定着产品的可靠性。据统计，电子产品70%的缺陷和失效与焊膏相关，因而焊膏印刷工艺对于SMT来说是至关重要的。本章将讨论与焊膏印刷有关的问题，包括焊膏漏印模板、印刷方法及印刷设备等。焊膏的印刷涉及三项基本内容——焊膏、模板、印刷机，这三者之间合理组合对高质量地实现焊膏的定量分配是非常重要的。

3.1 锡铅焊料合金

焊料是易熔金属，它在母材表面能形成合金，并与母材连为一体，不仅能实现机械连接，同时也用于电气连接。焊接学中，习惯上将焊接温度低于450℃的焊接称为软焊，用的焊料又称为软焊料。电子线路的焊接温度通常在180～300℃之间，传统焊料的主要成分是锡和铅，故又称为锡铅焊料。

3.1.1 电子产品焊接对焊料的要求

电子产品的焊接中，通常要求焊料合金必须满足以下要求。

（1）焊接温度要求在相对较低的温度下进行，以保证元器件不受热冲击而损坏。如果焊料的熔点在180～220℃之间，通常焊接温度要比实际焊料熔化温度高50℃左右，实际焊接温度则在220～250℃范围内。根据IPC-SM-782规定，通常片式元器件在260℃环境中仅保留10s，而一些热敏元器件耐热温度更低。此外，PCB在高温后也会形成热应力，因此焊料的熔点不宜太高。

（2）熔融焊料必须在被焊金属表面有良好的流动性，有利于焊料均匀分布，并为润湿奠定基础。

（3）凝固时间要短，有利于焊点成型，便于操作。

（4）焊接后，焊点外观要好，便于检查。

（5）导电性好，并有足够的机械强度。

（6）抗蚀性好，电子产品应能在一定的高温或低温、烟雾等恶劣环境下进行工作，特别是军事、航天、通信及大型计算机等，为此，焊料必须有很好的抗蚀性。

（7）焊料原料的来源应该广泛，即组成焊料的金属矿产应丰富，价格应低廉，才能保证稳定供货。

3.1.2　锡铅合金焊料

人们通常按照一定的规律将几种不同的金属熔合在一起，并制造出很多种已经使用的焊料。完全能满足上述要求的几乎仅有锡铅合金，只有在必须满足某些特殊要求的情况下，才会考虑用其他合金。

金属锡和其他许多种金属之间有良好的亲和力，因此借助于低活性的焊剂就可以达到良好的润湿。锡铅元素在元素周期表中排列均是 IV 类主族元素，排列很近，它们之间互熔性好，并且合金本身不存在金属间化合物。此外，锡铅焊料性能稳定，特别是金属锡在焊点表面能生成一层极薄且致密的氧化物，它具有良好的抗蚀性，对焊点有保护作用，通常军用电子产品中 PCB 焊盘采用锡铅合金保护层，以提高电子产品的抗蚀性能。

锡铅焊料有较好的机械性能，通常纯净的锡和铅的抗拉强度分别为 15MPa 和 14MPa，而锡铅合金的抗拉强度可达 40MPa 左右；同样，剪切强度也有明显增加，锡和铅的剪切强度分别为 20MPa 和 14MPa，锡铅合金的剪切强度则可达 30～35MPa。焊接后，因生成极薄的 Cu_6Sn_5 合金层，强度还会提高很多。

锡铅合金的熔点为 183～189℃，正好在电子设备最高工作温度之上，而焊接温度在 225～230℃之间，该温度在焊接过程中对元器件所能承受的高温来说仍是适当的，并且从焊接温度降到凝固点，其时间也非常之短，完全符合焊接工艺的要求。

1．锡的特性

锡是延展性很好的银白色金属，质地软，熔点是 231.9℃，密度为 7.28g/cm^3，常温下易氧化，性能稳定。

锡会和一些基体金属铜、金和银发生强烈的相互作用而形成金属间化合物 IMC，初期的 IMC 对焊接来说有一定的优越性能，如 1～3μm 厚的 Cu_6Sn_5，而后期的 IMC 如 Cu_3Sn 却会使焊点机械性能变脆，接触电阻增大，导致焊点性能变差。

锡在大气中有较好的抗蚀性，不会失去金属光泽，不受普通水、海水、氧、CO_2 和氨气的作用，并能抵抗烟雾及普通有机酸的腐蚀；对人体无毒害；强酸、强碱对它有腐蚀作用，尤其在有氧存在时。

2．铅的特性

铅也是质地柔软并呈灰色的金属，熔点是 327.4℃，密度为 11.34g/cm^3。铅的导电、导热性能差，铅与锡有良好的互溶性，塑性优异，铸造性好，并具有润滑性。纯铅耐腐蚀性极强，化学性能稳定，氧、海水、食盐、苯酚对其无作用，但有机酸和强酸对它有强腐蚀作用；铅对人体有害，以离子铅的形式进入人体，其毒性很大，尤其对婴幼儿。

3．锡铅合金的特性

（1）密度。锡和铅混合时，总体积几乎等于分体积之和，即不收缩、不膨胀。

（2）黏度与表面张力。锡铅焊料的黏度与表面张力是焊料的重要性能，通常优良的焊料应具有低的黏度和表面张力，这对增加焊料的流动性及被焊金属之间的润湿性是非常有利的。

锡铅焊料的黏度与表面张力与合金的成分有密切关系，其关系如表 3-1 所示。

表 3-1　锡铅合金配比与表面张力及黏度的关系（280℃测试）

配比%		表面张力/（N/m）	黏度/（mPa・s）
Sn	Pb		
20	80	467	2.72
30	70	470	2.45
50	50	476	2.19
63	37	490	1.97
80	20	514	1.92

（3）锡铅合金的电导率。不同配比的锡铅合金电导率如表 3-2 所示。

表 3-2　锡铅合金电导率

配比%		电导率 设铜为 100%	密度/（g/cm^3）
Sn	Pb		
100	0	13.9	7.29
95	5	13.7	7.40
60	40	11.6	8.45
50	50	10.27	8.86
42	58	10.2	9.15
35	75	9.7	9.45
30	70	9.3	9.73
0	100	7.9	11.34

从表 3-2 中可以看出，相对于铜的电导率，锡铅合金的电导率仅是铜的 1/10，即它的导电能力比较差。但对于焊点来说，其电导率还与焊点本身的形状和面积有关，通常焊点应具有适当的形状，不应有深洞、深孔等缺陷，一般一个焊点的电阻通常在 1～10mW 之间。在室温下 h 相 Cu_6Sn_5 与 e 相 Cu_3Sn 的 IMC，其电导率分别是锡铅合金的 1.2 倍和 0.7 倍，即 Cu_6Sn_5 的导电能力比 Cu_3Sn 好。因此，控制 IMC 的厚度，特别是减少 Cu_3Sn 的生成是很重要的。

（4）热膨胀系数（CTE）。在 0～100℃之间，纯锡的 CTE 是 23.5×10^{-6}，纯铅的 CTE 是 29×10^{-6}，63Sn37Pb 合金的 CTE 是 24.5×10^{-6}，从室温升温到 183℃，体积会增大 1.2%，而从 183℃降到室温，体积的收缩却为 4%，故锡铅焊料焊点冷却后有时有微微的缩小现象。在 25～100℃的温度范围内，Cu_6Sn_5 的 CTE 约为 20.0×10^{-6}，Cu_3Sn 的 CTE 是 18.4×10^{-6}，可见，Cu_3Sn 与 63Sn37Pb 的 CTE 之差为最大，这也是 Cu_3Sn 易引起焊点缺陷的内因。

4．铅在焊料中的作用

焊料中的锡在焊接过程中，因冶金反应与母材金属形成合金，而铅在 300℃以下几乎不参加反应。但是在锡中加入铅后，可获得锡和铅都不具有的优良特性，表现在以下几个方面。

（1）降低熔点，便于焊接。锡的熔点为 231.9℃，铅的熔点为 327.4℃，两者都比焊料熔化温度 183℃高，如把锡铅两种金属合金混合，则其合金的熔点比两种金属熔点都低，所以焊接过程操作方便。

（2）改善机械性能。由于铅的加入，其锡铅金属的机械性，无论抗拉强度还是剪切强度均比其单一成分要提高一倍之多。

（3）降低表面张力。锡铅合金的表面张力比纯锡的表面张力低，故有利于焊料在被焊金属表面上的润湿。

（4）抗氧化。将铅掺入锡中，可以增加焊料的抗氧化性能，减少氧化量。

5．液态锡铅焊料的易氧化性

锡铅焊料在固态时不易氧化，然而在熔化状态下极易氧化，特别是在机械搅拌下，如波峰焊料槽中受机械泵的搅拌更加剧了氧化物的生成。锡槽表面的氧化皮不断被轴的转动所划破，又包裹着焊料，形成包囊状并以锡渣的形式出现，大部分在锡槽的表面，但有时少量的氧化皮会夹带在焊料中，严重时还会堵塞波峰出口。此外在锡槽冷却后，在搅拌轴的周围有大量黑色氧化锡的粉末生成，这些氧化物会导致焊料性能恶化、变质，严重时整个焊料均会报废。

6．锡铅焊料中的杂质

焊料中主要成分是锡与铅，有时有其他微量金属以杂质的形式混入。有些杂质是无害的，微量金属的加入反而能起到改善焊料特性的作用，这就不能单纯地作为杂质来处理了；有些杂质则不然，即使混入微量，也会对焊接操作和焊接点的性能造成各种不良的影响。焊料的杂质与各种特性的关系表 3-3 所示。

表 3-3　焊料的杂质与各种特性的关系

杂质	机 械 特 性	焊 接 性 能	熔化温度变化	其　他
锑	变脆	润湿性、流动性降低	熔化区变窄	电阻增大
铋	变脆		熔点降低	冷却时产生裂纹
锌		流动性、润湿性降低		多孔，表面晶粒粗大
铁	结合力减弱	不易操作	熔点提高	带磁，容易附在铁上
铝		流动性降低		容易氧化、腐蚀
砷	脆而硬	流动性提高一些		形成水泡状、针状结晶
磷		少量会增加流动性		熔蚀铜
镉	变脆	影响光泽，流动性降低	熔化区变宽	多孔、白色
铜	脆而硬	焊接性能降低	熔点提高	粒状不易熔化合物
镍	变脆	适用于陶瓷	熔点提高	形成水泡状结晶
银		失去光泽	熔点提高	耐热性增加
金	变脆			呈白色

最近，随着电子设备、零部件和元器件向小型化方向发展，对焊料的要求更严格了。

表 3-4 给出了日本工业标准（JIS-Z-3282-1972）和美国军用标准（MIL）中所规定的焊料杂质的质量含量。

表 3-4　焊料杂质的质量含量标准值（%）

<table>
<tr><th rowspan="2">杂　质</th><th colspan="3">JIS-Z-3282-1972</th><th>MIL</th></tr>
<tr><th>B 级</th><th>A 级</th><th>S 级</th><th>QQ-S-571d</th></tr>
<tr><td>锑</td><td>1.0 以下</td><td>0.30 以下</td><td>0.10 以下</td><td>0.2～0.5 以下</td></tr>
<tr><td>铜</td><td>0.08 以下</td><td>0.05 以下</td><td>0.03 以下</td><td>0.08 以下</td></tr>
<tr><td>铋</td><td rowspan="5">0.35 以下</td><td>0.05 以下</td><td>0.03 以下</td><td>0.25 以下</td></tr>
<tr><td>锌</td><td>0.005 以下</td><td>0.005 以下</td><td>0.005 以下</td></tr>
<tr><td>铁</td><td>0.03 以下</td><td>0.02 以下</td><td>0.02 以下</td></tr>
<tr><td>铝</td><td>0.005 以下</td><td>0.005 以下</td><td>0.005 以下</td></tr>
<tr><td>砷</td><td>0.03 以下</td><td>0.03 以下</td><td>0.03 以下</td></tr>
</table>

注：MIL 标准中的杂质容许量，因含锡百分比略有不同。

3.1.3　锡铅合金状态图与焊料的特性

1．锡铅合金状态图

锡铅合金状态图表示了不同比例的锡、铅的合金状态随温度变化的曲线，如图 3-1 所示。

从图 3-1 中可以看出，当锡与铅用不同的比例组成合金时，合金的熔点和凝固点也各不相同。除了纯铅（*C* 点）、纯锡（*D* 点）的熔化点和凝固点是一个点以外，只有 *T* 点所示比例的合金是在同一温度下凝固、熔化。其他比例的合金都在一个区域内处于半熔化、半凝固的状态。

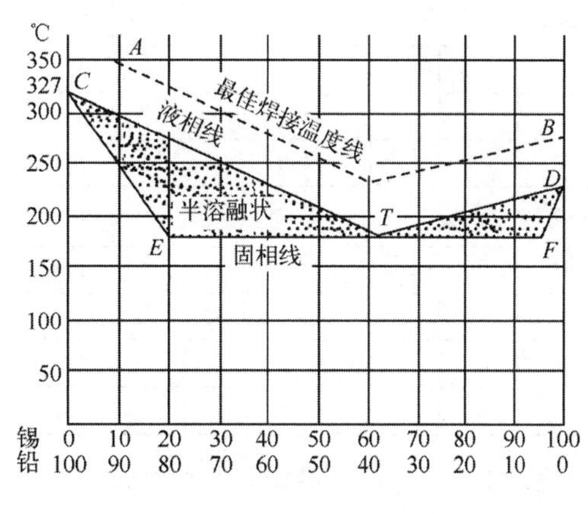

图 3-1　锡铅合金状态图

在图 3-1 中，*CTD* 线称为液相线，温度高于这条线时，合金为液相；*CETFD* 线称为固相线，温度低于这条线时，合金为固相；在两条线之间的两个三角形区域内，合金是半熔融、半凝固状态。例如，铅、锡各占 50%的合金，熔点是 212℃，凝固点是 182℃，在 182～212℃之间，合金为半熔融的糊状物，不宜用来焊接电子产品。

图 3-1 中的 *AB* 线表示最适合焊接的温度，它高于液相线约 50℃。

2．焊料的特性

当锡铅合金以 63∶37 比例互熔时，升温至 183℃，将出现固态与液态的交汇点，即图 3-1 中的 *T* 点，这一点称为共晶点，该点的温度称为共晶温度，它是不同锡、铅配比焊料熔点中温度最低的。对应的合金成分为 Sn（62.7%）、Pb（37.3%）（实际生产中的配比是 63∶37），这种锡铅合金称为共晶焊锡，是锡铅焊料中性能最好的一种。它具有以下优点。

（1）低熔点，降低了焊接时的加热温度，可以防止元器件损坏。

（2）熔点和凝固点一致，可使焊点快速凝固，几乎不经过半凝固状态，不会因为半熔化状态时间间隔长而造成焊点结晶疏松，强度降低。这一点，对于自动焊接有着特别重要的意义，因为在自动焊接设备的传输系统中，不可避免地存在震动。

（3）流动性好，表面张力小，润湿性好，有利于提高焊点质量。

（4）机械强度高，导电性好。

正是由于上述优点，共晶焊料在电子产品生产中获得了广泛的应用。

常用焊料的特性如表 3-5 所示。

表 3-5　常用焊料的特性

焊料合金							熔化温度/℃		密度/（g/cm³）	机械性能			热膨胀系数（×10⁻⁶/℃）	电导率
Sn	Pb	Ag	Sb	Bi	In	Au	液相线	固相线		拉伸强度/MPa	延伸率/%	硬度/HB		
63	37						183	共晶	8.4	71	45	17.7	24.0	11.0
60	40						183	183	8.5					8.2
10	90						299	278	10.8	41	45	12.7	28.7	7.8
5	95						312	305	11.0	30	47	12.0	29.0	11.3
62	36	2					179	共晶	8.4	64	39	16.5	22.3	7.2
1	97.5	1.5					309	共晶	11.3	31	50	9.5	28.7	13.4
96.5		3.5					221	共晶	7.4	45	55	13.0	25.4	8.8
	97.5	2.5					304	共晶	11.3	30	52	9.0	29.0	11.9
95			5				245	221	7.25	40	38	13.3	—	8.0
43	43			14			173	144	9.1	55	57	14	25.5	5.0
42				58			138	共晶	8.7	77	20～30	19.3	15.4	11.7
48					52		117	共晶		11	83	5		13.0
	15	5			80		157	共晶		17	58	5		75
20						80	280	共晶		28	—	11.8		14.0
	96.5					3.5	221	共晶		20	73	40		

3.1.4　锡铅合金产品

对于锡铅合金除了按其百分比构成不同而派生出很多种合金外，成分为 Sn（63%）、Pb（37%）的焊料，从形状和用途上又分为焊膏、锡条、锡丝和锡箔。

焊料在使用时常按规定的尺寸加工成型，有片状、块状、棒状、膏状、带状和丝状等多种。

（1）丝状焊料。通常称为焊锡丝，中心包着松香助焊剂，称为松脂芯焊丝，手工电烙铁锡焊时常用。

（2）片状焊料。常用于硅片及其他片状焊件的焊接。

（3）带状焊料。常用于自动装配的生产线上，用自动焊机从制成带状的焊料上冲切一段进行焊接，以提高生产效率。

（4）焊料膏。将焊料与助焊剂粉末拌和在一起制成，焊接时先将焊料膏涂在印制电路板上，然后进行焊接，在自动贴片工艺上大量使用。

3.2 无铅焊料合金

无铅焊料的定义是：以 Sn 为基体，添加了其他金属元素，而 Pb 的含量在 0.1～0.2wt%（wt%重量百分比）以下，主要用于电子组装的软焊料合金。

3.2.1 无铅焊料应具备的条件

众所周知，锡铅合金具有优良的焊接工艺、优良的导电性、适中的熔点等综合性能，替代它的无铅焊料也应该具备与之大体相同的特征，具体如下所述。

（1）替代合金应是无毒性的。

（2）熔点应同锡铅体系焊料的熔点（183℃）接近，要能在现有的加工设备上和现有的工艺条件下操作。

（3）供应材料必须在世界范围内容易得到，数量上满足全球的需求。

（4）替代合金还应该是可循环再生的。

（5）机械强度和耐热疲劳性要与锡铅合金大体相同。

（6）焊料的保存稳定性要好。

（7）替代合金必须能够具有电子工业使用的所有形式，包括返工与修理用的锡线、焊膏用的粉末、波峰焊用的锡条及预成型。

（8）合金状态图应具有较窄的固液两相区，能确保有良好的润湿性和安装后的机械可靠性。

（9）焊接后对各种焊接点检修容易。

（10）导电性好，导热性好。

3.2.2 无铅焊料的发展状况

目前，广泛采用的替代锡铅焊料的合金是以 Sn 为主，添加银（Ag）、锌（Zn）、铜（Cu）、锑（Sb）、铋（Bi）、铟（In）等金属元素，组成三元合金或多元合金。

选择这些金属材料可在和锡组成合金时降低焊料的熔点，使其得到理想的物理特性。目前开发较为成功的几种合金体系如下所述。

（1）锡锌系（Sn-Zn）。锡锌系焊料的熔点仅有 199℃，是无铅焊料中唯一与锡铅系焊料的共晶熔点相接近的，可以用在耐热性不好的元器件焊接上，并且成本较低。但是，在大气中使用表面会形成很厚的锌氧化膜，必须要在氮气下使用，或添加能溶解锌氧化膜的强活性焊剂，才能确保焊接质量。润湿性差也不能忽视，用于波峰焊生产时会出现大量的浮渣。制成焊膏时由于锌的反应活性较强，为保证焊膏的保存稳定性和增加它的润湿性，会增添不少的麻烦。可以说，此种焊料短期内不会得到推广。

（2）锡铜系（Sn-Cu）。锡铜系（Sn99.3Cu0.7）焊料在焊点亮度、焊点成型和焊盘浸润等方面和传统锡铅焊料焊接后的外观没有什么区别，而且由于锡铜系焊料构成简单，供给性好且成本低，因此大量用于 PCB 的波峰焊、浸渍焊，适合作为松脂心软焊料。它有比锡铅焊料好的强度和耐疲劳性，还有优于锡铅系焊料之处，那就是在细间距 QFP 的 IC 流动焊中无桥连现象，同时也没有无铅焊料专有的针状晶体和气孔，可得到有光泽的焊点。

（3）锡银系（Sn-Ag）。锡银系焊料作为锡铅替代品已在电子工业使用了多年。Sn-Ag 合金是人们早期就已熟悉的高温焊料，由于焊接温度高，故未能广泛应用。随着无铅焊料的推广，人们又重新认识和研究 Sn-Ag 合金，并对它进行改进。它能在长时间内提供良好的黏力，在回流焊时无须氮气保护，其浸润性和扩散性与锡铅系焊料相近，并且锡银系的助焊剂残留外观比锡铅系的残留还要好，基本无色透明。在合金的电导率、热导率和表面张力等方面与锡铅合金不相上下。

（4）锡锑系（Sn-Sb）。锡锑系焊料属于高温焊料，熔点在 235～243℃。目前配方种类不多，几乎只采用 Sn95Sb5 的配方。它的抗拉强度不如 Sn63Pb37，但塑性应变很好，所以整体的疲劳寿命还优于 Sn63Pb37 约 1.4 倍。Sn95Sb5 的润湿性不如 Sn63Pb37，但业界测试结果认为可以接受。

（5）锡铋系（Sn-Bi）。二元合金的 Sn42Bi58 是常用于低温焊接的材料。铋的使用可以降低熔点温度（是无铅技术中的一个研究重点），减少表面张力（所以有较好的润湿性），强化焊点的寿命。但铋的成分对合金机械特性的影响变化较大，容易有“铅”污染问题，同时其自然供应不多，成本较高。Ag 的加入可以解决部分的特性不稳定问题，所以后来使用铋的三元或四元合金较受欢迎。

（6）锡银铜系（Sn-Ag-Cu）。锡银铜系焊料目前是锡铅焊料的最佳替代品，它有着良好的物理特性。锡银铜系（Sn96.5Ag3Cu0.5）与锡银系（Sn96.5Ag3.5）比较，它的最低熔化温度为 216～217℃，比共晶的 Sn96.5Ag3.5 低大约 4℃。当与 Sn96.5Ag3.5 比较基本的机械性能时，研究中的特定合金成分在强度和疲劳寿命上表现更好。锡银铜系与锡铜系（Sn99.3Cu0.7）比较，具有较好的强度和抗疲劳特性，但是塑性没有 Sn99.3Cu0.7 高。

近年来，比较实用的无铅标准合金大致以锡银铜系为基础，Sn96.5Ag3Cu0.5 已成为当前被广泛应用和认可的主流无铅焊料。

3.3　焊膏

焊膏是焊料粉末与糊状助焊剂组成的膏状稳定混合物。在表面组装技术中起到黏固元器件，促进焊料润湿，清除氧化物、硫化物、微量杂质和吸附层，保护表面防止再次氧化，形成牢固的冶金结合等作用。

3.3.1　焊膏的特性与要求

焊膏的特性（黏度、坍塌性及工作寿命）是由流变调节剂的附加成分控制的，也可称为增厚剂或次熔剂。流变调节剂一般都是极热的熔剂，因为它们在温度达到熔点时才起作用。但是，一些热熔剂在固化作用以后易坍塌到焊点中，因为这些调节剂没有足够的时间充分熔化。

（1）黏度。在日常生活中，常用“稀”或“稠”的概念来描述流体的表观特征。但在工程中则用黏度这一概念来表征流体黏性的大小。流体的黏度是流体分子之间受到运动的影响而产生的内摩擦阻力的表现。当焊膏以恒定的剪切应力率和应变率变化时，其黏度随时间的延长而降低，这说明其结构在逐渐变坏。而且，焊膏的黏度随作用于焊膏上的剪切应力的增加而降低，这可以简单地解释为，当施加剪切应力（用橡皮刮刀）时，焊膏变薄，不施此力时，焊膏变厚。印制中这种性质是极有用的，将焊膏涂在模板或丝网上，当刮刀在焊膏上产生应力时，焊膏即随之流动。焊膏涂于焊盘上后，移去刮刀产生的剪切应力，将使焊膏恢复到原有的高黏度状态，这样焊膏就会粘在这些地方而不会流到电路板的非金属表面上。

除了剪切应力外，影响焊膏黏度的因素还包括焊膏旋转速率、焊料粉末含量、焊料粉末颗粒大小与温度。

用旋转黏度计测量焊膏黏度时，发现随着黏度计转速的增加，测试值会明显下降。转速的提高意味着剪切速率增加，黏度明显下降，这也证明了焊膏是一种假塑性流体。

颗粒的大小也会影响焊膏的黏度。在金属含量和焊剂载体相同的条件下，当颗粒体积减小（较细的颗粒）时，黏度也会随之增大。

焊膏中焊料粉末的增加明显引起黏度增加。焊料粉末的增加可以有效地防止印制后及预热阶段的坍塌，焊接后焊点饱满，有助于焊接质量的提高。这也是常选用焊料粉末含量高的焊膏，并采用金属模板印制焊膏的原因。

温度对焊膏的强度影响也很大，随着温度的升高，黏度会明显下降。因此，无论是测试焊膏的黏度，还是印制焊膏，都应该注意环境温度。通常印制焊膏时，最佳环境温度为（23±3）℃，精密印制时则应由印制机恒温系统来保证。

（2）坍塌性。坍塌性是焊膏涂在焊盘上后扩散的能力。如果焊接效果好，焊膏坍塌面积就很小。坍塌性还取决于焊膏中金属的百分含量。控制坍塌最可靠的办法就是确定一个无坍塌范围，并保证焊膏不超出此范围。过量的焊膏坍塌会造成桥连。

（3）工作寿命。焊膏的工作寿命一般可定义为焊膏印制前在模板上或者印制后在 PCB 上的流变性质保持不变所持续的时间。此定义的两部分都是正确的，但并不都有用。例如，印制前焊膏滞留在模板上的时间并无太大用处，但是，印制后焊膏留在 PCB 上的时间长短却是很有价值的，它决定了贴片机将元器件贴装好所需的最长时间。因此，“工作寿命”应更准确地定义为：焊膏从打开焊膏瓶到再流焊，其流变性质保持不变所需的最长时间，它包括印制、定位、烘烤及操作所需的全部时间。

黏性是焊膏在定位之后、再流焊之前附着于表面组装元器件的能力，焊膏的黏性是检验其工作寿命是否消失的标准。如果黏性检验表明焊膏已超出其工作寿命，那么它就不能在贴装过程和再流焊之前的操作过程中将元器件定位。

从使用角度考虑，品质优良的焊膏应有以下特性：印制性能良好，能顺利地连续印制，不会堵死模板的孔眼，也不会在模板的反面溢出不必要的焊膏；触变性好，放置或预热时不产生塌陷，也不会出现桥连现象；有良好的焊接性，不会产生焊珠飞溅（焊膏在再流焊后向焊接部位四周溅出微小的焊球）引起的短路；焊膏应易保存，焊膏在冷藏条件下（5～10℃，用冰箱冷藏室）保存 3～6 个月，性能应该不变。使用之前提前两小时从冰箱取出焊膏，恢复到室温再使用；印制后放置时间长，一般在常温下能放置 12～14h；焊接后残余物应具有较高的绝缘电阻，且清洗性好；无毒、无臭、无腐蚀性。

3.3.2 焊膏的组成

焊膏是将焊料粉末与具有助焊功能的糊状助焊剂混合而成的，通常合金焊料粉末比例占总重量的 85%～90%，占总体积的 50%左右，如图 3-2 所示，其余是化学成分。焊膏是一个复杂的物料系统，制造焊膏涉及流体力学、金属冶炼学、有机化学、物理学等综合知识。焊膏包装外观如图 3-3 所示。

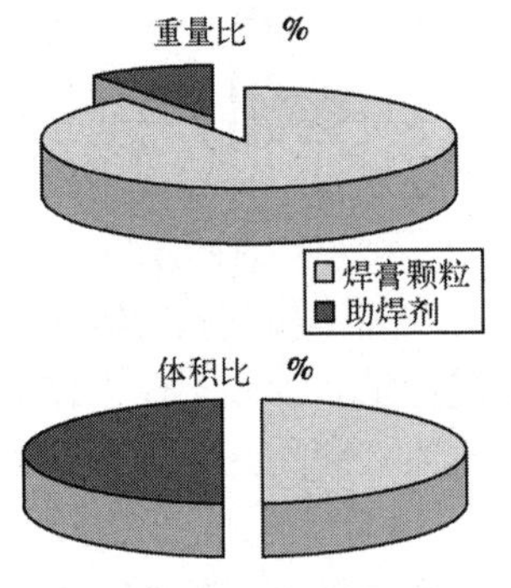

图 3-2　焊粉与助焊剂的重量比与体积比

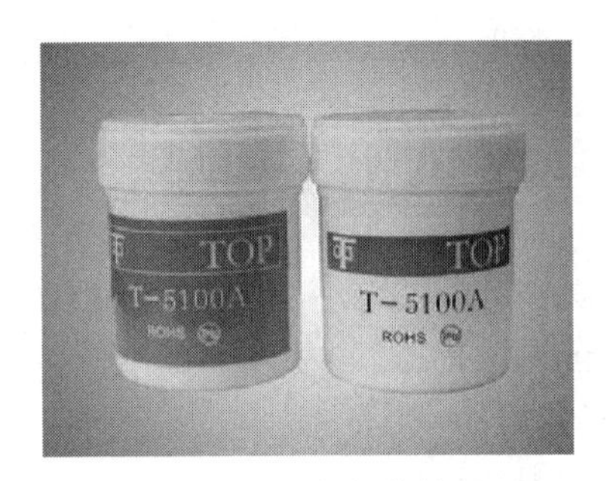

图 3-3　焊膏包装外观

1．焊粉

（1）焊粉的制造。焊粉即焊料粉末，由焊料合金熔化后，采用高压惰性气体喷雾或离心喷雾法、超声法等方法雾化制成，然后过筛就可以得到不同粒度的焊粉。

焊粉的粒度、形态等对焊膏的质量有举足轻重的影响，它又取决于雾化工艺及设备的质量。

焊粉的关键性能参数有形状、尺寸分布和含氧量，而这些又取决于制粉技术。焊粉制造方法主要有雾化法（如离心雾化、超声雾化、多级快冷等）和化学电解沉积两类方法。雾化法的制造原理如图 3-4 所示。图 3-4（b）中采用了简易的流体真空喷雾法，其基本原理是：在真空条件下，使用感应加热熔融合金焊料棒，熔化后的焊料置于雾化头的漏斗中，然后将金属液流用高速、高压的喷射氮气击碎而雾化为细小的金属液滴，然后在冷却媒质中快速冷却凝固成为粉末，最后过筛进行分级和收集，如图 3-5 所示，就可得到不同粒度的焊粉。图 3-4（a）为使用离心雾化法的原理示意图，已熔化的液态合金焊料通过离心力的作用，被雾化为细小的金属液滴，进而形成球形粉末。

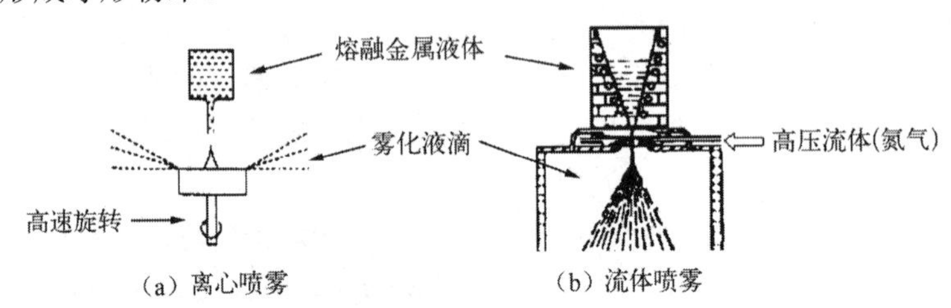

图 3-4　雾化法的制造原理

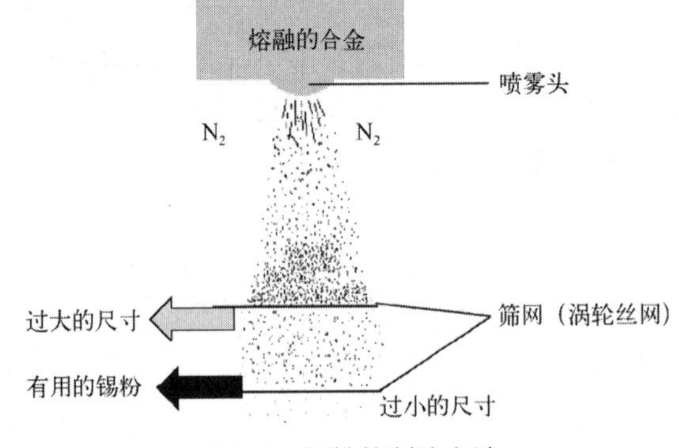

图 3-5　焊粉的制造方法

雾化法冷却速度极快，大幅度减小了合金成分偏析，增加了合金固溶能力，成型粉末均匀细小。由于采用保护气氛，含氧量低。这种方法还具有球形率高、尺寸分布范围小、污染小等优点。

（2）焊粉形状及其对焊膏性能的影响。如图 3-6 所示是放大后的焊粉表面形貌，其中黑色的为富锡相，亮色的为富铅相。焊粉形状可分为有规则和无规则两种，其形状对焊膏的使用性能有一定影响，如表 3-6 所示。

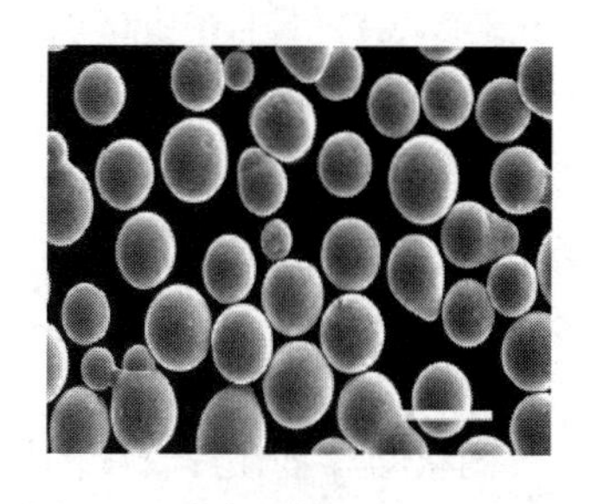

图 3-6　放大后的焊粉表面形貌

表 3-6　焊粉的不同形状及其对焊膏性能的影响

物　　性	无　规　则	有　规　则
形状	雨滴状	球形
塌落度	大	相对较小
黏度	大	小
印刷性	易堵塞漏印模板	好，特别适用于细间距 QFP 的印刷
氧含量	大，焊后易出现飞珠	小

从表 3-6 中可以看出，焊粉的形状以球状最佳，它具有良好的印刷性而不会出现堵塞孔眼的现象。此外，从几何学的角度来看，球形粉末具有最小的表面积，在制造、存储和印刷中不易氧化，对提高焊接质量是非常有利的。焊粉的氧化会导致可焊性差、桥连、焊锡球等缺陷。国外也有人认为在采用球形粉末时应掺入一定量的非球形粉末，因为非球形的粒子具有“连锁”效应，可以有效阻止焊膏熔化时出现的流动。

（3）焊粉的颗粒大小。SMT 焊膏常用的焊粉为光滑球形，粒度一般控制在 15～70μm。过粗的粉末（＞70μm）会导致焊膏黏结性能变差，随着细间距 QFP 焊接的需要，将越来越多地使用 20μm 以下的合金粉末。

焊粉颗粒的粗细程度一般用颗粒大小来描述。筛网在每 1in 长度上有多少个筛孔（目数），目数越多，筛孔就越小，能通过的颗粒就越细小。颗粒大，即目数小，表示颗粒的尺寸小。国内外销售的焊粉粒度有 150 目、200 目、250 目、350 目和 400 目等数种。对不同粒度等级焊粉的质量要求如表 3-7 所示。

表 3-7　对不同粒度等级焊粉的质量要求

型　　号	多于 80%的颗粒尺寸	应少于 1%的大颗粒尺寸	应少于 10%的微颗粒尺寸
1 型	75～105μm	＞150μm	＜20μm
2 型	45～75μm	＞75μm	
3 型	20～45μm	＞45μm	
4 型	20～38μm	＞38μm	

焊粉的形状、粒度大小和均匀程度对焊膏的性能影响很大。焊粉中的大颗粒会影响焊膏的印刷质量和黏度，微小颗粒在焊接时会生成飞溅的焊料球导致短路。生产中应选用合适粒径的焊膏。如果印制电路板上的图形比较精细，焊盘的间距比较狭窄，应该使用目数大的焊粉配制焊膏，印刷性能好。但焊粉颗粒越细，氧含量会越高，焊粉表面的氧化物含量应该小

于 0.5%，最好控制在 80×10^{-6} 以下，否则会引起焊接过程中的“飞珠”出现。

（4）焊料粉末中的杂质及其影响。在焊料中，除了主要成分 Sn 和 Pb 以外，还含有其他微量元素，这些微量元素通常称为焊料中的杂质。它们对焊料粉末配制成焊膏性能的影响可参见 3.1 节的有关内容。

2．糊状助焊剂

糊状助焊剂在焊膏中的比重一般为 10%～15%，体积百分比为 50%～60%。作为焊粉载体，它起到结合剂、助熔剂、流变控制剂和悬浮剂等作用。它由树脂、活化剂（表面活性剂、催化剂）、触变剂、熔剂和添加剂等组成。

用于制造焊膏的焊剂，其焊接功能与液态焊剂相同，但它又必须具备其他的条件。这种焊剂是焊料粉末的载体，它与焊料粉末的相对密度为 1∶7.3，相差极大。为了保证良好地混合在一起，本身应具备高黏度，其黏度控制在 50Pa·s 为宜。因它具有一定的黏度又称为糊状助焊剂。

优良的焊剂应具备高的沸点，以防止焊膏在再流过程中出现喷射；高的黏稠性可以防止焊膏在存放过程中出现沉降；低卤素含量可以防止再流焊后腐蚀元器件；低的吸潮性可以防止焊膏在使用过程中吸收空气中的水蒸气而引起粉末氧化。

糊状助焊剂中含有的松香或其他树脂，能起到增黏作用，并在焊接、成膜过程中起到防焊料二次氧化的作用，该成分对元器件固定起到很重要的作用。此外，在焊剂中含有触变剂，它能调节焊膏的黏度及印刷性能，并使焊膏具有假塑性流体特征，这又称为触变性，在印刷过程中，受刮刀的剪切作用，黏度降低，在通过模板窗口时，能迅速下降到 PCB 焊盘上，外力停止后黏度又迅速回升，因此能保证焊膏印刷后图形的分辨率高，高质量的印刷图形可以保证焊接中桥连缺陷的下降。助焊剂中的活化剂主要起到去除 PCB 铜膜焊盘表层及零件焊接部位氧化物的作用，同时具有降低锡、铅表面张力的功效。焊膏中的熔剂一般由多种成分组成，是不同沸点、极性和非极性熔剂混合组成的，既能使各种助焊剂熔解，又能使焊膏有较好的储存寿命。添加剂是为适应工艺和环境而加入的具有特殊物理和化学性能的物质，常用的有调节剂、消光剂、缓蚀剂、光亮剂和阻燃剂等。

助焊剂的含量对焊膏的塌落度、黏度、黏结性能有着显著影响；另外，还能影响到焊接后焊料的堆积厚度，因为助焊剂含量低，意味着焊膏金属含量的增加，高金属含量导致热熔后焊锡层厚度的增加。例如，当金属含量从 90%变化到 95%，即助焊剂含量从 10%变化到 5%时，焊料的厚度则从 4.5mil 减小到 2mil，几乎下降一倍，每批焊膏焊剂含量的微小变化都会对焊点质量产生很大的影响。例如，印刷同一厚度的焊膏，金属含量变化 10%就可以使过量焊点变成焊料不足的焊点，从而导致焊接强度差，特别是抗疲劳强度差。表面组装板所用的焊膏一般应含 88%～90%的金属成分。

3.3.3　焊膏的分类及标识

目前，焊膏的品种繁多，尚缺乏统一的分类标准，现仅进行技术性的分类。一般根据焊料合金熔化温度、焊剂活性及焊膏黏度进行分类。

1．按焊料合金熔化温度分类

采用不同熔化温度的焊料可以制成不同熔化温度的焊膏。锡铅焊膏的熔化温度为 178～

183℃，随着所用金属种类和组成的不同，焊膏的熔化温度可提高至 250℃以上，也可降为 150℃以下，可根据焊接所需温度的不同，选择不同熔化温度的焊膏。人们习惯上将 Sn62/Sn63 焊膏称为中温焊膏，低于它们熔化温度的称为低温焊膏，如铋基、铟基焊膏；高于它们熔化温度的称为高温焊膏，如 Sn96 焊膏。它们的合金成分、熔化温度及用途比较如表 3-8 所示。

表 3-8　不同熔点焊膏的合金成分、熔化温度及用途比较

合金成分（%）						标　识	熔化温度（℃）		用　途
Sn	Pb	Ag	Bi	In	Cu		固态线	液态线	
96.3		3.7				Sn96	221	221	高温场合
96.5		3			0.5		216	220	高温场合
10	88	2				Sn10	268	299	高温场合
5	93.5	1.5					296	301	高温场合
62	36	2				Sn62	179	179	中温，高密度安装
63	37					Sn63	183	183	中温，高密度安装
42			58			Bi58	138	138	低温焊接
50				50			118	118	低温场合，抗疲劳好

2．按焊剂活性分类

焊剂中通常含有卤素或有机酸成分，它能迅速消除被焊金属表面的氧化膜，降低焊料的表面张力，使焊料迅速铺展在被焊金属表面。但焊剂的活性太高也会引起腐蚀等问题，这要根据产品的要求进行选择。

按焊剂的活性可分为活性（RA）、中等活性（RMA）、无活性（R）、水洗（OA）、免清洗（NC）几大类，如表 3-9 所示。

R 型：焊剂活性最弱，它只含有松香而没有活性剂。

RMA 型：既含松香又含活性剂。

RA 型：是完全活化型的松香或者树脂系统，比 RMA 型的活性高。

OA 型：是指有机酸焊剂，具有很高的助焊活性。一般认为 OA 型焊剂具有腐蚀性。

RMA 和 R 焊剂不一定要清洗，RMA 焊膏中卤素含量通常低于 0.05%，故腐蚀性很小，对于民用型 SMT 产品可以不清洗，而 RA 焊膏中卤素含量通常高于 0.2%，焊膏的焊接性能很好，应用时要考虑腐蚀性的可能；RA/OA 必须要清洗，因为酸会腐蚀掉焊点；免清洗是近几年推出的品种，其活化剂采用有机酸类，故腐蚀较弱，一般产品可以不清洗。目前在电子产品生产中，强活性焊膏基本上不用了。

表 3-9　按焊剂活性分类

类　型	性　能	用　途
RA	活性，松香型	消费类电子
RMA	中等活性	一般 SMT
R	非活性，水白松香	航天，军事
OA	水清洗	强活性，焊后要用水清洗
NC	免清洗	要求较高的 SMT 产品

3．按焊膏黏度分类

黏度的变化范围很大，通常为 100～600Pa·s，最高可达 1000Pa·s 以上。使用时依据施膏工艺手段的不同进行选择。

根据焊膏的黏度分类，以适应不同工艺方法分配焊膏的需要。

上述焊膏的几种分类又可相互交叉构成不同需要的焊膏。例如，根据是否采用松香一类的树脂，焊膏还可以分为松香型焊膏与水溶型焊膏。

3.3.4　几种常见的焊膏

1．松香型焊膏

自焊膏问世以来，松香一直是其中助焊剂的主要成分，即使是免清洗焊膏，助焊剂中也使用松香，这是因为松香有很多的优点。松香具有优良的助焊性，并且焊接后松香的残留物呈膜性，对焊点有保护作用，有时即使不清洗也不会出现腐蚀现象。特别是松香具有增黏作用，焊膏印刷能黏附片式元器件，不易产生移位现象，此外松香易与其他成分相混合起到调节黏度的作用，故焊膏中的金属粉末不易沉淀和分层。更多品牌的焊膏使用改性松香，例如，KoKi 焊膏中松香的颜色很浅，焊点光亮，近于无色。

2．水溶型焊膏

因松香型焊膏在使用后有时要用清洗剂清洗，以去除松香残留物，传统的清洗剂是氟利昂，随着环保意识的提高，人们发现氟氯烃类物质有破坏大气臭氧层的危害，已受到蒙特利尔公约的限时禁用，水溶型焊膏正是适应环保的需要而研制的焊膏新品种。

水溶型焊膏在组成结构上同松香型焊膏完全类似，其成分包括 Sn、Pb 粉末和糊状助焊剂。但在糊状助焊剂中却以其他的有机物取代了松香，在焊接后可以直接用纯水进行冲洗，去掉焊后的残留物。虽然水溶型焊膏已面世多年，但由于糊状助焊剂中未使用松香，焊膏的黏结性能受到一定的限制，易出现黏结力不够大的问题，故水溶型焊膏尚未能全面推广。当然，随着研究的深入，不远的将来也会解决焊膏的黏结性能，使它获得广泛的应用。

3．免清洗低残留物焊膏

免清洗低残留物焊膏也是适应环保需要而开发出的焊膏，顾名思义，它在焊接后不再需要清洗。其实它在焊接后仍具有一定量的残留物，且残留物主要集中在焊点区，有时仍会影响到测试针床的检测。

免清洗低残留物焊膏的特点：一是活性剂不再使用卤素；二是减少松香部分用量，增加其他有机物质用量。实践表明，松香用量的减少是相当有限的，这是因为一旦松香用量低到一定程度，必然导致助焊剂活性的降低，而对于防止焊接区二次氧化的作用也会降低。

因此，要想达到免清洗的目的，常要求在使用免清洗低残留物焊膏时，采用氮气保护再流焊。采用氮气保护焊接可以有效增强焊膏的润湿作用，防止焊接区的二次氧化。此外，在氮气保护下，焊膏的残留物挥发速度比在常态下明显加快，减少了残留物的数量。

在使用免清洗低残留物焊膏时应对它的性能做全面、严格的测试，确保焊接后对印制电路板组件的电气性能不会带来负面影响。在高等级的电子产品中，即使采用免清洗焊膏，通常还是应该清洗，以真正保证产品的可靠性。

4．无铅焊膏

随着无铅焊膏的成功开发，含铅焊膏将逐步退出应用领域，无铅焊膏已是今后的发展方向。

无铅焊膏的成分构成同锡铅焊膏类似，但要注意的是，无铅焊膏（Sn-Ag-Cu）的密度比 Sn-Pb 焊膏小，印刷时会发生堵孔现象，此外无铅焊膏存放期短，焊膏黏度会慢慢增高。引起焊膏黏度增高的原因很多，除了无铅焊膏密度较轻以外，还有一个更重要的原因是：从化学的角度来讲，焊膏是一种化学物质，锡粉又是以超细微粒分散在焊剂中，因此锡粉会和焊剂密切结合会发生缓慢反应，无铅焊膏中锡含量相对要高，这些反应会造成焊膏黏度逐渐增高，使其性能变坏，所以通常建议焊膏要放在低温（0～10℃）下存放，使用时不要超过存放期。

随着电子产品向轻、薄、小的方向发展，焊接技术也将更加复杂化、精密化，新品种的焊膏也不断被开发。

早期焊膏的焊粒为不定型，随着 QFP 元器件的出现，焊粉形状为球状，现在又从球状向粉末的微粒子进化，目前人们正设法开发粒度在 10μm 以下的焊膏。另外，传统的增加抗疲劳的方法是加厚焊锡量来吸收导线的疲劳应力，延长焊接的寿命，但是随着高密度化、高性能化，难于用过去的对策达到目的，因此焊膏本身也要求耐疲劳性。目前，国外在焊料中增加稀有元素来达到此目的，可以和以往的焊膏一样使用，但耐疲劳性却成倍增加。

3.3.5　焊膏的评价方法

如何评价焊膏的内在质量是 SMT 生产中要解决的重要问题，也是选购焊膏的依据。现结合国内外有关标准，对焊膏的检验项目加以介绍。焊膏的检验包括三部分：焊膏的使用性能、焊料粉末及焊剂，如表 3-10 所示。

表 3-10　焊膏的检验项目

焊膏使用性能	金属粉末	焊　剂
焊膏外观 焊膏的印刷性能 焊膏的黏性试验 焊膏的塌落度 焊膏热熔后残渣干燥度 焊膏的焊球试验 焊膏润湿性扩展率试验	焊料质量百分比 焊料成分测定 焊料粒度分布 焊料粉末形状	焊剂酸值测定 焊剂卤化物测定 焊剂水溶物电导率测定 焊剂铜镜腐蚀性试验 焊剂绝缘电阻测定

1．焊膏的外观

焊膏商标应标有制造商名称、产品名称、标准分类号、批号、生产日期、焊剂类型、锡粉粒度、焊膏的黏度、合金所占百分比及保存期等。焊膏外观上应没有硬壳、硬块，合金粉末和焊剂不分层，混合均匀。

2．黏度的测量

IPC-SP-819 有关黏度的测试标准：测试温度为（25±0.25）℃；正式测量前，焊膏在此温度下放置 2h；旋转速度为 5r/min；黏度计探头沉入焊膏下 2.8cm；焊膏取样瓶直径大于 5cm；每转 2min 读数一次，合计 5 次，取最后两次的平均值为样品的读数。

3．触变系数的计算

工程上用触变系数来表征焊膏的触变性能，而触变系数可以通过测试焊膏黏度的方法来计算，即

$$Ti=\log（V3r/min \div V30r/min）$$

式中，Ti 为触变系数；V3r/min 为 3 转时的黏度；V30r/min 为 30 转时的黏度。

优良焊膏的触变系数较高，即焊膏在高剪切下黏度低，在低剪切下黏度高。

4．焊膏的印刷性能

SMT 大生产中，首先要求焊膏能顺利地、不停地通过焊膏漏板或分配器转移到 PCB 上，如果焊膏的印刷性不好就会堵死漏板上的孔眼，而导致生产不能正常进行。其原因是焊膏中缺少一种助印剂或用量不足，此外合金粉末的形状差、粒径分布不符合要求也会引起印刷性能下降。

最简便的检验方法是：选用焊接中心距为 0.5mm 或 0.63mm 的 QFP 漏印模板，印刷 30～50 块 PCB，观察漏板上的孔眼是否堵死，漏印模板的反面是否有多余的焊膏，再观察 PCB 上焊膏图形是否均匀一致、有无残缺现象，若无上述异常现象，一般认为焊膏的印刷性是好的。

5．焊膏的黏结力

焊膏印刷后放置一段时间（8h）仍能保持足够的黏性是必需的。它可以保证元器件黏附在需要的位置上，并在传输过程中不出现元器件的移动。最简单的方法是在 PCB 上放置 30g 左右的焊膏并推平，使其面积为 10cm^2 左右，然后取面积为 1cm^2 的铜板（厚 0.5mm），在它的中心焊好一根带小钩的铜丝（ϕ0.5mm），将铜片均匀地放在焊膏上，然后用拉力计测其拉力，用拉力的大小表征焊膏的黏结能力，并在 16h 后再复测一次。一般在 25℃下，初始黏结力为 25～4kPa；16h 后为 1.5～3kPa。焊膏的黏结力测试如图 3-7 所示。

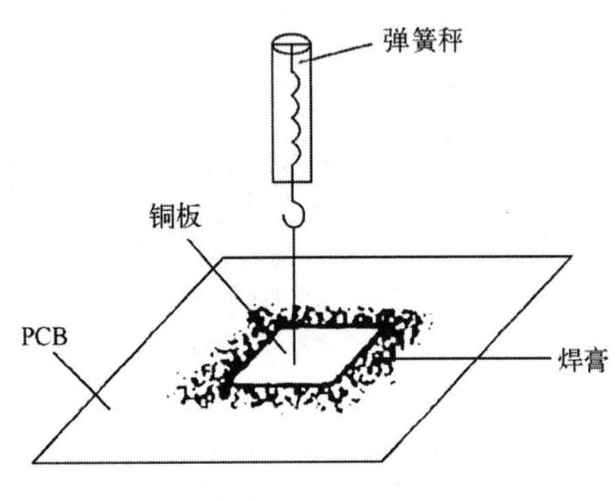

图 3-7　焊膏的黏结力测试

塌落度是描述焊膏印到 PCB 上并经一定高温后是否仍保持良好形状的一种术语。外观上见到焊膏图形互连现象，则说明焊膏已出现“塌落”缺陷，这种现象往往会导致再流焊后出现桥连、飞珠等缺陷。

6．焊球试验

焊球试验表明了焊料粉末的氧化程度或焊膏是否浸入水汽。正常时，一定量焊膏在不润

湿的 PCB 上熔化后应形成一个大球体，而不应夹带一些附加的小球或粉状物，否则就说明焊料粉末中含氧量高或受水汽浸入。

7. 焊膏扩展率试验（润湿性试验）

焊膏的扩展率试验表征焊膏的活性程度，并检验焊膏在已氧化的铜皮上润湿和铺展能力。通常，在铜皮上印有ϕ60mm、厚 0.2mm 的焊膏，再流焊后直径应扩大 10%～20%。

8. 焊粉在焊膏中所占百分率（质量）

焊粉百分率高的焊膏，印刷后图形上焊膏较厚，经过烘干和热熔，焊膏塌陷较小，易加强元器件和塞片之间的连接强度，也有利于提高焊点的抗疲劳强度。但对于加工细间距 QFP 产品的焊膏，应注意焊膏中焊粉含量的变化。生产中常出现这样的现象：在生产的初期，产品质量很好，但印刷时间长后，此时若不及时补加新焊膏，QFP 引脚常常出现桥连现象。其原因是印刷时间过久引起焊膏黏度增大，以及焊粉的含量相对增高。

9. 焊剂酸值、卤化物、水溶物电导率、铜镜腐蚀性、绝缘电阻的测定

有关焊膏中焊剂酸值、卤化物、水溶物电导率、铜镜腐蚀性、绝缘电阻的测定意义同液态助焊剂的有关测试目的完全相同，仅是从不同角度、用不同方法来测试焊膏的腐蚀性，以确保所使用的焊膏不仅可焊性好，而且电气性能达到质量要求。特别是随着环保意识的提高，大量采用免清洗焊膏，焊接后不再清洗，因此更要求焊膏安全可靠。

3.4　印刷模板

印刷模板又称为网板、钢网，它是焊膏印刷的关键工具之一，用来定位、定量分配焊膏。早期的焊膏印刷多采用丝网印刷，但由于丝网制作的模板窗口开口面积始终被丝本身占用一部分，即开口率达不到 100%，不适于焊膏印刷工艺，故很快被镂空的金属模板所取代。此外，丝网模板的使用寿命也远远不及金属模板，所以现在只有在手动的非接触式印刷中还有一定的应用。目前常用的金属模板如图 3-8 所示。

图 3-8　金属模板

1. 金属模板概述

（1）金属模板的结构。如图 3-8 所示的模板，其外框是铸铝框架（或铝方管焊接而成），中心是金属模板，框架与模板之间依靠张紧的柔性丝网相连接，呈“钢—柔—钢”的结构。这种结构确保金属模板既平整又有弹性，使用时能紧贴 PCB 表面。铸铝框架上备有安装孔供印刷机上装夹之用，通常模板上的图形离模板的外边约 50mm，以供印刷机刮刀头运行需要，丝网的宽度为 30～40mm，以保证模板在使用中有一定的弹性。

（2）模板的管理。当一个产品完工或结束一天工作时，必须将模板的正面和背面清洗干净。细间距的模板开口部位之间的距离狭窄，如果出现助焊剂流到模板反面和焊膏附着

残留在模板开口部位面壁上等情况，将会阻碍焊膏的填充性能，发生填充量的变动和连续印刷性能的下降。

① 清洗方法。生产停止 30min 以上时或者工作结束时要进行清洗。使用溶剂（IPA），用软布擦拭模板正面和背面，用高压气枪除去残留在开口部的焊膏，清洗后要使用放大镜进行检查。

② 保管方法。要保存在室温变化不大的地方。不要将模板堆积、戳在地上放置，要垂直竖立在模板放置架上进行保管。

③ 寿命。通常以 30 000～50 000 次为标准进行更换，但是当印刷过程中发现模板印刷性能不好的时候，也应立即更换。

2．模板的制造

（1）化学腐蚀法。化学刻蚀模板如图 3-9 所示。化学腐蚀法制造模板是最早采用的方法，由于价格低廉，至今还在使用。制作过程是：首先制作两张菲林膜，上面的图形应按一定比例缩小；然后在金属板上两面贴好感光膜，通过菲林膜对其正、反曝光；再经过双向腐蚀，即可制得金属模板；最后将它胶合在网框上，经整理后就可以制得模板，如图 3-10 所示。

制作中要注意两点：一是图形的二次设计；二是菲林膜正、反对位的准确性。这道工序人为影响较大，经常会影响焊膏印刷精度。

化学腐蚀法由于存在侧腐蚀，故窗口壁表面粗糙度不够，特别对不锈钢材料效果较差，因此漏印效果也较差，如图 3-11 所示。

图 3-9 化学刻蚀模板

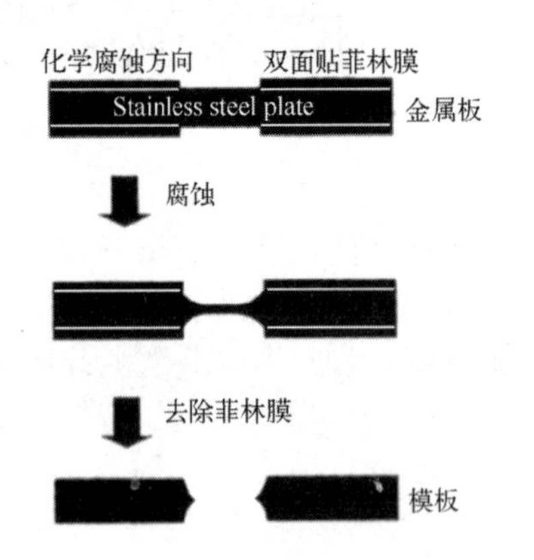

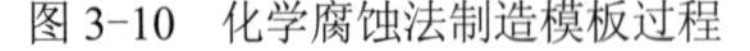

图 3-10 化学腐蚀法制造模板过程

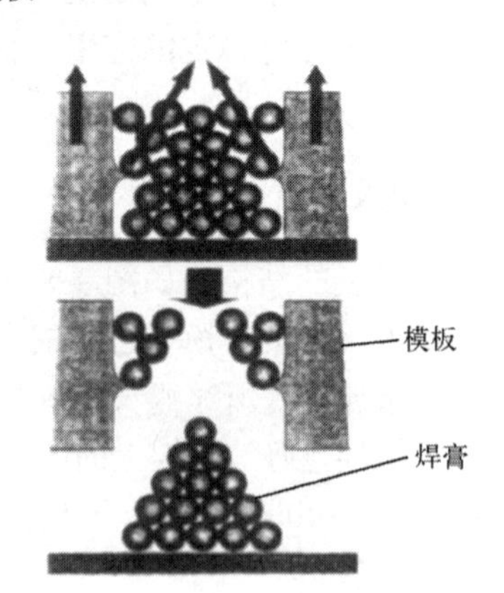

图 3-11 化学腐蚀法制造的模板离网时窗口会堵塞

（2）激光切割法。激光切割模板如图 3-12 所示。激光切割制造模板是 20 世纪 90 年代出现的方法，与化学腐蚀法一样是另一种减去工艺。它利用微机控制二氧化碳或 YAG 激光发生器，像光绘一样直接在金属模板上切割窗口，这种方法具有精度高、窗口尺寸好、工序简单、周期短（约 1h 一块）等优点。但当窗口尺寸密集时，有时会出现局部高温，熔融的金属会跳出小孔，影响模板的表面粗糙度等。尽管如此，它的优越性仍是有目共睹的，适合于超密间距、图形精度高的场合。激光切割的模板也会产生粗糙的边缘，因为在切割期间气化的金属变成金属渣，这可能引起焊膏阻塞。要得到更平滑的孔壁，可采用电抛光，一个微蚀刻工艺，使孔壁达到平滑，如图 3-13 所示。激光切割模板的另一个优点是孔壁可呈锥形。化学蚀刻的模板如果只从一面腐蚀，也可以呈锥形，但是开孔尺寸可能太大。

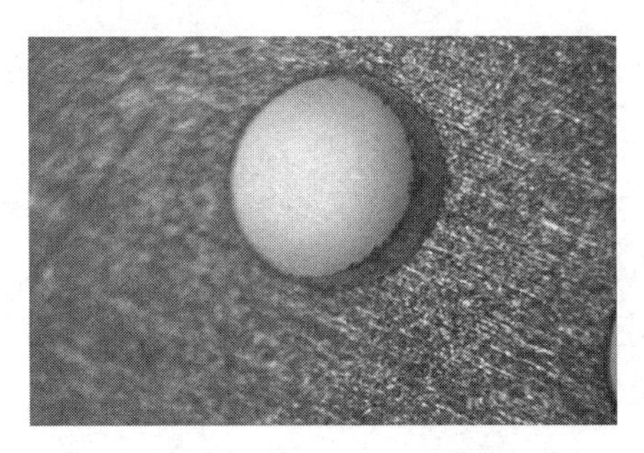

图 3-12　激光切割模板

（3）电铸法。制作模板的第三种工艺是电铸法，它是一种加成工艺。电铸成型模板如图 3-14 所示。随着细间距 QFP 的大量使用，对模板的质量要求也越来越高，无论是腐蚀法还是激光法制作的漏板，在印刷细间距元器件图形时，均会出现不同程度的堵塞窗口或者经常清洁模板底面的问题，给生产带来不便，因此又出现了电铸法制造金属模板技术，其制造方法与其他方法不同，与蚀刻法相比，它是一个累加过程。具体做法是：在一块平整的 PCB 上，通过感光的方法制得窗口图形的负像（模板窗口图形为硬化的聚合感光胶），然后将 PCB 放入电解质溶液中，PCB 接电源负极，用镍做阳极，经数小时后，镍在 PCB 非焊盘区沉积，达到一定厚度后与 PCB 剥离，形成模板，其工艺过程如图 3-15 所示。经整理，并将其胶合到网框上。用电铸法制造的模板精度高，窗口内壁光滑，有利于焊膏在印刷时顺利通过，如图 3-16 所示。

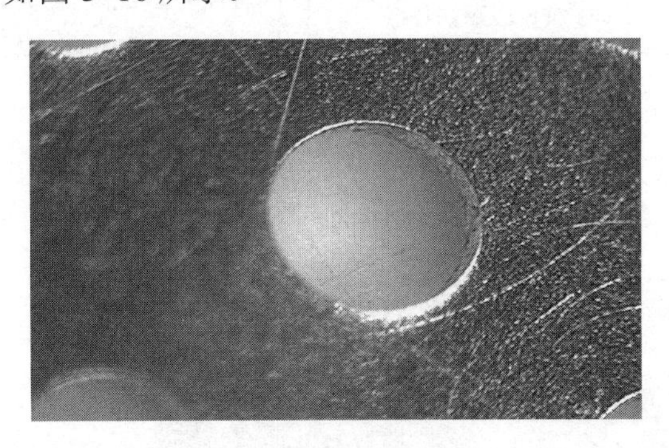

图 3-13　激光＋电抛光模板

图 3-14　电铸成型模板

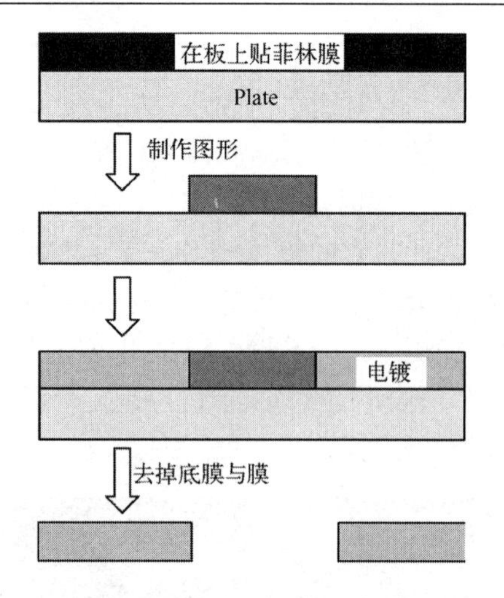

图 3-15　电铸法制造模板的工艺过程

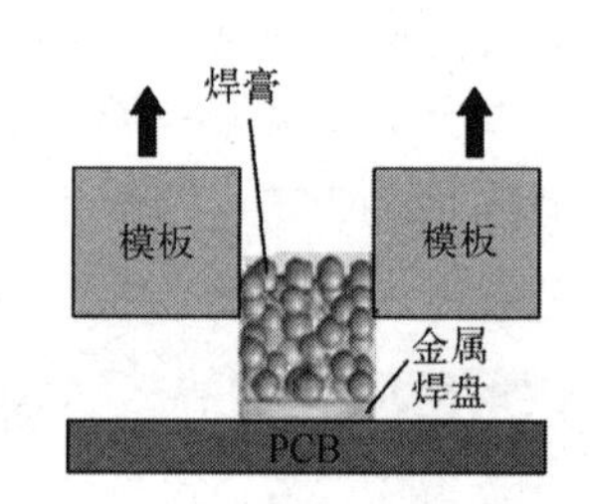

图 3-16　电铸法制造的模板焊膏离网状况

但电铸法制造的模板价格昂贵，仅适于在细间距元器件焊接产品中使用。目前，国外用电铸法制造的模板尺寸已达 400mm×400mm，孔壁粗糙度在 0.005mm 以下。现将上述三种方法列表比较，如表 3-11 所示。

表 3-11　三种模板制造方法的比较

方　法	化学腐蚀法	激光切割法	电铸成型法
基材	黄铜或不锈钢	不锈钢	硬镍
板厚范围/mm	≤0.25	≤0.50	≤0.20
厚度误差/μm	3～5	3～5	8～10
位置精度/μm	±25	±10	±25
孔粗糙度/μm	3～4	3～4	1～2
最小开孔/mm	0.25	0.10	0.15
优点	价格低廉，黄铜易加工	尺寸精度高，窗口形状好	尺寸精度高，窗口形状好，孔壁光滑
缺点	窗口图形不好，孔壁不光滑，模板尺寸不宜太大	价格较高，孔壁有时会有毛刺，仍须二次加工	价格昂贵，制作周期长
适用对象	0.65mm QFP 以上元器件的生产	0.5mm QFP 元器件的生产	0.3mm QFP 元器件的生产

不同模板制作方法得到的开孔形状及实物如图 3-17 所示。

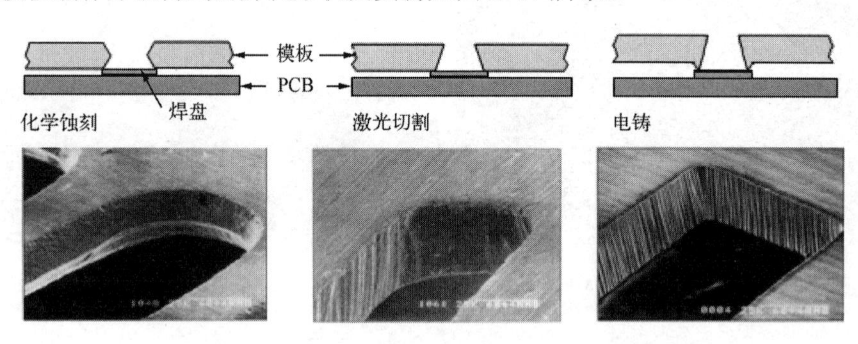

图 3-17　不同模板制作方法得到的开孔形状及实物

3．模板的设计工艺

模板的厚度及窗口尺寸大小直接关系到焊膏印刷质量，从而影响到焊接质量。模板厚和窗口尺寸过大会造成焊膏施放量过多，易造成桥连等焊接缺陷；窗口尺寸过小，会造成焊膏施放量过少，会产生虚焊等焊接缺陷。

（1）模板良好漏印性的必要条件。并不是随意开了窗口的模板都能漏印焊膏，它必须具备一定条件才具有良好的漏印性，如图 3-18 所示是放大后的模板窗口，说明了宽厚比、面积比与窗口壁表面粗糙度对焊膏印刷效果的影响。

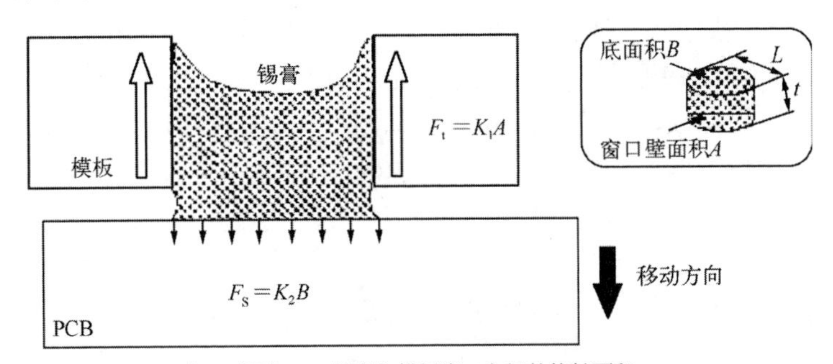

窗口壁面积 A：焊膏与模板窗口之间的接触面积；

底面积 B：焊膏与 PCB 焊盘的接触面积；

F_t：焊膏与模板窗口壁之间的摩擦阻力；

F_s：焊膏与 PCB 焊盘之间的黏合力。

图 3-18　宽厚比/面积比与窗口壁表面粗糙度对焊膏印刷效果的影响

当焊膏与 PCB 焊盘之间的黏合力大于焊膏与窗口壁之间的摩擦力，即 $F_s>F_t$ 时，就有良好的印刷效果，显然，模板窗口壁应光滑。

当焊盘面积大于模板窗口壁面积，即 $B>A$ 时，也有良好的印刷效果，但窗口壁面积不宜过小，否则焊膏量不够。显然，窗口壁面积与模板厚度有直接关系，故模板的厚度、窗口面积及窗口壁表面粗糙度直接影响到模板的漏印性。

在实际生产中，人们无法测量也没有必要测量焊膏与 PCB 焊盘之间的黏合力和焊膏与窗口壁之间的摩擦力，而是通过宽厚比及面积比这两个参数来评估模板的漏印性能，宽厚比的定义为

$$宽厚比=窗口的宽度/模板的厚度=W/H$$

式中，W 是窗口的宽度；H 是模板的厚度。

宽厚比参数主要适合验证细长形窗口模板的漏印性。面积比的定义为

$$面积比=窗口的面积/窗口孔壁的面积=(L\times W)/2\times(L+W)\times H$$

式中，L 是窗口的长度。

面积比参数主要适合验证方形/圆形窗口模板的漏印性。

在印刷锡铅焊膏时，当宽厚比≥1.6、面积比≥0.66 时，模板具有良好的漏印性；而在印刷无铅焊膏时，当宽厚比≥1.7、面积比≥0.7 时，模板才有良好的漏印性。这是由于无铅焊膏比重比锡铅焊膏小，自润滑性稍差，此时窗口尺寸应稍大一点才有良好的印刷效果。

通常，在评估 QFP 焊盘漏印模板时，适用宽厚比参数验证；而评估 BGA、0201 焊盘漏印模板时应用面积比参数来验证，若模板上既有 QFP 又有 BGA，则分别用两参数来评估。例如，在 0.5mm QFP 焊盘印刷中，当模板厚为 0.13mm 时，宽厚比＝W/H＝10/5＝2.0，显然此时模板漏印性良好，而在 0.3mm QFP 焊盘印刷中，当模板厚仍为 0.13mm 时，宽厚比＝W/H＝7/5＝1.4，此时就不利于印刷了。而在 CSP 焊盘印刷时，若仍用宽厚比来评估就会误判。当然，焊膏印刷质量好坏不仅取决于模板窗口尺寸，也与焊膏粉末粒径有关。

（2）模板窗口的形状与尺寸。为了得到高质量的焊接效果，近年来人们对模板窗口形状与尺寸做了大量研究，将形状为长方形的窗口改为圆形或尖角形，其目的是防止印刷后或贴片后因贴片压力过大使焊膏铺展到焊盘外边，导致再流焊后焊盘外边的焊膏形成小锡球，并影响到焊接质量，如图 3-19 所示。值得注意的是，在改变模板窗口形状时，应防止过尖的形状给模板清洁工作带来麻烦，因此模板窗口形状更改不应太复杂，通常在印刷锡铅焊膏时可适当缩小模板窗口尺寸，例如，印刷 0.5mm QFP 模板的窗口宽度可按其焊盘宽度的 0.92 倍来计算。模板厚度、窗口尺寸与元器件引脚中心距之间的关系如表 3-12 所示。

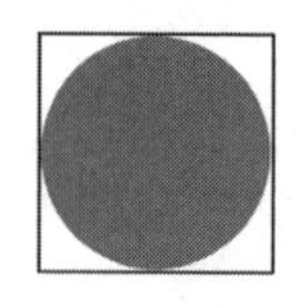
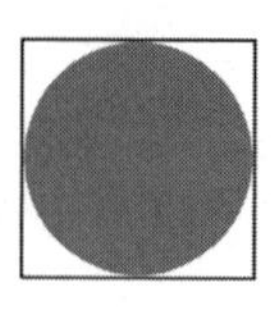
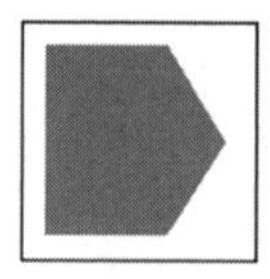

图 3-19　防锡球的模板窗口形状

表 3-12　模板厚度、窗口尺寸与元器件引脚中心距之间的关系

元器件类型	引脚间距	焊盘宽度	焊盘长度	开口宽度	开口长度	钢网厚度	宽厚比	面积比
PLCC	1.25mm [49.2mil]	0.65mm [25.6mil]	2.00mm [78.7mil]	0.60mm [23.6mil]	1.95mm [76.8mil]	0.15～0.25mm [5.91～9.84mil]	2.3～3.8	0.88～1.48
QFP	0.65mm [25.6mil]	0.35mm [13.8mil]	1.50mm [59.1mil]	0.30mm [11.8mil]	1.45mm [57.1mil]	0.15～0.175mm [5.91～6.89mil]	1.1～2.0	0.71～0.83
QFP	0.50mm [19.7mil]	0.30mm [11.8mil]	1.25mm [49.2mil]	0.25mm [9.84mil]	1.20mm [47.2mil]	0.125～0.15mm [4.92～5.91mil]	1.7～2.0	0.69～0.83
QFP	0.40mm [15.7mil]	0.25mm [9.84mil]	1.25mm [49.2mil]	0.20mm [7.87mil]	1.20mm [47.2mil]	0.10～0.125mm [3.94～4.92mil]	1.6～2.0	0.68～0.86
QFP	0.30mm [11.8mil]	0.20mm [7.87mil]	1.00mm [39.4mil]	0.15mm [5.91mil]	0.95mm [37.4mil]	0.075～0.125mm [2.95～3.94mil]	1.5～2.0	0.65～0.86
0402	N/A	0.50mm [19.7mil]	0.65mm [25.6mil]	0.45mm [17.7mil]	0.60mm [23.6mil]	0.125～0.15mm [4.92～5.91mil]	N/A	0.84～1.00
0201	N/A	0.25mm [9.84mil]	0.40mm [15.7mil]	0.23mm [9.06mil]	0.35mm [13.8mil]	0.075～0.125mm [2.95～3.94mil]	N/A	0.66～0.89
BGA	1.25mm [49.2mil]	CIR 0.80mm [31.5mil]	CIR 0.80mm [31.5mil]	CIR 0.75mm [29.5mil]	CIR 0.75mm [29.5mil]	0.15～0.20mm [5.91～7.87mil]	N/A	0.93～1.25
uBGA	1.00mm [39.4mil]	CIR 0.38mm [15.0mil]	CIR 0.38mm [15.0mil]	SQ 0.35mm [13.8mil]	SQ 0.35mm [13.8mil]	0.115～0.135mm [4.53～5.31mil]	N/A	0.67～0.78
uBGA	0.50mm [19.7mil]	CIR 0.30mm [11.8mil]	CIR 0.30mm [11.8mil]	SQ 0.28mm [11.0mil]	SQ 0.28mm [11.0mil]	0.075～0.125mm [2.95～3.94mil]	N/A	0.69～0.92

经验公式：

$$宽厚比=开口宽度(W)/钢网厚度(H)>1.5$$

$$面积比=开口面积/孔壁面积=(L\times W)/2H\times(L+W)>0.66$$

而在印刷无铅焊膏时可直接按焊盘设计尺寸来作为窗口尺寸，必要时还可适当增大尺寸。对于间距>0.5mm 的元器件，一般采取 1∶1.02～1∶1.1 的开口；对于间距≤0.5mm 的元器件，一般采取 1∶1 的开口，原则上至少不用缩小。

（3）模板的厚度。模板的厚度与开孔的尺寸对焊膏的印刷及后面的再流焊有着很大的关系，厚度越薄，开孔越大，越有利于焊膏释放。经证明，良好的印刷质量必须要求开孔尺寸与模板厚度比值大于 1.5，否则焊膏印刷不完全。在通常情况下，如果没有 FC、CSP 元器件的存在，模板的厚度取 0.15mm 就可以了，但随着电子产品小型化，电子产品组装技术越来越复杂，随着 FC、COB、CSP 元器件的出现，FC、COB、CSP 与大型 PLCC、QFP 元器件共同组装的产品越来越多，有时还出现带有通孔元器件的再流焊。这类元器件组装的关键工艺，是如何将焊膏精确地分配到所需焊盘上，因为 FC、CSP 所需焊膏量少，故所用模板的厚度应该薄，窗口尺寸也较小，而 PLCC 等元器件焊接所需焊膏量较多，故所用模板较厚，窗口尺寸也较大。在一般情况下，对于 0.5mm 的引线间距要用厚度为 0.12～0.15mm 模板，对于 0.3～0.4mm 的引线间距要用厚度为 0.1mm 模板。

显然，用同一厚度的模板难以兼容上述两种要求。为了成功实现上述多种元器件的混合组装，现已采用不同结构的模板来完成焊膏印刷，常用的模板有以下几类。

① 局部减薄（Step-Down）模板。局部减薄模板，其大部分面积厚度仍是取决于一般元器件所需要的厚度，即仍为 0.15mm，但在 FC、CSP 元器件处，将其模板用化学的方法减至 0.075～0.1mm，这样使用同一块模板就能满足不同元器件的需要了。

② 局部增厚（Step-Up）模板。它适用于板载芯片 COB 元器件已贴装在 PCB 上，然后再进行印刷焊膏贴装其他片式元器件，局部增厚的位置就在 COB 元器件上方，它以覆盖 COB 元器件为目的，凸起部分与模板呈圆弧过渡，以保证印刷时刮刀能流畅地通过。

无论是局部减薄模板还是局部增厚模板，在使用时均应配合橡胶刮刀才能取得良好的印刷效果。

（4）用于通孔再流焊模板设计。通孔再流焊的原则是通孔元器件与片式元器件同时进入再流炉一次完成焊接，因此通孔元器件焊盘焊膏也是一次性印刷完成的，仍用 0.15mm 厚的模板进行通孔再流焊（在经评估认为焊量不够的情况下可通过二次印刷的方法补加焊膏），推荐的模板开口尺寸如下：

$$ds=dj+2R-0.1(dj=孔径，R=焊盘环宽)$$

模板窗口尺寸应比通孔元器件焊环外径小 0.1mm，其目的是保证模板上通孔元器件焊环的窗口边缘落在焊环上，起到保护模板窗口及印刷压力到位的作用。

（5）印刷贴片胶模板的设计。采用模板印刷贴片胶的工艺具有快速的特点，特别适用于大量品种的生产。通常它主要是针对片式阻容元器件，故印刷贴片胶模板的设计比较简单，模板的窗口一般是小圆孔或长条形，如图 3-20 所示。若模板的窗口是长条形，则长条的宽度是两焊盘间距的 0.4 倍，长条的长度为焊盘宽度加 0.2mm，模板的厚度通常取 0.2mm 即可；若模板的窗口是圆形，则直径为 0.3～0.4mm，片式元器件通常取两点即可，若是 IC，则按长条形设计为最好。

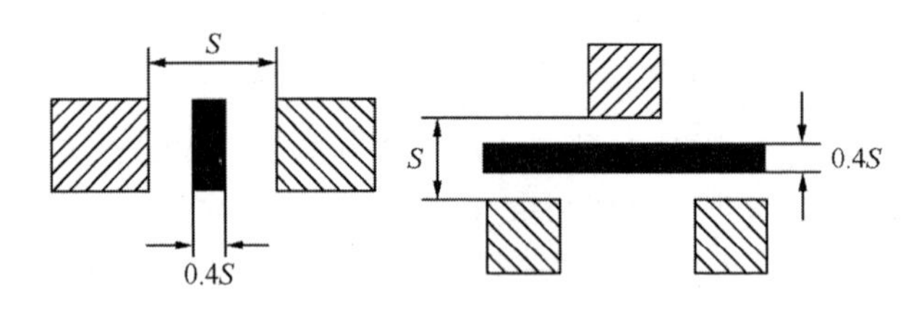

图 3-20　印刷贴片胶模板窗口的形状

3.5　焊膏印刷机理和过程

3.5.1　焊膏印刷机理

焊膏印刷机由开有印刷图形窗口的模板、把焊膏填充到模板开口部位的刮刀，以及固定、定位电路板的印刷工作台构成，材料使用的是焊膏和印制电路板。焊膏印刷时，应先将模板窗口与 PCB 上焊盘图形对正，定位后，放上足够数量的焊膏，就可以印刷了，如图 3-21 所示。在对刮刀施加压力的同时，从左向右移动，使焊膏滚动，把焊膏填充到模板的开口部位，进而利用焊膏的触变性和黏附性，把焊膏转到印制电路板上。焊膏印刷过程可细分为下述两个过程。

（1）焊膏受外力作用压入窗口。以一定角度对刮刀施加外力，推动焊膏沿模板前进，由于焊膏与印刷模板面之间存在摩擦力，该摩擦力与焊膏移动方向相反，焊膏在合力的作用下产生旋转，称为滚动现象，如图 3-21 所示。一旦发生滚动现象，焊膏在刮刀的前部受到挤压，同时由于焊膏本身具有触变性，在外力的作用下焊膏黏度迅速降低，当遇到窗口时该压力就会将焊膏压入其中。

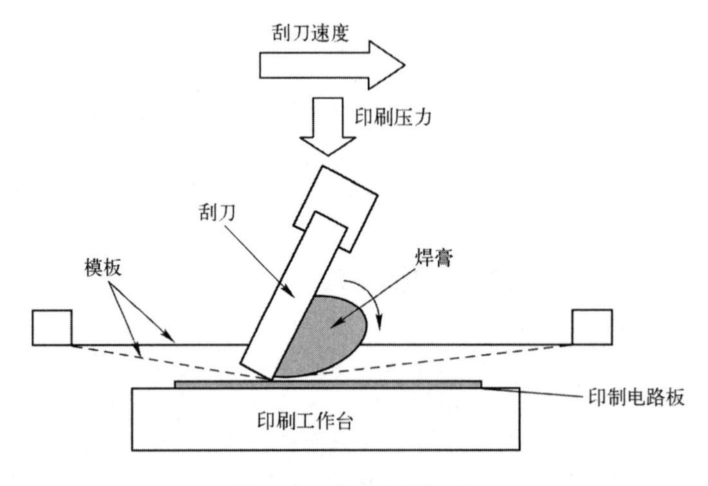

图 3-21　焊膏印刷机理

由此可见，焊膏受到的推力可分解为水平方向和垂直方向的力，但仅是垂直方向的力使焊膏顺利地通过窗口沉到 PCB 焊盘上，当模板抬起后便留下精确的焊膏图形，如图 3-22 所示。

（2）窗口中的焊膏沉降到 PCB 上。进入窗口中的焊膏由于外力的消失，其黏度迅速恢复，并与 PCB 上的焊盘和窗口壁黏附在一起，当模板抬起或支撑 PCB 的台面下沉时，如果焊膏与 PCB 上焊盘之间的黏附力大于焊膏与窗口壁之间的黏附力，焊膏就会沉降到 PCB 焊盘上，否则仍会黏附在模板窗口中而无法脱模。

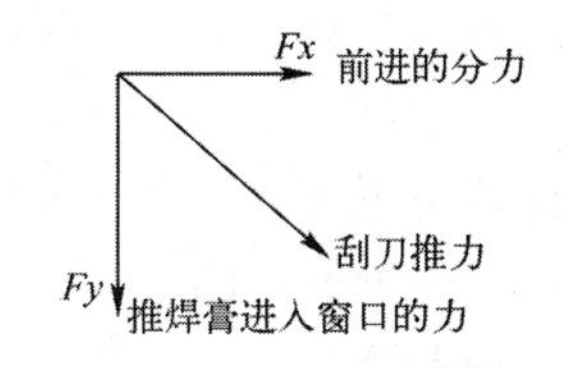

图 3-22　焊膏印刷原理图

1．非接触式印刷机理

非接触式印刷是用柔性的丝网模板进行印刷，在模板和 PCB 之间设置一定的间隙。如图 3-23 所示是非接触式印刷的原理和过程。

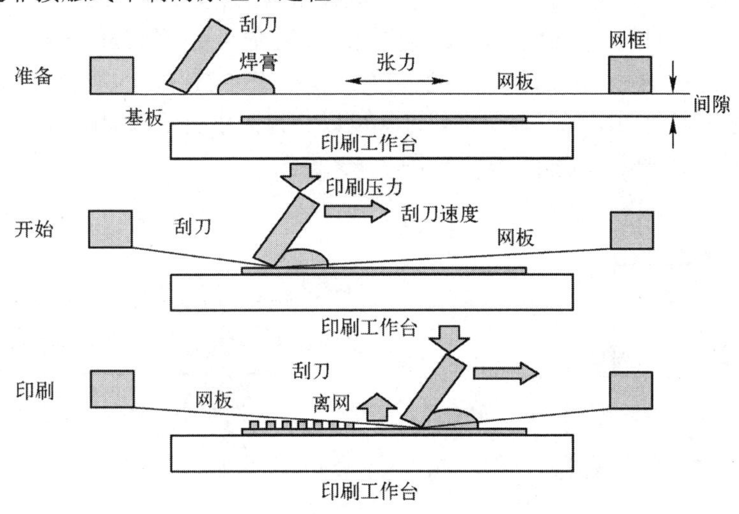

图 3-23　非接触式印刷的原理和过程

印制前将 PCB 放在工作支架上，使用真空或机械方法固定，将已加工有印制图形窗口的丝网在一个金属框架上绷紧并与 PCB 对准。PCB 顶部与丝网底部之间有一距离（通常称为刮动间隙）。印制开始时，预先将焊膏放在丝网上，刮刀从丝网的一端向另一端移动，并压迫丝网使其与 PCB 表面接触，同时压刮焊膏，使其通过丝网上的图形窗口沉积在 PCB 的焊盘上。

焊膏和其他印刷浆料是一种流体，其印制过程遵循流体力学的原理。丝网印刷具有以下三个特征：刮刀前方的焊膏沿刮刀前进方向滚动；丝网和 PCB 表面隔开一小段距离；丝网从接触到脱开 PCB 表面的过程中，焊膏从网孔转移到 PCB 表面上。

在使用时，一定要设置好印制头的行程，使其超过图形的边缘一定距离，否则过小的行程将会使边缘的印制变形或不规则。印制头的压力过小，会使焊膏不能有效地到达模板开孔的底部，不能很好地沉积在焊盘上，还可能使丝网不能触及 PCB 而影响印制；印制压力过大则会使刮刀变形，甚至会刮走模板上较大开孔中的部分焊膏，形成凹形面焊膏沉积，严重时会损坏模板。选择合适压力的方法是：首先使用一定压力在模板上获得一层均匀较薄的焊膏，然后慢慢增加压力，使其每一次印制都刚好将模板上的焊膏全部均匀地刮干净为止。

非接触式印刷中，刮刀通过模板脱离 PCB 时，焊膏被漏印到 PCB 焊盘上，在极其简单的构造中进行印刷。但是，随着贴装密度要求的提高、细间距印刷要求的产生，非接触式印刷法的问题明显起来。

以下列举了细间距焊膏印刷中非接触式印刷的几点问题。

（1）印刷位置偏离。由于非接触式印刷会使模板变形，模板上的焊膏不能被漏印到正下方，就产生了焊膏位置的偏离。

（2）填充量不足、欠缺的发生。如图 3-24 所示，从微观上看，模板变形的同时开口部位的形状也在变化，这是填充量减少、发生缺焊的原因。

（3）渗透、桥连的发生。因为模板和 PCB 之间存在间隙，所以助焊剂渗透到这一间隙的比例就会增大，在极端情况下，焊膏颗粒的渗出将会引起桥连。

2．接触式印刷机理

接触式印刷法中，采用金属模板代替非接触式印刷中的丝网模板进行焊膏印制。模板和 PCB 直接接触，没有间隙。印刷时，移动刮刀把焊膏填充到模板的开口部位。如果只是这样，焊膏就不能填充到 PCB 上，所以要把印刷工作台下降，使 PCB 离开模板，将焊膏转移到 PCB 上，这个动作称为离网动作。焊膏印刷的过程可以分为向模板开口部位填充焊膏的过程和离网（填充）的过程。接触式印刷的过程如图 3-25 所示。

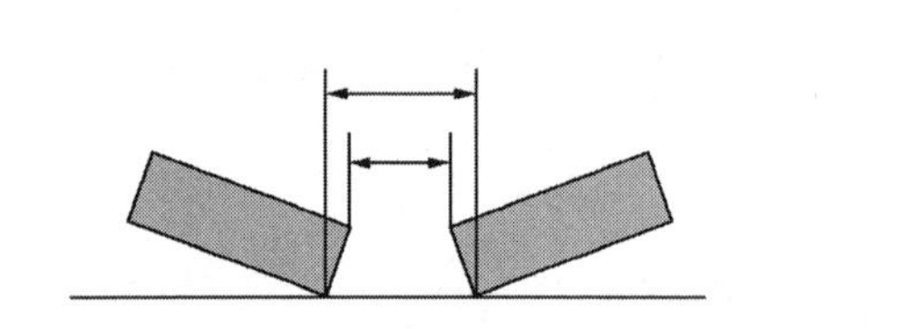
图 3-24　非接触式印刷引起的模板开口部位变形

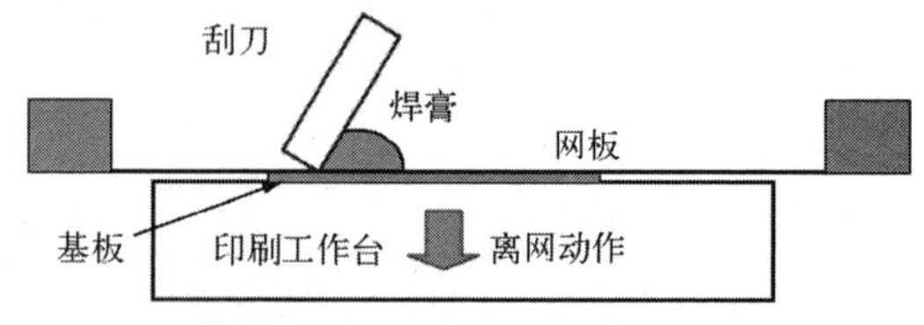

图 3-25　接触式印刷的过程

（1）填充机构。对模板开口部位填充焊膏机构的说明如表 3-13 所示。

表 3-13　对模板开口部位填充焊膏机构的说明

刮刀和焊膏的状况	填充状况	说　明
		被刮刀挤压移动的焊膏黏在模板面上，滚动向前
		通过向前滚动和黏着力，焊膏填充到模板开口部位
		同上
		填充完成
		填充完成

（2）离网机构。在接触式印刷中，焊膏填充到模板开口部位后，必须要有能让模板和 PCB 相分离的离网动作。离网机构如图 3-26 所示。

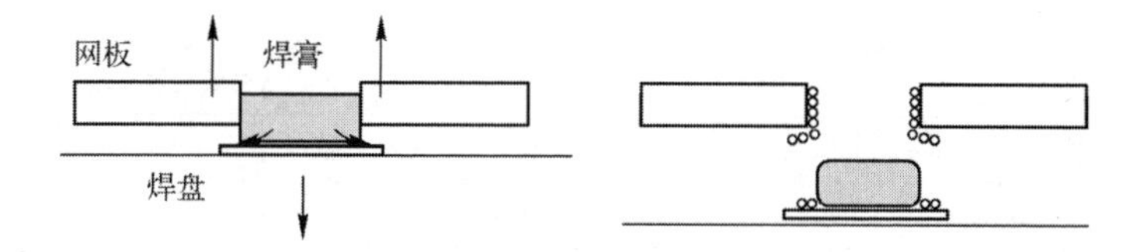

图 3-26　离网机构

对模板开口部位的焊膏填充完成后，如果印刷工作台下降，离网动作就开始。虽然焊膏对焊盘有黏着力，但是另一方面，在离网时，开口部位内壁面和焊膏之间发生向上滑动的应力。离网性能的好坏取决于这两种力相互牵引的程度。如果焊盘一侧的黏着力强，焊膏就能很好地被印刷上去，如果向上的滑动应力强，就不能很好地脱离模板，就会堵孔，发生“填充量不足”的现象。向上的滑动应力依赖于焊膏的黏度、触变性及上移速度。机械方面的主要原因是离网动作时的工作台下降速度的不同，离网结果将会有很大的差异。基本上，滑动速度越小，滑动应力也越小，但是离网时间就会增长，印刷循环周期也会变长。离网开始后，助焊剂短时间内在模板开口部位的面壁上移动，可以说，这个时候是决定离网好坏的时刻。离网开始时的加速度影响着离网的性能，因而，随着对离网动作加速度的控制，印刷周期就不会被延长，良好的离网性能就可以实现。

3．非接触式印刷与接触式印刷的比较

非接触式印刷与接触式印刷原理基本相同，但在设备的用法上有所不同。

由于开口提供了清晰的可见度，接触式印刷比非接触式印刷更易在焊盘上接合，且小孔一般不会堵塞，因而易连续印得高质量产品。模板比丝网易清洗，而且较丝网结实，因而使用寿命长。模板所用焊膏黏度可与丝网相同，但黏度最好处于黏性限度内的较高点。

在非接触式印刷中，使用间隙印制来保证适当焊膏厚度的沉积，防止大量印制中出现的涂抹现象。在接触式印刷中，模板与 PCB 间直接接触，没有间隙，不存在涂抹的问题。

由于模板易与 PCB 对准，因而接触式印刷可使用手工印制来完成快速样品的印制工作。由于丝网难于对准，因而非接触印制中不能使用手工印制。

对于焊膏印制，模板具有更大的优越性。在需要较厚沉积物的情况下，要使用接触式印制。在多数情况下，对于可接受的焊点至少需要 8mil 的印制厚度，特别是提供了补偿某些电路板翘曲和引线共面的需要，并能够得到可接受的熔点。模板印刷和丝网印刷的对比如表 3-14 所示。

表 3-14　模板印刷和丝网印刷的对比

印刷技术	丝网印刷	模板印刷
使用寿命	短	长
成本	低	高
手工或机器印刷	只能机器印刷	两者皆可
接触或非接触印刷	只能用非接触印刷	两者皆可

续表

印 刷 技 术	丝 网 印 刷	模 板 印 刷
对粒度的敏感性	强，易堵塞	弱，不易堵塞
黏度范围/（Pa • s）	窄（450～600）	宽（700～1500）
准备时间	长	短
同面印不同厚度焊膏	不可以	可以
清洗性	不易清洗	易清洗
周转时间	短	长
多层次印刷	不允许	允许

3.5.2　焊膏印刷过程

1. 焊膏印刷工艺流程

印刷焊膏的工艺流程是：印刷前的准备→调整印刷机工作参数→印刷焊膏→印刷质量检验→清理与结束。

现按此流程分别加以介绍。

（1）印刷前的准备。检查印刷工作电压与气压；熟悉产品的工艺要求；阅读 PCB 产品合格证，如 PCB 制造日期大于 6 个月，应对 PCB 进行烘干处理，烘干温度为 125℃/4h，通常在前一天进行；检查焊膏的制造日期是否在 6 个月之内，以及品牌规格是否符合当前生产要求，模板印刷焊膏黏度为 900～1400Pa•s，最佳为 900Pa•s，从冰箱中取出后应在保温下恢复至少 2h，并充分搅拌均匀待用，新启用的焊膏应在罐盖上记下开启日期和使用者姓名；检查模板是否与当前生产的 PCB 一致，窗口是否堵塞，外观是否良好。

（2）调整印刷机工作参数。接通电源、气源后，印刷机进入开通状态（初始化），对新生产的 PCB 来说，首先要输入 PCB 的长度、宽度、厚度及定位识别标志（Mark）的相关参数。Mark 可以纠正 PCB 加工误差，制作 Mark 图像时，图像清晰，边缘光滑，对比度强，同时还应输入印刷机各工作参数，包括印刷行程、刮刀压力、刮刀运行速度、PCB 高度、模板分离速度、模板清洗次数与方法等相关参数。

相关参数设定好后，即可放入模板。将 PCB 传送到印刷机工作平台，使模板窗口位置与 PCB 焊盘图形位置保持在一定范围之内（机器能自动识别），当 PCB 的厚度小于 0.5mm 时，采用侧面固定方式会导致 PCB 的变形，这种场合可利用真空吸附 PCB 反面的方式进行定位，与之相应的印刷机工作台面应该设置有吸附 PCB 的定位支撑板。

安装刮刀，进行试运行，此时 PCB 与模板之间通常应保持在“零距离”。对首块 PCB 进行试印刷，查看印刷效果，进一步调整 PCB 与模板在 X、Y、Z 和 θ 四个方面的位置关系，实现模板窗口与 PCB 焊盘图形的精确对位，并再次调节设备各相关参数，以达到最佳印刷效果。全面调整后，存盘保留相关参数与 PCB 代号。完成后，即可放入充分量的焊膏进行正式印刷。

不同机器的上述操作次序有所不同，自动化程度高的机器操作方便，一次就可以成功。

（3）印刷焊膏。正式印刷焊膏时应注意下列事项：焊膏的初次使用量不宜过多，一般按 PCB 尺寸来估计。参考量如下：A5 幅面约为 200g；B5 幅面约为 300g；A4 幅面约为 350g。

在使用过程中，应注意补充新焊膏，保证焊膏在印刷时能滚动前进。注意印刷焊膏时的环境质量：无风、洁净、温度（23±3)℃，相对湿度<70%。

（4）印刷质量检验。对于模板印刷质量的检测，目前采用的方法主要有目测法、二维检测/三维检测法。在检测焊膏印刷质量时，应根据元器件类型采用不同的检测工具和方法，采用目测法（带放大镜），适用于不含细间距 QFP 元器件或小批量生产的情况，其操作成本低，但反馈回来的数据可靠性低，易遗漏。当印刷复杂 PCB 时，如计算机主板，最好采用视觉检测，并最好是在线测试，可靠性达 100%，它不仅能够监控，而且还能收集工艺控制所需的真实数据。

检验标准的原则：有细间距 QFP 时（0.5mm），通常应全检；当无细间距 QFP 时，可以抽检。

检验标准：按照企业制定的企业标准或 ST/T10670-1995 及 IPC 标准。

不合格品的处理：发现有印刷质量问题时，应停机检查，分析产生的原因，采取措施加以改进，凡 QFP 焊盘不合格者应用无水醇清洗干净后重新印刷。

（5）清理与结束。当一个产品完工或结束一天工作时，必须将模板、刮刀全部清洗干净，若窗口堵塞，千万勿用坚硬金属针划、捅，避免破坏窗口形状。焊膏放入另一容器中保存，根据情况决定是否重新使用。模板清洗后应用压缩空气吹干净，并妥善保存在工具架上，刮刀也应放入规定的地方并保证刮刀头不受损。同时让机器退回关机状态，并关闭电源与气源，填写工作日志表，并进行机器保养工作。

2．焊膏的保存与使用

（1）保存。焊膏应放入冰箱内冷藏保存，并且在盖子上记录放入时间，超过有效期的禁止使用；冰箱内的温度要保持在 5～10℃，日常要确认冰箱内温度，并记录实际温度。

（2）使用。

① 确保焊膏在有效期间内，先使用生产早的焊膏，将其从冰箱内取出，在焊膏容器表面记录取出时间，放置在常温 22～28℃条件下 4h，确认焊膏容器表面无结露现象，打开容器内外两层盖子，记录开封日期、时间后开始搅拌。

② 搅拌分两种，一种为使用刮刀手工搅拌，另一种为使用搅拌机搅拌。

若使用手工搅拌，用不锈钢或塑料刮刀插入焊膏中，搅拌直径大约在 10～20mm，搅拌 1min 以后，将刮刀提起，若刮刀上的焊膏全部向下滑落，则搅拌结果合格，搅拌结束；若只是部分焊膏滑落，则搅拌结果不合格，须继续搅拌；若使用自动搅拌机搅拌，按照《搅拌机操作规程》搅拌 3min 即可。

③ 搅拌后，将一定量的焊膏涂抹在印刷机模板上，开始使用。

④ 在生产过程中要注意焊膏量的变化，及时添加焊膏，添加焊膏时，一定要用刮刀先将焊膏搅拌。

⑤ 容器内剩余的焊膏要用盖子（内外两层）密封。不用时，将焊膏返回冰箱；使用时，要在常温下避光保存，并在 24h 内用完，超过 24h，立即废弃。

⑥ 每天夜班下班前，要彻底手工清洗模板一次，模板上剩余的焊膏如果已经放置超过 24h，按废弃物处理；没有超过 24h 的要收起，装在另外的容器内密封保存，禁止与没使用的焊膏混合，防止污染新焊膏。

（3）注意事项。

① 刮刀要经常用酒精清洗，禁止混入变质的焊膏。

② 焊膏禁止加热。

③ 焊膏搅拌时不能混入空气。

④ 焊膏使用时不能被风直接吹到。

⑤ 焊膏品种变更时，刮刀、印刷模板周围的焊膏都要清扫干净，防止异种焊膏混入。

⑥ 考虑到氧化、吸湿、助焊剂劣化、黏度变化、异物混入等因素，再使用的焊膏要在印刷、贴装、回流焊这一系列流程中严格进行品质确认。

3.6 印刷机简介

3.6.1 印刷机概述

焊膏印刷机用来印刷焊膏或贴片胶，并将焊膏或贴片胶正确地漏印到印制电路板相应的位置上。

当前用于印刷焊膏的印刷机品种繁多，若以自动化程度来分类，可以分为手工调节印刷机、半自动印刷机、视觉半自动印刷机和全自动印刷机。

手动印刷机如图3-27所示，其各种参数与动作均需人工调节与控制，通常仅被小批量生产或难度不高的产品使用。

图3-27 手动印刷机

半自动印刷机除了PCB装夹过程是人工放置以外，其余动作机器可连续完成，但第一块PCB与模板的窗口位置是通过人工来对中的。通常，PCB通过印刷机台面上的定位销来实现定位对中。

全自动印刷机通常装有光学对中系统，通过对PCB和模板上对中标志（Mark标记）的识别，可以自动实现模板窗口与PCB焊盘的自动对中，印刷机重复精度达±0.01mm。在配有PCB自动装载系统后，能实现全自动运行。但印刷机的多种工艺参数（如刮刀速度、刮刀压力、模板与PCB之间的间隙）仍须人工设定。组成SMT生产线均采用全自动印刷机，它可以自动完成PCB上板、对准、印制、下板等作业，工艺操作人员的任务主要是设定和调节工艺参数及添加焊膏等。

3.6.2 印刷机系统组成

多数半自动印刷机和全自动印刷机基本都由以下几部分组成：PCB夹持机构（工作台）、刮刀系统、PCB定位系统、丝网或模板、模板的固定机构，以及为保证印刷精度而配置的其他选件等。焊膏印刷的特点是位置准确、涂敷均匀、效率高。印刷机必须结构牢固，具有足够的刚性，满足精度要求和重复性要求。焊膏印刷机如图3-28所示。

下面介绍焊膏印刷机的基本结构。

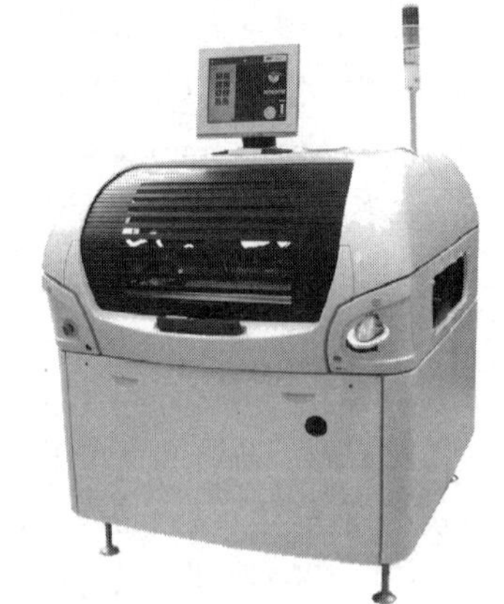

图3-28 焊膏印刷机

1．PCB 夹持机构

PCB 夹持机构用来夹持 PCB，使之处于适当的印刷位置，包括工作台面、夹持机构、工作台传输控制机构等。

在手动和半自动印刷机上，常采用定位销和四角平面压力敏感带夹持 PCB；自动印刷机上常采用真空针定位夹持机构或边定位夹持机构。真空针定位夹持机构（如图 3-29 所示）的工作台带有橡胶真空吸盘，能平整地吸住 PCB 以防止其印制时弯曲。边定位夹持机构（如图 3-30 所示）一般靠夹持 PCB 的两个侧边来固定 PCB。

图 3-29　真空针定位夹持 PCB 板的工作台

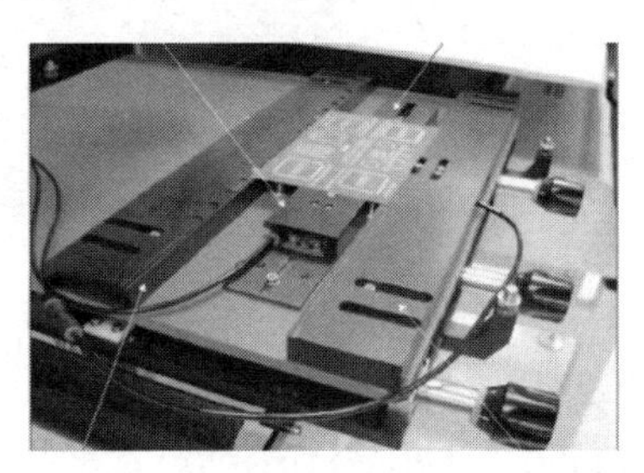

图 3-30　边定位夹持 PCB 板的工作台

2．PCB 定位系统

带双面真空吸盘的工作台，可用来印制双面板。PCB 的定位一般采用孔定位方式，再用真空吸紧。工作台的 *X-Y-Z* 轴均可微调，以适应不同种类 PCB 的要求和精确定位。

PCB 的放进和取出方式有两种：一种是将整个刮刀机构连同模板抬起，将 PCB 拉进或取出，采用这种方式时，PCB 的定位精度不高；另一种是刮刀机构及模板不动，PCB“平进平出”，使模板与 PCB 垂直分离，这种方式的定位精度高，印制焊膏形状好。

因 PCB 变形或 PCB 上的焊盘图形制作不精确，采用视觉系统对 PCB 上的基准标记定位，并进行校正。这样可以使装调时间少而精度高，同时还能对 PCB 焊盘图形的位置进行检查，一旦误差超出偏差标准，即告知操作者。

不同品牌的印刷机定位方式会有所不同。如图 3-31 所示是某款全自动印刷机的定位系统示意图，CCD 摄像机处于模板和 PCB 的中间位置。PCB 传入后，摄像头自动寻找模板和 PCB 上的定位标记（Mark），通过 Mark 点的位置对准实现模板与 PCB 的精确定位。

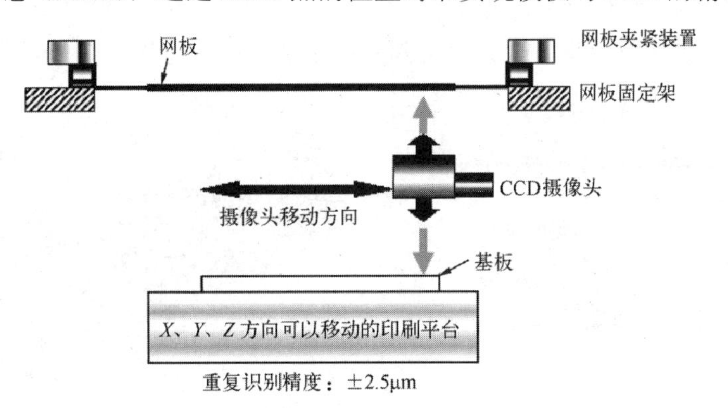

图 3-31　某全自动印刷机的定位系统示意图

3．刮刀系统

刮刀系统是印刷机上最复杂的运动机构，包括刮刀、刮刀固定机构、刮刀的传输控制系统等，如图 3-32 所示。

图 3-32　刮刀系统

刮刀系统完成的功能：使焊膏在整个模板面积上扩展成为均匀的一层，刮刀按压模板，使模板与 PCB 接触；刮刀推动模板上的焊膏向前滚动，同时使焊膏充满模板开口；当模板脱开 PCB 时，在 PCB 上相应于模板图形处留下适当厚度的焊膏。刮刀有金属刮刀和橡胶刮刀等，分别应用于不同的场合。它必须具有高摩擦阻力和耐溶剂清洗的性能，其硬度是影响焊膏印制质量的重要因素。用橡胶制作的刮刀，当刮刀头压力太大或材料较软时，易嵌入金属模板的孔中（特别是大窗口孔），并将孔中的焊膏挤出，从而造成印制图形凹陷，印制效果不良。为此，人们采用金属刮刀代替橡胶刮刀。金属刮刀由高硬度合金制成，非常耐疲劳、耐磨、耐弯折，并在刀刃上涂敷润滑膜。当刃口在模板上运行时，焊膏能被轻松地推进窗口中，消除了焊料凹陷和高低起伏现象。

另外，近几年出现了新型的密闭式刮刀技术。密闭刮刀剖面图如图 3-33 所示，密闭刮刀如图 3-34 所示。与前面所描述的开放型刮刀相比，它具有以下优势。

（1）焊膏量极少的情况下仍能印刷。

（2）对焊膏有利，能够防止焊膏的氧化。

（3）焊膏的有效利用率高。

（4）内部压力增加焊膏填充效果，能够防止印刷不良的发生。

（5）工艺调制较简单，印刷速度较快。

但密闭刮刀价格非常昂贵，也只改善部分的印刷问题，因此没有得到广泛应用。

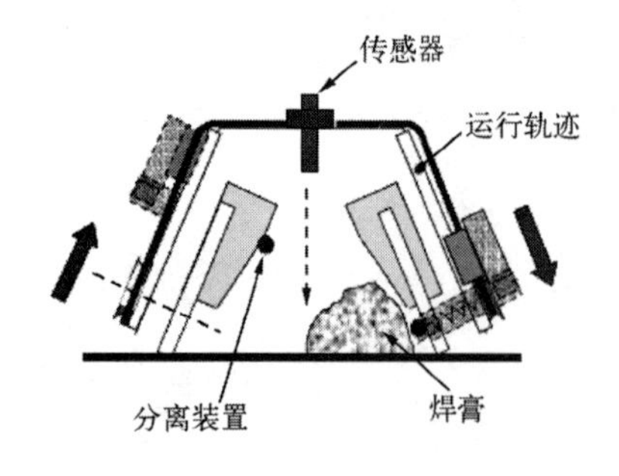

图 3-33　密闭刮刀剖面图

图 3-34　密闭刮刀

4. 模板固定装置

滑动式模板固定装置如图 3-35 所示。松开锁紧杆，调整模板（钢网）安装框，可以安装或取出不同尺寸的模板。安装模板时，将模板放入安装框，抬起一点，轻轻向前滑动，然后锁紧。每种印刷机设备都有安装模板允许的最大和最小尺寸。超过最大尺寸则不能安装；小于最小尺寸可通过钢网适配器来配合安装。

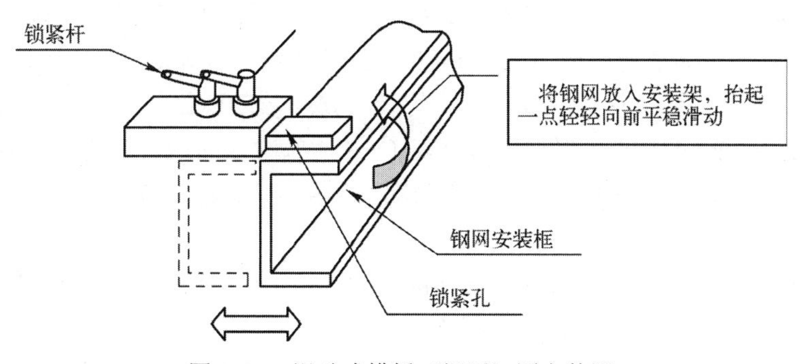

图 3-35　滑动式模板（钢网）固定装置

5. 模板清洁装置

滚筒式卷纸模板清洁装置如图 3-36 所示。它能有效地清除模板背面和开孔上的焊膏微粒和助焊剂。装在机器前方的卷纸可以更换、维护。为了保证清洁效果并防止卷纸浪费，上部的滚轴由带刹刀的电动机控制，内部设有溶剂喷洒装置，清洁溶剂的喷洒量可以通过控制旋钮进行调整。

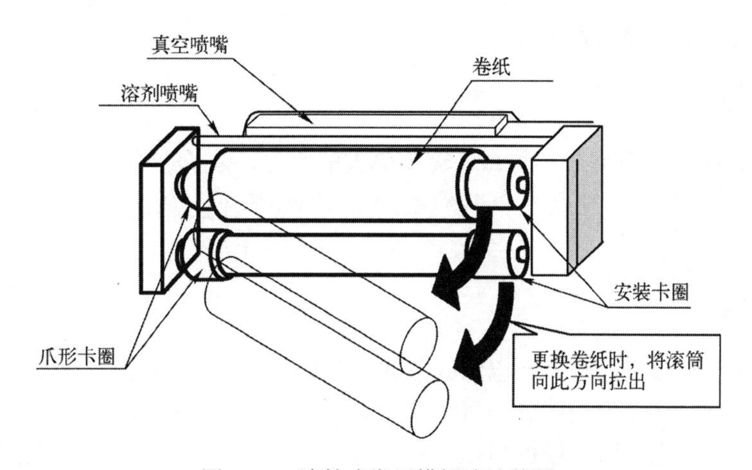

图 3-36　滚筒式卷纸模板清洁装置

3.6.3　印刷机工艺参数的调节与影响

1. 刮刀的夹角

刮刀的夹角影响到刮刀对焊膏垂直方向力的大小，夹角越小，其垂直方向的分力越大，通过改变刮刀角度可以改变所产生的压力。刮刀角度如果大于 80°，则焊膏只能保持原状前进而不滚动，此时垂直方向的分力几乎没有，焊膏便不会压入印刷模板开口。刮刀角度的最佳设定应在 45°～60° 范围内，此时焊膏有良好的滚动性。

2．刮刀的速度

刮刀速度增加，会有助于提高生产效率；但刮刀速度过快，则会造成刮刀通过模板窗口的时间太短，导致焊膏不能充分渗入窗口，因为焊膏流进窗口需要时间，这一点在印刷细间距 QFP 图形时能明显感觉到，当刮刀沿 QFP 一侧运行时，在垂直于刮刀的焊盘上的焊膏图形比另一侧要饱满，且如果刮刀速度过快，焊膏会影响滚动而仅在印刷模板上滑动。有的印刷机具有刮刀旋转 45° 的功能，以保证细间距 QFP 印刷时四面焊膏量均匀。最大的印刷速度应保证 QFP 焊盘焊膏印刷纵横方向均匀、饱满，通常当刮刀速度控制在 20～40mm/s 时，板刷效果较好。通常在生产中，须兼顾印刷质量与效率。

另外，刮刀的速度和焊膏的黏稠度也有很大的关系，刮刀速度越慢，焊膏的黏稠度越大；同样，刮刀的速度越快，焊膏的黏稠度越小。

3．刮刀的压力

刮刀在水平运动的同时，机构通常会对刮刀装置施加垂直方向的正压力，即通常所说的印刷压力。印刷压力太小会引起焊膏刮不干净，同时刮刀竖直方向的力太小，焊膏不能有效地通过模板沉积到焊盘上，致使 PCB 焊盘上焊膏量不足；如果印刷压力过大，又会导致焊盘上焊膏太薄，甚至损坏模板，也会导致模板背后的渗漏。

通常我们可以采用以下方法设置刮刀压力，在模板表面涂敷上薄薄的一层焊膏，首先设置偏小点的刮刀压力，然后慢慢增加压力，直到刮刀能够刚好一次把焊膏从模板表面刮干净为准，此时刮刀压力为理想的压力。

4．刮刀宽度

如果刮刀相对于 PCB 过宽，那么就需要更大的压力、更多的焊膏参与其工作，因而会造成焊膏的浪费。一般刮刀的宽度为 PCB 宽度加上 50mm 左右为最佳，并要保证刮刀头落在金属模板上。

5．印刷间隙

印刷间隙是模板装夹后与印制电路板之间的距离，通常保持 PCB 与模板零距离，很多印刷机还要求 PCB 平面稍高于模板的平面，调节后模板的金属模板微微被向上撑起，但此撑起的高度不应过大，否则会引起模板损坏，从刮刀运行动作上看，刮刀在模板上运行自如，既要求刮刀所到之处焊膏全部刮走，不留多余的焊膏，同时刮刀又不在模板上留下划痕。

6．分离速度

焊膏印刷后，模板离开 PCB 的瞬时速度即分离速度，是关系到印刷质量的参数。分离速度过快时窗口会带走部分焊膏，分离速度过慢时印刷效率又会降低，因此要找到合适的分离速度。

7．离网距离

最合适的离网距离是由焊膏物性值、模板张力、模板开口部位的尺寸等决定的。离网距离即使过大对印刷性能也不会有坏的影响，但是印刷周期就变长了，印刷效率就会降低。另一方面，如果离网距离短，在离网完成之前，印刷就进入下一个动作，可能导致填充量、填充形状发生变化（主要引起少焊、缺焊）。

8．刮刀形状与制作材料

刮刀形状与制作材料有很多，从制作材料上可分为橡胶（聚氨酯）刮刀和金属刮刀两类；按制作形状可分为菱形和拖尾形两种。

（1）刮刀材料。

① 橡胶（聚氨酯）刮刀。橡胶刮刀有一定的柔性，硬度为 75°～85° 肖氏（shore）。橡胶刮刀多用于丝网印刷及局部减薄或局部增厚模板的印刷。

② 金属刮刀。金属刮刀耐磨，使用寿命长（约 10 万次，是橡胶刮刀的 10 倍左右），用于平整度好的金属模板印刷。适宜各种间距、密度的印刷，特别对窄间距、高密度印刷质量比较高，而且使用寿命长，应用最广泛。

用橡胶刮刀，当刮刀头压力太大或材料较软时易嵌入金属模板的孔中（特别是大窗口孔），将孔中的焊膏挖出，造成印刷图形凹陷，印刷效果不良。即使采用高硬度橡胶刮刀，虽改善了切割性，但填充焊膏的效果仍较差。为此，人们采用将金属片嵌在橡胶刮刀的前沿、金属片在支架上凸出 40mm 左右的刮刀，称为金属刮刀，并用来代替橡胶刮刀。如图 3-37 所示，表明了金属刮刀与橡胶刮刀运行的情况与效果。

采用金属刮刀具有下列优点：从较大、较深的窗口到超细间距的印刷均具有优异的一致性；刮刀寿命长，无须修正；由于印刷时没有焊料的凹陷和高低起伏现象，大大减少甚至完全消除了焊料的桥连和渗漏。

图 3-37　橡胶刮刀与金属刮刀的运行效果（左图为橡胶刮刀，右图为金属刮刀）

（2）刮刀形状和结构。橡胶刮刀的形状有菱形和拖尾形两种。

菱形刮刀由一块方形聚氨酯材料（10mm×10mm）及支架组成，方形聚氨酯夹在支架中间，前后成 45°。这类刮刀可采用单刮刀做双向印刷，在每个行程末端刮刀可跳过焊膏边缘，所以只需一把刮刀就可以完成双向刮印，典型设备有 MPM 公司生产的 SP-200 型印刷机。但是，菱形刮刀的焊膏量不易控制，并容易污染刮刀头，给清洗带来工作量。此外，采用菱形刮刀印刷时，应将 PCB 边缘垫平整，防止刮刀将模板边缘压坏。

拖尾形刮刀一般都采用双刮刀形式。这种类型的刮刀最为常用，它由矩形聚氨酯与固定支架组成，聚氨酯固定在支架上，每个行程方向各需一把刮刀，整个工作需要两把刮刀。刮刀由微型气缸控制上下，这样不需要跳过焊膏就可以先后推动焊膏运行，因此刮刀接触焊膏部位相对较少。

3.7 常见印刷缺陷分析

3.7.1 常见的印刷缺陷

良好的印刷要求无渗透、无少焊、无凹陷、有良好的印刷精度等，即用一句话表述：正确的位置上，适当的量，漂亮的形状，稳定的印刷。

几种典型印刷不良的情况如图 3-38 所示。

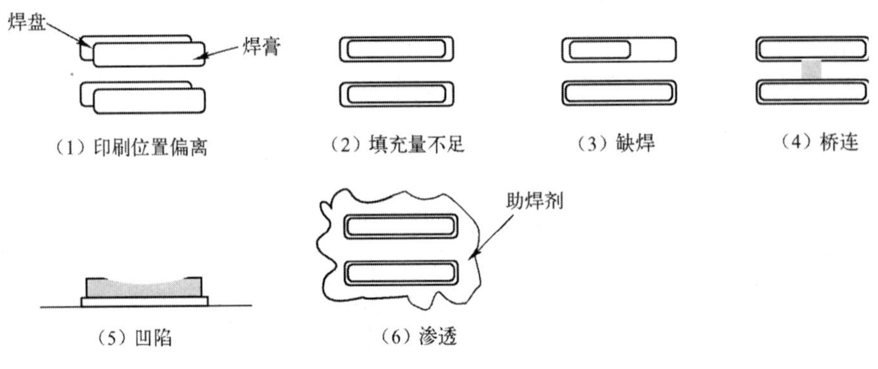

图 3-38　几种典型印刷不良的情况

3.7.2 影响印刷性能的主要因素

影响印刷性能的主要因素如图 3-39 所示。

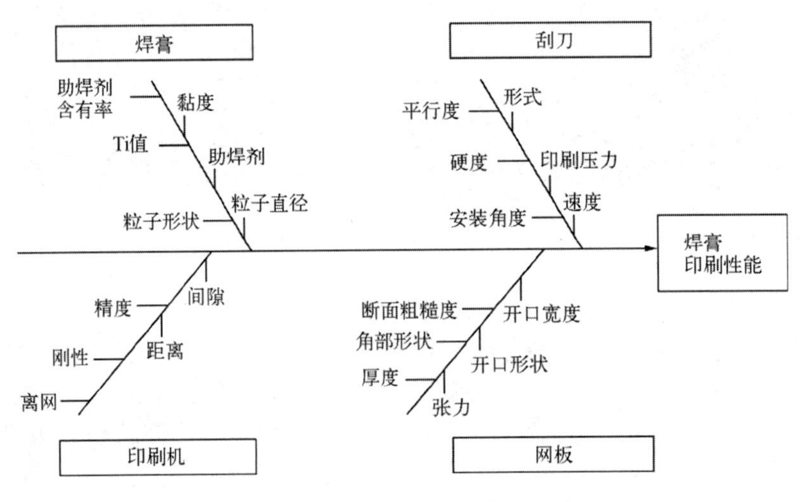

图 3-39　影响印刷性能的主要因素

在焊膏印刷中影响印刷性能和焊膏质量的工艺操作因素繁多，要达到最佳的印刷效果和合乎要求的质量必须从主要方面着手，综合考虑以下因素。

① 模板材料、厚度、开孔尺寸和制作方法。

② 焊膏黏度、成分配比、颗粒形状和均匀度。

③ 印刷机精度、性能和印刷方式。

④ 刮刀的硬度、刮印压力、刮印速度和角度。

⑤ 印制电路板 PCB 的平整度和阻焊膜。

⑥ 其他方面，如焊膏量、环境条件影响及模板的管理等。

3.7.3　常见印刷不良的分析

1．印刷位置偏离

印刷位置偏离如图 3-40 所示。

产生原因：模板和 PCB 的位置对准不良是主要原因，也有模板制作不良的情况；印刷机印刷精度不够。

危害：易引起桥连。

对策：调整模板位置；调整印刷机。

2．填充量不足

填充量不足是对 PCB 焊盘的焊膏供给量不足的现象。未填充、缺焊、少焊、凹陷等都属于填充量不足。因为填充量不足与印刷压力、刮刀速度、离网条件、焊膏性能和状态、模板的制作方法、模板清洁不良等多种因素相关，所以印刷条件的最合理化非常重要。

3．渗透

渗透是指助焊剂渗透到被填充焊盘周围的现象。产生渗透的原因有印刷刮刀压力过大、模板和 PCB 的间隙过大等，应采取调整印刷参数、及时清洁模板等措施。

4．桥连

桥连是焊膏被印刷到相邻的焊盘上的现象。可能的原因有模板和 PCB 的位置偏离、印刷压力大、印刷间隙大、模板反面不干净等，应合理调整印刷参数、及时清洁模板。

5．焊膏图形有凹陷

焊膏图形有凹陷如图 3-41 所示。

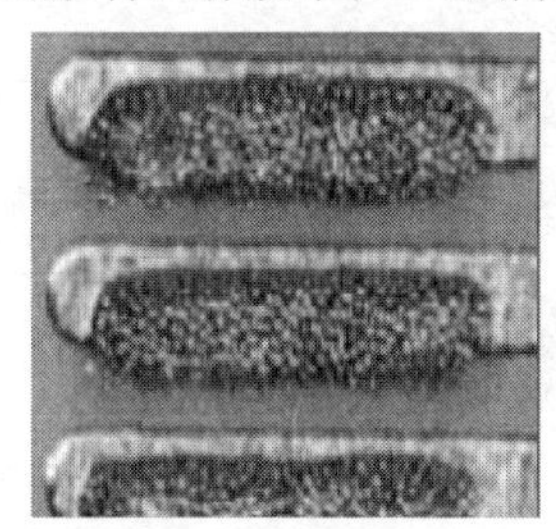

图 3-40　印刷位置偏离

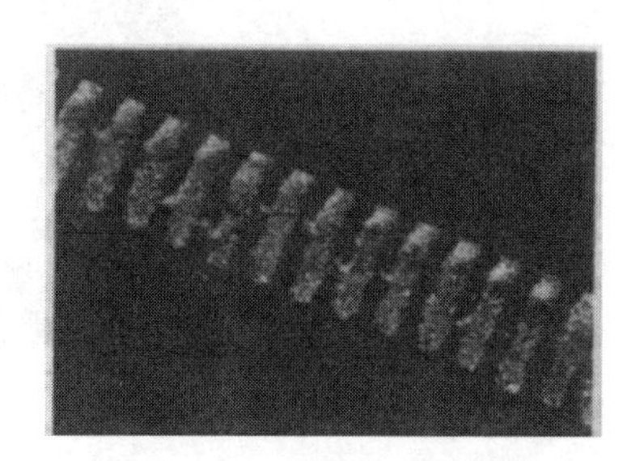

图 3-41　焊膏图形有凹陷

产生原因：刮刀压力过大；橡胶刮刀硬度不够；模板窗口太大。

危害：焊料量不够，易出现虚焊，焊点强度不够。

对策：调整印刷压力；更换为金属刮刀；改进模板窗口设计。

6. 焊膏量太多

焊膏量太多如图 3-42 所示。

产生原因：模板窗口尺寸过大；模板与 PCB 之间的间隙太大。

危害：易造成桥连。

对策：检查模板窗口尺寸；调节印刷参数，特别是 PCB 模板的间隙。

7. 焊膏量不均匀，有断点

焊膏量不均匀，有断点如图 3-43 所示。

图 3-42　焊膏量太多

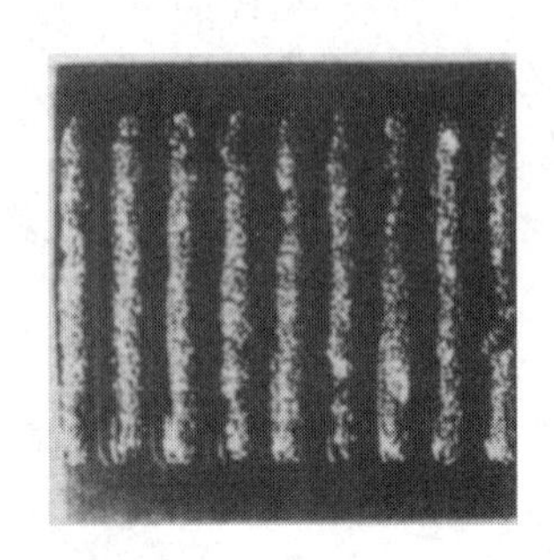

图 3-43　焊膏量不均匀，有断点

产生原因：模板窗口壁光滑度不好；印刷次数太多，未能及时擦去残留焊膏；焊膏触变性不好。

危害：易引起焊料量不足，如虚焊、缺陷。

对策：擦净模板。

8. 图形沾污

图形沾污如图 3-44 所示。

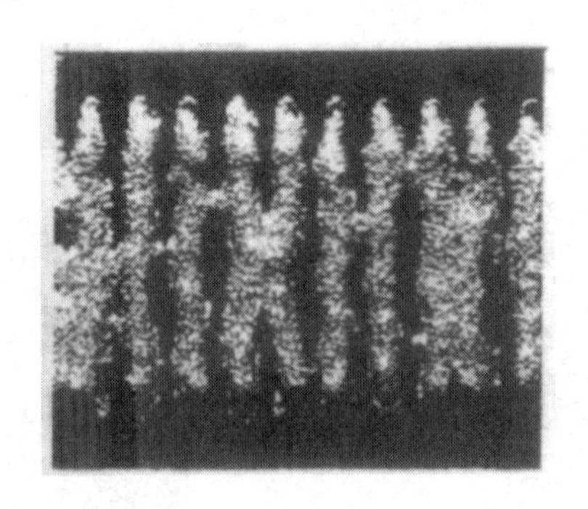

图 3-44　图形沾污

产生原因：模板印刷次数多，未能及时擦干净；焊膏质量差；离网时有抖动。

危害：易造成桥连。

对策：擦洗模板；换焊膏；调整机器。

总之，焊膏印刷时应注意焊膏的参数会随时变化，如粒度、形状、触变性、助焊剂性能等，此外，印刷机的参数也会引起变化，如印刷压力、速度、环境温度等。焊膏印刷质量对焊接质量有很大影响，因此应仔细对待印刷过程中的每个参数，并经常观察和记录相关数据。

习　题　3

1．分别说明什么是非接触式印刷与接触式印刷？非接触式印刷有哪些缺点？

2．印刷机系统的组成有哪些？

3．如何设置印刷机的刮刀压力参数？

4．有哪些模板印刷要使用橡胶刮刀？橡胶刮刀有哪些缺点？

第4章

贴片胶与贴片胶涂敷

4.1　贴片胶

4.1.1　贴片胶作用

贴片胶俗称红胶，主要用于双面混装工艺中将表面组装元器件暂时固定在PCB的焊盘图形上，以便随后的波峰焊等工艺操作得以顺利进行，在贴装表面组装元器件前，就要在PCB的设定位置上涂敷贴片胶。

4.1.2　贴片胶的组成

1．贴片胶主要成分

贴片胶的主要成分为基本树脂、固化剂和固化剂促进剂、增韧剂、填料等。

（1）基本树脂。基本树脂是贴片胶的核心，一般是环氧树脂和聚丙烯类。

（2）固化剂和固化剂促进剂。常用的固化剂和固化剂促进剂为双氰胺、咪唑类衍生物等。

（3）增韧剂。由于单纯的基本树脂固化后较脆，为弥补这一缺陷，须在配方中加入增韧剂。常用的增韧剂有邻苯二甲酸二丁酯、邻苯二甲酸二辛酯和聚硫橡胶等。

（4）填料。加入填料后可提高贴片胶的电绝缘性能和耐高温性能，还可以使贴片胶获得合适的黏度和黏结强度等。常用的填料有硅微粉、碳酸钙、膨润土等。为了使贴片胶具有明显区别于PCB的颜色，须要加入色料，通常为红色，因此贴片胶又俗称红胶。

2．贴片胶主要成分分类

常用的表面安装贴片胶主要有两类，即环氧树脂类和聚丙烯类。它们各自具有优、缺点。

（1）环氧树脂类。它属于热固型、高黏度的贴片胶，耐腐蚀的能力最强，但易脆裂。它有单组分和双组分两种，可以做成液体、膏剂、薄膜和粉剂等形式供使用，它是用途最为广泛的贴片胶。

（2）聚丙烯类。它是比较新型的贴片胶。在紫外线照射及适当加热下很快就能固化，其黏度特性非常适合于高速点胶机，但黏结强度略低，电气性能较差，须要增加紫外线设备投资。

贴片胶的主要成分分类和特性如表 4-1 所示。

表 4-1　贴片胶的主要成分分类和特性

主 要 成 分	黏度（Pa•s）	固化温度/时间	有效保存期	适合涂敷方式
环氧树脂	200	140℃/2.5min 以上	20℃，3 个月	点涂，印刷
	500、1300	130℃/15min	20℃，1.5 个月	点涂，印刷
变性丙烯酸醋	7500	紫外线/10s 150℃/1min	5～28℃，12 个月	点涂
丙烯树脂	5500	紫外线/10s 150℃/10s 以上	30℃，2 个月	点涂
聚酯树脂类	1800	紫外线/10～15s 150℃/10s 以上	5～10℃，3 个月	点涂
	1300		25℃，3 个月	点涂
	1700		5～10℃，6 个月	点涂，印刷
变性环氧丙烯酸醋	500	紫外线/12～13s 150℃/1min	25℃，2 个月	点涂，印刷
	400	紫外线/10s 以上 140℃/10s 以上	20℃，1 个月	点涂，印刷

4.1.3　贴片胶特性

表面贴装用的贴片胶必须考虑多种因素，尤其重要的是以下三个方面。

1．固化前的特性

目前，表面贴装绝大多数使用环氧树脂类贴片胶。常用贴片胶都是有颜色的，通常采用红色和橙色，贴片胶采用易于区分的颜色后，如果使用过量，涂到焊盘上就很容易被觉察到并得到清除。未固化的贴片胶应具有良好的初黏强度。初黏强度是指在固化前贴片胶所具有的强度，即将元器件暂时固定，从而减少元器件贴装时产生飞片或掉片，并能够经受住装贴、传输过程中的震动或颠簸。

2．固化中的特性

固化中的特性与达到希望的黏结强度所需的固化时间和固化温度有关。达到所希望的黏结强度所需的时间越短，温度越低，则说明贴片胶越好。表面贴装用的贴片胶必须在较低的温度下具有快的固化速度，固化后必须有一定的黏结强度将元器件固定住。如果黏结强度过大，则返修困难；相反，黏结强度太小，则元器件可能掉到焊槽中。贴片胶的固化温度应避免过高，以防止 PCB 翘曲和元器件的损坏。为了保证有足够高的生产率，要求固化时间较短。固化的另一个特性是固化期间贴片胶的收缩量要尽量小，使粘贴的元器件受到较小的应力，防止应力过大损伤到元器件。

3．固化后的特性

尽管贴片胶在波峰焊之后就会丧失其作用，但却会影响到后续过程，如清洗和返修。贴片胶固化后的重要特性之一是可返修能力。为了保证可返修能力，固化的贴片胶玻璃化转变温度应较低，一般应在 75～95℃。在返修期间，元器件的温度一般超过 100℃，只要固化的贴片胶玻璃化转变温度低于 100℃，并且贴片胶的用量不是过分多，返修就不成问题。

4.1.4　贴片胶涂敷工艺要求

在不同的涂敷工艺中对贴片胶还有一些具体要求。例如，当采用分配器点涂和针式转印技术涂敷贴片胶时，都要求贴片胶能顺利地离开针头或针端，而不会形成“成串”的、不精确的或随机的涂敷现象，为此，要求贴片胶的润湿力及表面张力等性能稳定，适应范围宽，其性能不受被黏结的 PCB 材料变化的影响等。这是因为，采用分配器点涂和针式转印工艺时，如果贴片胶对 PCB 表面的润湿力小，涂敷就困难；如果它具有很强的内聚力，它就会形成“成串”的涂敷现象；如果没有稳定的性能和一定的适应范围，其涂敷工艺性将会很差。

不管采用什么涂敷工艺，贴片胶涂敷时还应避免贴片胶内和 PCB 及 SMC/SMD 上有污染物；贴片胶不能干扰良好焊点，即不能污染焊盘和元器件端子；涂敷不良的贴片胶能及时从 PCB 上清除干净；选择的包装形式应与涂敷设备和储存条件兼容等。在应用贴片胶时要根据涂敷方法和黏结要求进行性能测试，以便正确选择贴片胶。

4.1.5　贴片胶的使用要求

1．贴片胶的储藏

按说明书所要求的条件储藏贴片胶，一般要将贴片胶存储在 5～10℃冷藏环境中（冰箱冷藏室）。严禁在靠近火源的地方储藏和使用。使用后留在原包装容器中的贴片胶仍要低温密封保存。

2．贴片胶的回温

使用贴片胶前要先回温一段时间。通常在室温条件下，回温时间不能少于 3h，严禁通过加温的方法回温，否则会破坏贴片胶的性能。

3．贴片胶的使用

为了防止胶体中的分离现象，使用前必须进行搅拌，作为贴片胶预防硬化和其他质变要求，在搅拌后应在 24h 内用完。如有多余，要放入专用容器内保存，不可与新的贴片胶混在一起。

4．注射器

贴片胶应该在完全脱泡，即无气泡的状态下装入注射器内。

5．环境温度

操作场所要恒温控制，温度变化过大对贴片胶涂敷质量有一定的影响。

4.2　贴片胶涂敷

贴片胶的涂敷是指将贴片胶涂到 PCB 指定区域。贴片胶的涂敷可采用分配器点涂技术、针式转印技术和胶印技术。分配器点涂技术是指将贴片胶一滴一滴地点涂在 PCB 贴装 SMD 的部位上；针式转印技术一般是指同时成组地将贴片胶转印到 PCB 贴装 SMD 的所有部位上；胶印技术与焊膏印刷技术是使用印刷方法将贴片胶涂敷到 PCB 上。

涂敷贴片胶采用的方法不同时，对贴片胶的性能要求也不同。适合分配器点涂的贴片胶不一定适合针式转印技术涂敷，反之亦然。所以，要根据涂敷方法正确选择贴片胶种类。

4.2.1　分配器点涂技术

1．分配器点涂技术基本原理

贴片胶涂敷工艺中普遍采用分配器点涂技术。所用的分配器类似于医用注射器，如图 4-1 所示，所以分配器点涂技术又称为注射法。

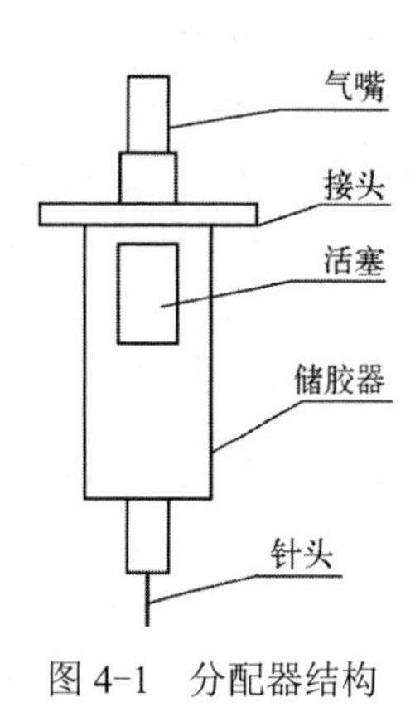

图 4-1　分配器结构

分配器点涂是预先将贴片胶灌入分配器中，点涂时，从分配器上容腔口施加压缩空气或用旋转机械泵加压，迫使贴片胶从分配器下方空心针头中排出并脱离针头，滴到 PCB 要求的位置上，从而实现贴片胶的涂敷，其基本原理如图 4-2 所示。由于分配器点涂方法的基本原理是气压注射，因此该方法也称为注射式点胶或加压注射点胶法。

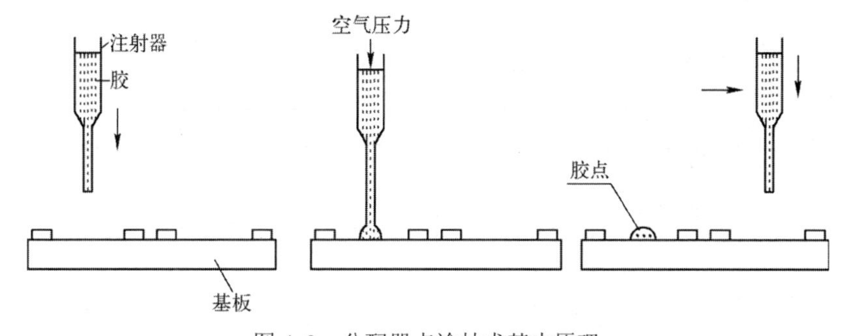

图 4-2　分配器点涂技术基本原理

采用分配器点涂技术进行贴片胶点涂时，气压、针头内径、温度和时间是其重要工艺参数，这些参数控制着贴片胶量的多少、胶点的尺寸大小及胶点的状态。为了精确调整贴片胶量和点涂位置的精度，专业点胶设备一般均采用微机控制，按程序自动进行贴片胶点涂操作。这种设备称为自动点胶机，如图 4-3 所示。

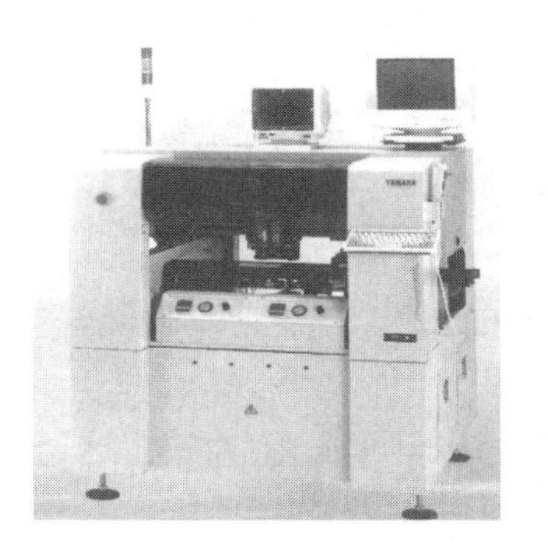
图 4-3　自动点胶机

另外，贴片胶的流变特性与温度有关，所以点涂时须使贴片胶处于恒温状态。

2．分配器点涂技术特点

（1）分配器点涂技术适应性强，特别适合多品种产品场合的贴片胶涂敷。

（2）易于控制，可方便地改变贴片胶量，以适应大小不同元器件的要求。

（3）由于贴片胶处于密封状态，其黏结性能和涂敷工艺都比较稳定。

3．分配器点涂技术的几种方法

根据施压方式不同，常用的分配器点涂技术有三种方法。

（1）时间压力法。这种方法最早用于SMT，它是通过控制时间和气压来获得预定的胶量和胶点直径，通常涂敷量随压力及时间的增大而增大。因具有可使用一次性针筒且无须清洗的特点而获得广泛使用，其设备投资也相对较少。不足之处在于涂敷速度较低，对微型元器件的小胶量涂敷一致性差，甚至难以实现。

（2）阿基米德螺栓法。这种方法使用旋转泵技术进行涂敷，可重复精度高，可用于包含涂敷性能最恶劣的贴片胶的涂敷。它比时间压力法需要更多的清洗，设备投资较大。

（3）活塞正置换泵法。这种方法采用一个闭环点胶机，依靠匹配的活塞及气缸进行工作，由气缸的体积决定涂胶量，可获得一致的胶量和形状，通常情况下速度快于前两种方法。但它的清洗时间多于时间压力法，设备投资也较大。

4．点胶工艺参数

在点胶过程中，贴片胶和点胶机可改变的主要工艺参数如表4-2所示。

表4-2　主要工艺参数

贴片胶参数	点胶机参数
黏度	针头与PCB的距离
温度的稳定性	针头的内径
流变性（触变性）	胶点的直径与高度
胶内是否有气泡	等待/延滞时间
黏附性（湿强度）	*Z*轴的回复高度
胶质均匀性	时间和压力

（1）贴片胶的流变性。贴片胶的流变性（触变性）是指在高剪切速率下黏度很快降低，当剪切作用停止时黏度能迅速上升。好的流变性可以保证贴片胶顺利地从针头流出，并在PCB上形成合格的胶点。

（2）贴片胶的初黏强度。贴片胶的初黏强度就是固化前贴片胶所具有的强度。它应足以抵抗被黏结元器件的移位强度。

（3）胶点轮廓。正确的胶点轮廓主要有尖峰形（也称为三角形）和圆头形两种，如图4-4所示。尖峰形由屈服值较高的贴片胶形成，圆头形则由屈服值较低的贴片胶形成。与尖峰形相比，在高速点胶工艺中形成圆头形胶点有更为理想的黏结特性。

（4）胶点直径。胶点直径GD由针头内径NID和针头与PCB的距离ND决定，如图4-5所示。

由于贴片胶与PCB之间的表面张力必须大于贴片胶与针头之间的表面张力，而决定这一张力的是胶点直径GD和针头内径NID，为此一般要求两者有下列关系：GD＞2NID，其具体数值如表4-3所示。

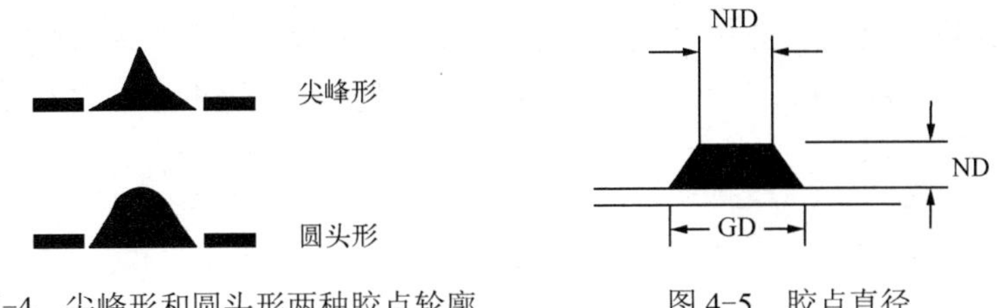

图 4-4　尖峰形和圆头形两种胶点轮廓　　图 4-5　胶点直径

表 4-3　SMC/SMD 点胶工艺参考值

SMC/SMD 项目	1608RC	2125RC	3216RC	二极管 晶体管	SSOP BQFP	SOPIC （16～28 引线）
喷嘴直径（mm）	0.33	0.4	0.4	0.4	0.6	0.6
点胶厚度（mm）	0.10	0.10	0.10	0.10	0.30	0.30
点胶个数（点）	1	1	1	2	2	4
胶点直径（mm）	0.55	0.80	0.90	0.90	1.35	1.70
涂敷点精度	±0.10	±0.10	±0.10	±0.10	±0.15	±0.30
涂敷压力（kgf）	3	3	3	3	2.7	2.7
涂敷时间（ms）	50	50	80	80	100	120
工作温度（℃）	25～28	25～28	25～28	25～28	25～28	25～28

（5）胶点高度。胶点高度 R 至少应大于焊盘高度 A 和 SMC/SMD 端子金属化层高度 B，如图 4-6 所示。胶点高度直接影响黏结强度，理想的黏结强度一般要求经贴装挤压后的胶点至少能黏着或触及被黏结 SMC/SMD 接合区表面的 80%以上，为此，一般取 $R>2A+B$。

（6）等待/延滞时间。从点胶系统发出点胶信号到贴片胶从针头流出的等待/延滞时间，因贴片胶的种类、注射针筒和针头的结构、形式及其结构参数的不同而不同，要根据实际情况进行选择和调整，一般在几十到几百毫秒之间。

（7）Z 轴回复高度。合理的 Z 轴回复高度应确保点胶后点胶头有正确的脱离胶点的“弹脱”效果，同时又不应过高，以免由于“空行程”浪费时间而降低点胶的工作频率。若 Z 轴回复高度不够，则针头移动时会拖动胶点而造成拉丝现象，如图 4-7 所示。

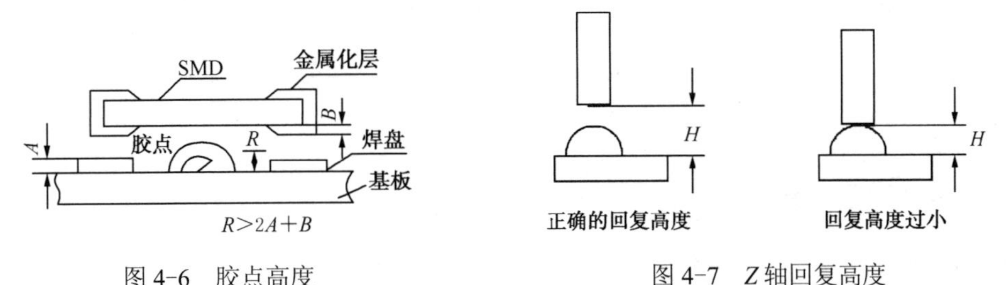

图 4-6　胶点高度　　图 4-7　Z 轴回复高度

（8）时间/压力。点胶的时间/压力值根据点胶设备、贴片胶和黏结对象的实际情况设置和调整，如表 4-3 所示。要注意的是，即使是同一点胶系统和相同的黏结对象，当点胶注射筒中的贴片胶储存量不同时，相同的时间/压力参数会产生不同的点胶效果。

总之，黏结不同的 SMC/SMD 有不同的工艺参数，要根据 SMC/SMD 的类型（形状、质量等）选择合理的点胶厚度、胶点个数、胶点直径、点胶机喷嘴的直径、涂敷压力与时间、涂敷工作温度等工艺参数。

4.2.2　针式转印技术

针式转印技术又称为针印法，可同时成组将贴片胶放置到要求点胶的位置上，如图 4-8 所示。针式转印技术的贴片胶涂敷质量取决于贴片胶的黏度等多个因素。在针印法中黏度要严格控制，以防止拖尾现象，贴片胶黏度是转印涂敷能否成功的最主要因素。工艺环境的温度和湿度也是重要因素之一，控制其在合适的范围内，可以使转印的贴片胶点偏差减到最小。PCB 翘曲也是一个重要因素，因为转印的贴片胶点的大小与针头和 PCB 之间的间距有关。

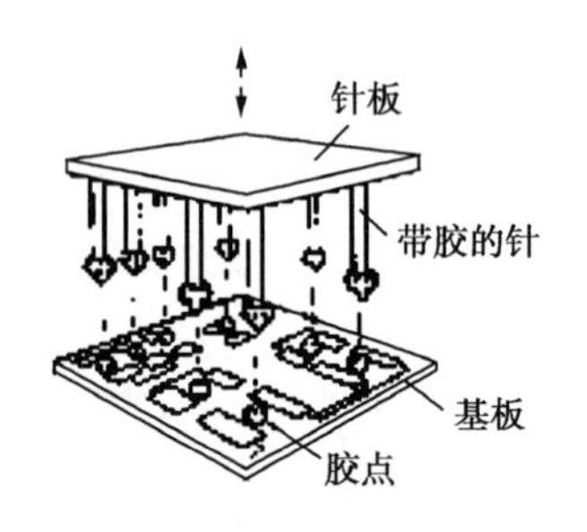

图 4-8　针式转印技术原理图

针印法技术的主要特点是能一次完成许多元器件的贴片胶涂敷，设备投资成本低，适用于同一品种大批量组装的场合。但它有施胶量不易控制、胶槽中易混入杂物、涂敷质量和控制精度较低等缺陷。

随着自动点胶机的速度和性能的不断提高，以及由于 SMT 产品的微型化和多品种、少批量特征越来越明显，针式转印技术的适用面已越来越小。

4.2.3　胶印技术

所谓胶印技术就是通过丝网印刷工艺将贴片胶印到 PCB 的指定区域，工作过程类似于焊膏印刷。

1．胶印技术特点

（1）能非常稳定地控制胶量的分配。对于焊盘间距小至 75～250μm 的 PCB，胶印工艺可以很容易并且十分稳定地将印胶厚度控制在（50±5）μm 的范围内。

（2）可以在同一块 PCB 上通过一次印刷实现不同大小、不同形状的胶印。

（3）胶印一块 PCB 所需的时间仅与 PCB 的长度及胶印速度有关，而与 PCB 焊盘数量无关。而点胶机则是一点一点按顺序将胶水点涂在 PCB 上，点胶所需时间随胶点数目而异，胶点越多，所需时间越长。

2．相关工艺及参数

大多数使用胶印技术的客户在焊膏印刷技术方面往往都是非常有经验的。胶印技术相关工艺参数的确定可以以焊膏印刷技术的工艺参数作为参考。下面讨论印刷工艺参数是如何影响胶印过程的。

（1）模板。相对于焊膏印刷而言，用于胶印技术的金属模板要厚一点，一般为 0.2～1mm。考虑到胶水不具备锡膏在回流焊时所具有的自动向 PCB 焊盘聚缩的特性，模板漏孔的尺寸应小些，尺寸过大会导致胶水印刷到印制板的焊盘上，影响元器件的焊接。特别是当印制板的布线精度差、印制对位精度较差时，这种情况尤易发生。对于有小尺寸芯片的 PCB 胶印，此种情况应特别引起注意。

（2）印刷间隙。胶印时模板到 PCB 的间隙称为印刷间隙，通常设为一个较小值（而不是零），以便在刮刀刮完后就可以对模板进行剥离。如果采用零间隙（接触）印刷，则应采用较小的分离速度（0.1～0.5mm/s）。

若用薄的模板，只有当模板与 PCB 之间存在一定的印刷间隙时才可以使胶点达到一定的高度。在印刷期间，胶被压在模板的网孔内和模板与 PCB 的间隙之间。在对模板与 PCB 进行缓慢分离（如 0.5mm/s）时，胶被拉出和落下，得到一种或多或少的圆锥形状。

采用接触式印刷时，由于模板的厚度相对较小，所以胶点高度受到限制。对于大胶点（如 1.8mm），高度与模板的厚度差不多；对于中等尺寸的胶点（如 0.8mm），可能发生不规则的胶点形状。因为胶剂与模板和 PCB 的附着力几乎相等，在模板与 PCB 分离时，模板会拖长胶剂，因此胶点高度应大于模板厚度。对于 0.3～0.6mm 的小胶点，由于胶剂的表面张力和对模板的附着力，部分胶会留在模板内，这些胶点的高度较低，但一致性非常好。

（3）刮刀。刮刀硬度是一个比较敏感的工艺参数，一般采用硬度较高的刮刀或金属刮刀，因为低硬度刮刀，如橡胶刮刀，会“挖空”模板漏孔内的胶。刮刀压力应以刚好刮净模板表面胶水为宜。

4.2.4　影响贴片胶黏结的因素

对于表面组装元器件的黏结来说，有三个因素会影响黏结效果。

1．用胶量

黏结所需胶量由许多因素决定，一些用户根据自己的经验编制了一些内部使用的应用指南，在选择最适宜的胶量时可以参考这些指南。但由于贴片胶的流变性各有差异，完全照搬不现实，所以经常对用胶的量进行调整是完全必要的。黏结的强度和抗波峰焊的能力是由黏结剂的强度和黏结面积所决定的。一般来说，胶点的高度应大于 SMD 与 PCB 之间的间隙，胶在展开之后与 SMD 元器件至少有 80%的接触面积。一个合格的点胶工艺对胶点的形状、尺寸是有严格限制的，如胶点尺寸应小于焊盘间的距离，同时还要考虑到点胶位置的准确度和胶与焊盘间距离留出的余量，过大的面积会使返工非常困难。推荐采用双点胶，例如，贴装 1206 元器件，首先分析焊盘之间的距离（2mm），然后考虑到焊盘和点胶位置的准确性及放置片状电容后胶水的展开，得到胶点最大允许直径为 1.2mm，而胶点典型高度为 0.1mm；以此类推，贴装 0805 元器件，焊盘间距为 1mm，而胶点尺寸为 0.8mm。不同 SMD 贴片胶涂敷数量如表 4-4 所示。当焊盘过高或 SMD 元器件下面间隙过大时，先在焊盘间黏放一个垫片，然后将贴片胶点放在上面。

表 4-4　不同 SMD 贴片胶涂敷数量

SMD 分类	贴片胶涂敷数量（mg）
1005RC	0.05～0.06
1608RC	0.06～0.07
2125RC	0.15～0.20
3216RC	0.20～0.25
3225RC	0.40～0.50
4540 微调电容器	1.0～1.3
4538、3030 电位器	0.6～0.9
绕线式电感器	0.20～0.25
叠层式电感器	0.15～0.20
滤波器	0.20～0.25
二极管、晶体管	1.8～2.0

2．SMD 元器件的影响

SMD 在设计时并不考虑黏结的问题，幸运的是绝大多数元器件的黏结都不成问题。但也必须意识到一些个别的和容易出错的地方。SMD 通常是用环氧树脂做外壳，但也有采用玻璃、陶瓷和铝材的，环氧树脂黏结力较好，但陶瓷和玻璃二极管的黏结力通常比较低。

3．PCB 的影响

PCB 通常是加强玻璃纤维环氧树脂板，上面布有铜线和焊盘，一般 PCB 和带有焊接保护膜的 PCB 在表面粗糙度方面，没有本质的区别。在带有焊接保护膜的 PCB 上，黏结是在保护膜上进行的。通常保护膜的黏结都是没有问题的，当测试剪切强度时，会看到保护膜首先被破坏。但一些保护膜上也会出现黏结强度不够的情况，这可能是由于保护膜在黏结前受到了污染或部分区域固化不好造成的。

习　题　4

1．贴片胶有何作用？
2．贴片胶的组成成分有哪些？
3．什么是贴片胶的涂敷？
4．贴片胶涂敷方法有哪几种？
5．分配器点涂技术有哪些特点？

第5章

贴　　片

5.1　贴片概述

贴片技术是 SMT 产品组装生产中的关键。一般情况下，焊膏印刷及再流焊一次就可完成整个 PCB 的印刷及焊接，而 SMC 和 SMD 的贴装都要采用贴片机自动进行，贴片机往往要对 SMC 和 SMD 一片一片地贴装，所以贴片机的技术性能会直接影响整条 SMT 生产线的生产效率及质量。贴片机是 SMT 产品组装生产线中核心的、关键的设备，贴片机的先进程度从根本上决定了贴片工艺的两个要求：贴装准确度和贴片率。

5.1.1　贴片的定义

贴片就是将 SMC/SMD 等表面贴装元器件从其包装结构中取出，然后贴放到 PCB 的指定焊盘位置上，英文将这一过程称为“Pick and Place”。所贴放的焊盘位置应是已涂敷了焊膏，或虽未涂敷焊膏，但在元器件所覆盖的 PCB 上已涂敷了贴片胶。贴放后，元器件依靠焊膏或贴片胶的黏附力初黏在指定的焊盘位置上。

早期，由于片式元器件尺寸相对较大，人们用镊子等简单的工具就可以实现上述动作，至今仍有少数小规模工厂采用或部分采用人工放置元器件的方法。但为了满足大批量生产的需要，特别是随着无源器件向微型化，有源器件向多引脚、细间距方向的不断发展，元器件类型越来越多，尺寸或引脚间距越来越小，因此贴片工作已经越来越依赖于高精度的贴片机设备来实现。贴片机的定位精度、贴片速度及可贴装的元器件种类已经成为衡量贴片机性能的三项重要指标。贴片机已由早期的低速度（1～1.5s/片）和低精度（机械对中）发展到高速度（0.08s/片）和高精度（光学对中，贴片精度为±6μm）。高精度全自动贴片机是由计算机、光学系统、精密机械、滚珠丝杆、直线导轨、线性电动机、谐波驱动器、真空系统和各种传感器构成的机电一体化的高科技装备。从某种意义上讲，贴片技术已成为 SMT 的支柱和深入发展的重要标志。

5.1.2　贴片的基本过程

用贴片机实现贴片任务的基本过程如下所述。

（1）将 PCB 送入贴片机的工作台，经光学找正后固定。

（2）送料器将待贴装的元器件送入贴片机的吸拾工位，贴片机吸拾头以适当的吸嘴将元器件从其包装结构中吸取出来。

（3）在贴片头将元器件送往 PCB 的过程中，贴片机的自动光学检测系统与贴片头相配合，完成对元器件的检测、对中校正等任务。

（4）贴片头到达指定位置后，控制吸嘴以适当的压力将元器件准确地放置到 PCB 的指定焊盘位置上，元器件同时被已涂布的焊膏、贴片胶粘住。

（5）重复上述第（2）～（4）步的动作，直到将所有待贴装元器件贴放完毕。上面带有元器件的 PCB 被送出贴片机，整个贴片机工作便全部完成。下一个 PCB 又可送入工作台，开始新的贴放工作。

贴片过程示意图如图 5-1 所示。

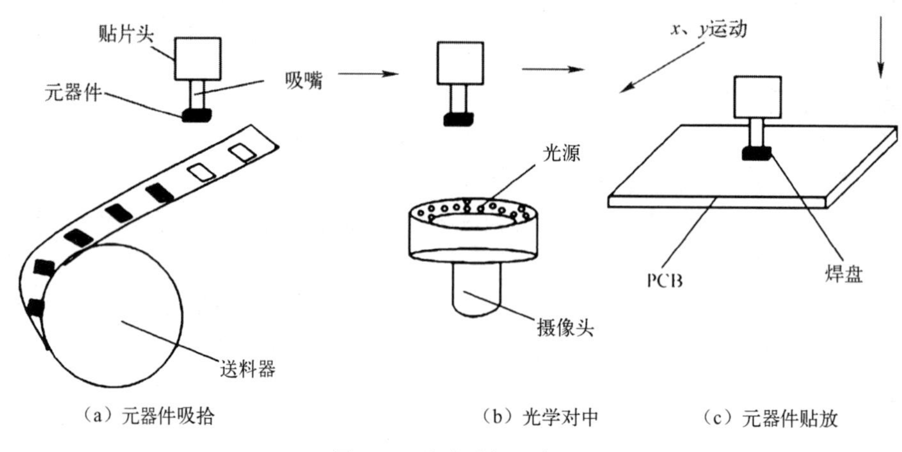

图 5-1　贴片过程示意图

5.2　贴片设备

5.2.1　贴片机的基本组成

贴片机是计算机控制，集光、电气及机械为一体的高精度自动化设备，通过拾取、位移、对位、放置等功能，将 SMC/SMD 快速准确地贴放到 PCB 上指定的焊盘位置。目前，世界上生产贴片机的厂家有几十家，但常见的贴片机以日本和欧美的品牌为主，主要有 SIEMENS（西门子）、PANASONIC（松下）、YAMAHA（雅马哈）、CASIO（卡西欧）、SONY（索尼）、FUJI（富士）、SAMSUNG（三星）等，型号规格也有很多。但无论如何，它们的总体结构均有类似之处，普通贴片机如图 5-2 所示。

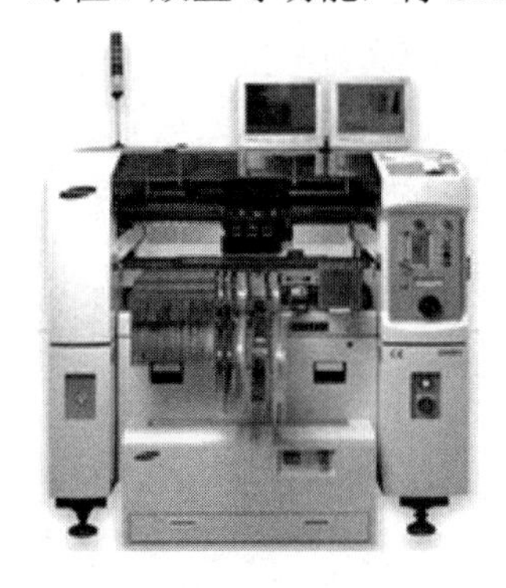

图 5-2　普通贴片机

贴片机的结构大体可分为机体、PCB 传动装置、贴片头，以及驱动定位系统、供料器、计算机控制系统等。为适应高密度超大规模集成电路的贴装，比较先进的贴片机还具有光学检测和视觉对中系统，保证元器件能够高精度地准确定位。贴片机的基本结构如图 5-3 所示。

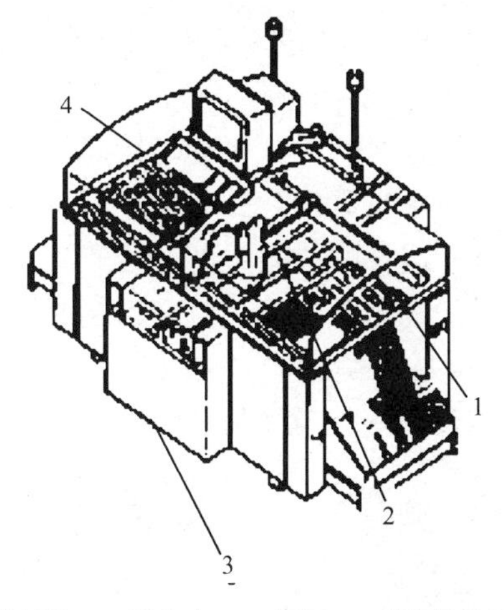

1—供料器；2—贴片头；3—机体；4—计算机控制系统

图 5-3　贴片机的基本结构

1．贴片头

从机器人的概念来说，贴片头就是一只智能的机械手，通过程序控制，自动校正位置，按要求拾取元器件，精确地贴放到预置的焊盘上，完成三维的往复运动。它是贴片机上最复杂、最关键的部分。贴片头由吸嘴、视觉对位系统、传感器等部件组成。

贴片头的种类有单头和多头两大类（如图 5-4 和图 5-5 所示），多头贴片头又分为固定式和旋转式。早期的单头贴片机的吸嘴吸取一个元器件后，通过机械对中机构实现元器件对中并给进料器一个信号，使下一个元器件进入吸片位置。但这种方式贴片速度很慢，通常贴放一只片式元器件需要 1s。为了提高贴片速度，人们采取增加贴片头数量的方法，即采用多个贴片头来提高贴片速度。多头贴片机由单头增加到了 3～6 个贴片头，不再使用机械对中，而改进为多种形式的光学对中，工作时分别吸取元器件，对中后再依次贴放到 PCB 的指定位置上。目前，这类机型的贴片速度已达到每小时 3 万个元器件的水准，而且这类机器的价格较低，并可组合使用。也可以采用旋转式多头结构，目前这种方式的贴片速度已达到每小时（4.5～5）万只。

图 5-4　单头贴片头

图 5-5　多头贴片头

（1）吸嘴。贴片头的端部有一个用真空泵控制的贴装工具，即吸嘴。不同形状、不同大小的元器件往往采用不同的吸嘴拾放，如图 5-6 所示。当真空产生之后，吸嘴的负压把 SMD

元器件从供料系统（散装料仓、管状料斗、盘状纸带或托盘包装）中吸上来，吸嘴在吸片时，必须达到一定的真空度方能判别拾起元器件是否正常。当元器件侧立或因元器件“卡带”未能被吸起时，贴片机将会发出报警信号。贴片头吸嘴拾起元器件并将其贴放到 PCB 的瞬间，通常采用两种方法进行贴放。一是根据元器件的高度，即事先输入元器件的厚度，当贴片头下降到此高度时，真空释放并将元器件贴放到焊盘上。采用这种方法有时会因元器件或 PCB 的个体差异，出现贴放过早或过迟的现象，严重时会引起元器件移位或飞片缺陷。另一种更先进的方法是根据元器件与 PCB 接触瞬间产生的反作用力，在压力传感器的作用下实现贴放的软着陆，故贴片轻松，不易出现移位与飞片缺陷。

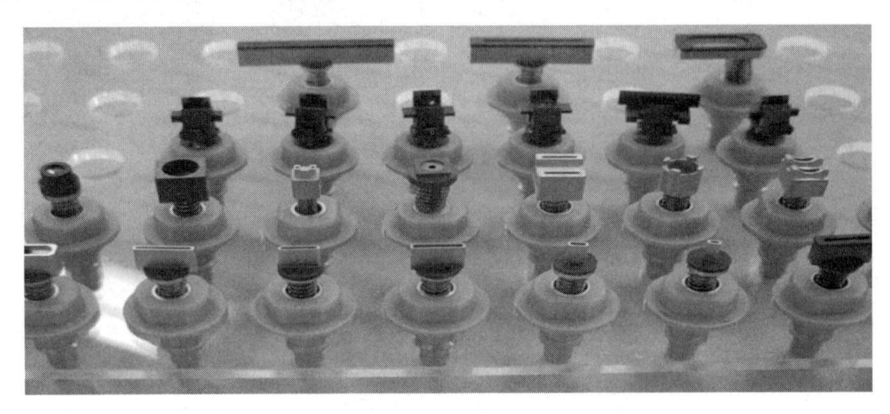

图 5-6　各种形状的吸嘴

吸嘴是直接接触元器件的部件，为了适应不同元器件的贴装，很多贴片机还配有一个更换吸嘴的装置，吸嘴与吸管之间还有一个弹性补偿的缓冲机构，保证在拾取过程中对贴片元器件的保护。

吸嘴在高速运动中与元器件接触，其磨损非常严重，所以吸嘴的材料与结构也越来越受到重视。早期采用合金材料，后又改为碳纤维耐磨塑料材料，更先进的吸嘴则采用陶瓷材料及金刚石，使吸嘴更耐用。

随着元器件的微型化，而且与周围元器件的间隙也在减小，吸嘴的结构也做了相应的调整。在吸嘴上开个孔以保证在吸取像 0603 等小元器件时保持平衡，吸起并贴放的同时又不影响周边元器件，方便贴装。

（2）视觉对位系统。随着电子产品对小、轻、薄和高可靠性的需求不断提高，只有对细间距元器件的精确贴装，才能确保表面组装器件贴装的可靠性。要精确贴装细间距元器件，一般要考虑以下几个影响因素。

① PCB 定位误差。在一般情况下，PCB 上的电路图形并不总是与 PCB 机械定位的加工孔和 PCB 边缘相对应，这将会导致贴装误差。另外，PCB 上电路图形扭曲不直、PCB 变形和翘曲等缺陷都会引起贴装误差。

② 元器件定心误差。元器件本身的中心线并不总是与所有引线的中心线相对应，所以贴装系统利用机械定心爪给元器件定心时，不一定能确保对准元器件所有引线的中心线。另外，在包装容器中，或在定心爪夹持定心时，元器件引线有可能出现弯曲、扭曲和搭接等缺陷，即引线失去共面性。这些问题都会导致贴装误差和贴装可靠性下降。表面贴装在元器件引线偏

离焊盘不超过引线宽度的25%时，贴装是成功的，当引线间距较窄时，可允许的偏差更小。

③ 机器本身的运动误差。影响贴片精度的机械因素有：贴片头或PCB定位工作台的*X-Y*轴运动精度、元器件定心机构的精度及贴片头的旋转精度等。

所以，为了获得满意的细间距元器件的贴装精度，视觉系统就成为高精度贴片机的重要组成部分。

机器的视觉系统由视觉硬件和视觉软件两大部分组成。摄像机是视觉系统影像的传感部件，一般采用固态摄像机。固态摄像机的主要部分是一块集成电路，集成电路芯片上制作有许多细小精密光敏元器件组成的CCD阵列。每个光敏探测元器件输出的电信号与被观察目标上相应位置反射光的强度成正比，这一电信号即作为这一像元的灰度值被记录下来。像元坐标决定了该点在图像中的位置。每个像元产生的模拟电信号经过模/数转换变成0～255之间的某一数值，并传送到计算机。摄像机获取的大量信息由微处理机处理，处理结果由显示器显示。摄像机与微处理机、微处理机与执行机构及显示器之间由通信电缆连接。

影响视觉系统精度的因素主要是摄像机的像元数和光学放大倍数。摄像机的像元数越多，精度就越高；图像的光学放大倍数越大，精度就越高。因为图像的光学放大倍数越大，对应于给定面积的像元数就越多，因而精度就越高。但是，放大倍数大时，找到对应图形就更加困难，因而会降低贴装系统的贴装率，所以要根据实际需要确定合适的摄像机光学放大倍数。

在高精度贴片机中广泛采用的机器视觉系统，其主要作用包括PCB的精确定位、元器件定心和校准、元器件检测等。

① PCB的精确定位。PCB的精确定位是视觉系统最基本的作用，在PCB原图的角落附近设计三个基准标志（Mark点），如图5-7所示，利用这三个基准标志，贴装系统根据设定的基准位置和PCB的实际位置之间的差别计算PCB精确定位补偿值，在系统控制下完成全部操作，不需要人工干预。采用这三个基准标志，贴装系统能对*X*轴和*Y*轴的线性平移、正交、定标和旋转等误差进行补偿。

图5-7　PCB的三个基准标志

② 元器件定心和校准。由于元器件中心和元器件引线的中心不重合及定心机构的误差，贴装工具很难严格地对准元器件中心或引线中心，一般都有一定偏离，这就导致元器件引线和PCB上焊盘图形的对准误差。对于细间距元器件，由于对这种偏差要求严格，因而必须借助于视觉系统对元器件定心和对准。视觉系统对元器件定心和对准可以根据贴装精度的实际要求选择采用机械定心爪、定心工件台或光学对准系统等，如图5-8所示。

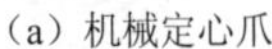
（a）机械定心爪

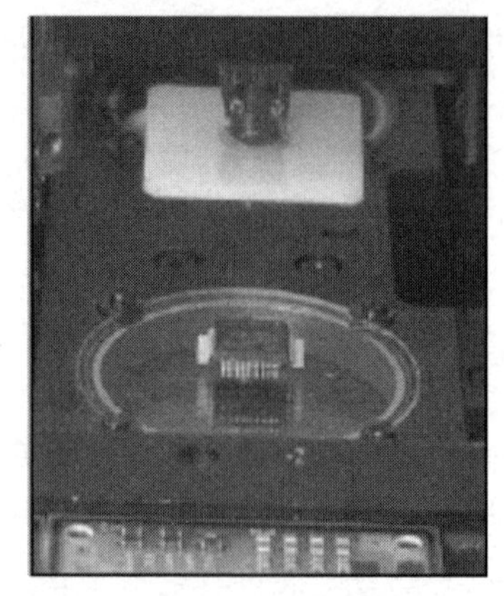
（b）定心工件台

图 5-8　元器件定心和校准

③ 元器件检测。贴片机应检测元器件是否已被贴片头成功地从供料器上拾取，拾取的元器件取向是否正确，元器件的电气技术规格是否符合要求。完成这些检测项目要求贴片机有复杂的检测系统，并且当发现有缺陷的元器件时，贴片机必须进行适当的纠正动作。在通用贴片机上，通常是放弃有缺陷的元器件，并另取一个代替，而在高速贴片机上则不可能马上执行纠正动作，它将丢弃有缺陷元器件并继续按程序贴装，直到全部程序完成后，再进行替换有缺陷元器件的补贴工序。

元器件对位检测装置有 CCD（Charge Coupled Device，电荷耦合器件）系统、line-sensor、激光对位系统。CCD 系统、line-sensor 检测元器件范围广泛，从片式阻容元器件到大型集成电路，检测精度较高，一般用在高精度贴片机上；激光对位系统主要用来检测片式阻容元器件和小型集成电路，检测速度快，一般用在高速贴片机上。有些多功能贴片机为了能既快又精确地处理各种元器件，往往安装有多个视觉对位系统。例如，雅马哈公司的 YVL88 贴片机除了在机体后侧安装有上视 CCD 视觉对中系统外，在贴片头上还安装有激光对位系统，较好地满足了各种元器件的检测需求。典型的贴片视觉对中系统如图 5-9 所示。

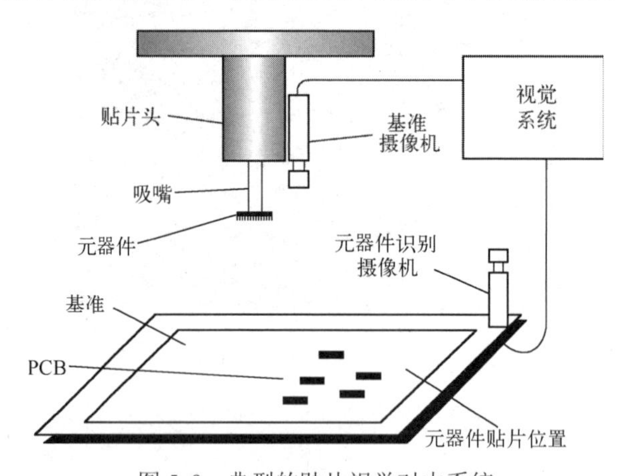

图 5-9　典型的贴片视觉对中系统

（3）传感器。为了使贴片头各机构能协同工作，贴片头安装有多种形式的传感器，它们像贴片机的眼睛一样，时刻监督机器的运转情况，并能有效地协调贴片机的工作状态。传感器应用越多，表示贴片机的智能化水平越高。贴片机中的传感器主要有压力传感器、负压传感器和位置传感器等。

① 压力传感器。随着贴片速度及精度的提高，对贴片头将元器件贴放到 PCB 上的“吸放力”的要求越来越高，这就是通常所说的“软着陆功能”，它是通过霍尔压力传感器及伺服电动机的负载特性来实现的。元器件放置到 PCB 的瞬间会受到震动，其震动力及时传送到控制系统，通过控制系统的调控再反馈到贴片头，从而实现软着陆功能。具有该功能的贴片头在工作时，给人的感觉是平稳轻巧，若进一步观察，则元器件两端浸到焊膏中的深度大体相同，这对防止出现立碑等焊接缺陷也是非常有利的。不带压力传感器的贴片头则会出现错位以致飞片现象。

② 负压传感器。贴片头上的吸嘴靠负压吸取元器件，它由负压发生器及真空传感器组成。负压不够，将吸不住元器件，进料器没有元器件或元器件卡在料包中不能被吸起时，吸嘴将吸不到元器件，这些情况的出现会影响机器正常工作。而负压传感器始终监视负压的变化，出现吸不到或吸不住元器件的情况时，它能及时报警，提醒操作者更换进料器或检查吸嘴负压系统是否正常。

③ 位置传感器。PCB 的传输定位，包括 PCB 的计数、贴片头和工作台运动的实时检测、辅助机构的运动等，都对位置有严格的要求，这些位置要求通过各种形式的位置传感器来实现。

④ 图像传感器。贴片机工作状态的实时显示主要采用 CCD 图像传感器。它能采集各种所需的图像信号，包括 PCB 位置、元器件的尺寸，并经过计算机分析处理，使贴片头完成调整与贴片工作。

⑤ 激光传感器。激光已广泛地应用在贴片机中，它能帮助判别元器件引脚的共面性。当被测元器件运行到激光传感器的监测位置时，激光发出的光束照射到 IC 引脚并反射到激光读取器上，若反射回来的光束长度同发射光束相同，则元器件共面性合格；当不相同时，则由于引脚上翘，使反射光束变长，激光传感器从而识别出该元器件引脚存在缺陷。同样，激光传感器还能识别元器件的高度，这样能缩短生产预备时间。

⑥ 区域传感器。贴片机在工作时，为了使贴片头安全运行，通常在贴片头的运动区域内设有传感器，利用光电原理监控运行空间，以防外来物体带来伤害。

2. PCB 传动装置与支撑台

PCB 传动装置的作用是将需要贴片的 PCB 送到预定位置，贴片完成后再将其送至下道工序。传动装置是安放在轨道上的超薄型皮带线传送系统，皮带线通常分为 A、B、C 三段，并在 B 段传送部分设有 PCB 夹紧装置，在 A、C 段有红外传感器。更先进的机器还带有条形码识别设备，它能识别 PCB 的进入和送出，记录 PCB 数量，如图 5-10 所示。

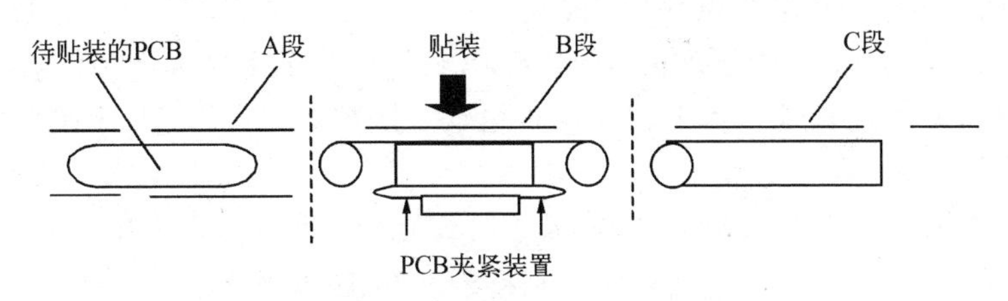

图 5-10　PCB 传动装置

在贴装操作过程中，电路板必须固定。这个夹板可防止电路板移动，而不妨碍可用的贴装面积。在某些设备上，夹板可自动地把一个新电路板送入机器，把装满元器件的电路板送入下道工序。传动装置根据贴片机的类型又分为整体式导轨和活动式导轨两种。

（1）整体式导轨。在这种方式的贴片机中，PCB 的进入、贴片、送出始终在导轨上。当 PCB 送到导轨上并前进至 B 段时，PCB 台有一个后退动作并遇到后限位块，于是 PCB 停止运行。与此同时，PCB 下方带有定位销的顶块上行，将销钉顶入 PCB 的工艺孔中，并且 B 段上的夹紧装置将 PCB 夹紧。定位销如图 5-11 所示。

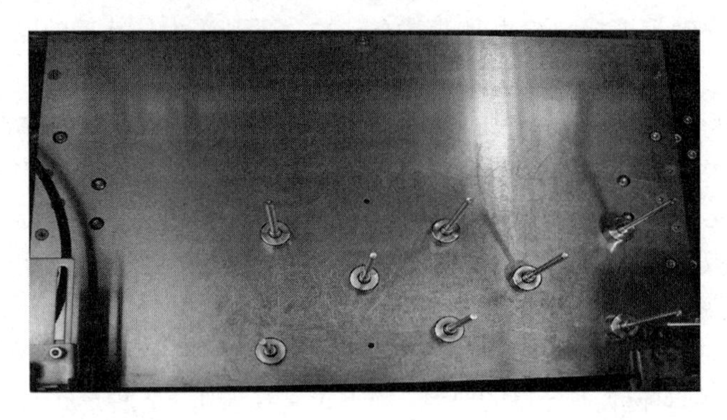

图 5-11　定位销

在 PCB 下方，有一块支撑台板，台板上有阵列式圆孔，当 PCB 进入 B 段后，可根据 PCB 结构在台板上安装适当数量的支撑杆。随着台面的上移，支撑杆将 PCB 支撑在水平位，这样当贴片头工作时就不会将 PCB 下压而影响贴片精度。

若 PCB 事先没有预留工艺孔，则可以采用光学辨认系统确认 PCB 的位置，此时可将定位块上的定位销钉拆除，当 PCB 到位后，由 PCB 前、后限定位块及夹紧装置共同完成 PCB 的定位。通常光学定位的精度高于机械定位，但定位时间稍长。

（2）活动式导轨。在另一类高速贴片机中，B 段导轨相对 A、C 段是固定不变的，A、C 段导轨却可以上下升降。当 PCB 由印刷机送到导轨 A 段时，A 段导轨处于高位，并与印刷机导轨相接；当 PCB 运行至 B 段时，A 段导轨下沉到与 B 段导轨同一水平面。PCB 由 A 段移到 B 段，并由 B 段夹紧定位。当 PCB 贴片完成后送到 C 段导轨，C 段导轨由低位（与 B 段同水平）上移到与下道工序的设备导轨同一水平高度处，并将 PCB 由 C 段送到下道工序。不同机型的导轨有不同的结构，其做法主要取决于贴片机的整体结构。

3. 贴片机 *X*-*Y* 坐标传动的伺服系统

X-*Y* 定位系统是贴片机的关键机构，也是评估贴片机精度的重要指标。它有两种形式：一种是 PCB 做 *X*-*Y* 方向的正交运动；另一种是由贴片头做 *X*-*Y* 坐标平移运动，而 PCB 仍定位在一定精度的 PCB 定位工作台上，这两种运动方法都是为了将被贴装的元器件准确拾放到 PCB 的焊盘上。

PCB 做 *X*-*Y* 方向的正交运动的结构常见于塔式旋转头类的贴片机中。在这类高速机中，其贴片头仅做旋转运动，而依靠进料器的水平移动和 PCB 承载平面的运动完成贴片过程。贴片头做 *X*-*Y* 坐标平移运动，即把贴片头安装在 *X* 导轨上，*X* 导轨沿 *Y* 方向运动，从而实现在

X-Y 方向贴片的全过程。这类结构在通用型贴片机中比较多见，如图 5-12 所示。

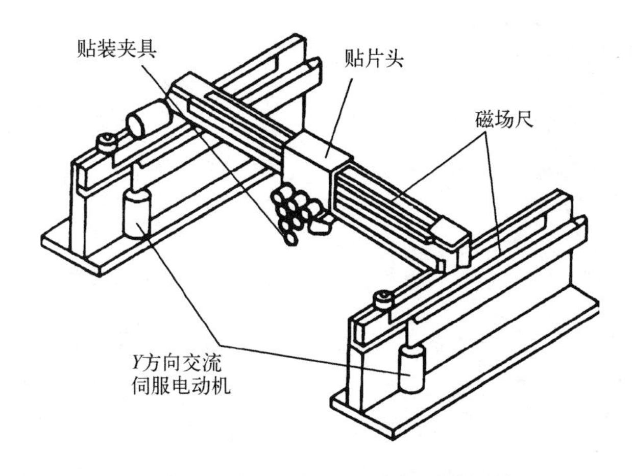

图 5-12　贴片头做 X-Y 坐标平移运动

还有一类贴片机，贴片机的贴片头安装在 X 导轨上，并仅做 X 方向运动，而 PCB 的承载台仅做 Y 方向运动，工作时两者配合完成贴片过程。其特点是 X、Y 导轨均与机座固定，它属于静式导轨结构。

4. 贴片机的控制程序

贴片机的控制是由计算机来完成的，通常采用二级计算机控制。每台贴片机都有它自己的一套控制软件，完成对机械结构运动的控制，主控计算机采用 PC 实现编程和人机接口。随着计算机技术的飞速发展，Windows 操作系统已逐步取代了 DOS、OS2 等平台，这使得操作更加智能化、可视化，贴片机的智能化水平已有了很大提升。

5. 供料系统

可靠地提供元器件是可靠贴装元器件的基本保证。元器件在包装中扭曲、反转或有其他故障，则很难从包装容器中取出，容易导致进料器故障，须人工干预。另外，如果机器漏检或存在误差，从包装容器中取出有缺陷的元器件并把它贴装到 PCB 上，则会导致返修。因此，在供料操作期间确保包装容器中元器件的完整性是提高贴装可靠性的关键因素之一。

元器件的供料由元器件装运包装容器和机械供料器组成的系统完成。首先，元器件制造厂家必须提供包装合适的元器件，确保元器件既能很容易地从包装容器内取出，又不能在容器内活动，以免导致取向错误和引线扭曲等缺陷。另外，供料器的设计必须使供料动作协调一致，不会损坏元器件。适合于表面组装元器件的供料器有编带供料器、管状供料器、散装供料器和盘式供料器等。

（1）编带供料器。对应于编带包装的供料器称为编带供料器（如图 5-13 和图 5-14 所示），编带包装适合于大多数表面组装元器件，一个编带能容纳大量元器件，并对每个元器件提供单独的保护。编带供料器操作可靠，应用范围广泛。元器件插放在袋中各个带内，并用塑料罩盖住，贴装时再将塑料罩剥掉。带宽随元器件的不同而不同，一般为 8～56mm。

编带保护了元器件在运输和操作过程中不受损伤，节省在贴片机上的装卸时间，并且防止元器件弄混和贴错方向。其在贴片生产中占有较大比例。

图5-13　实际的编带供料器

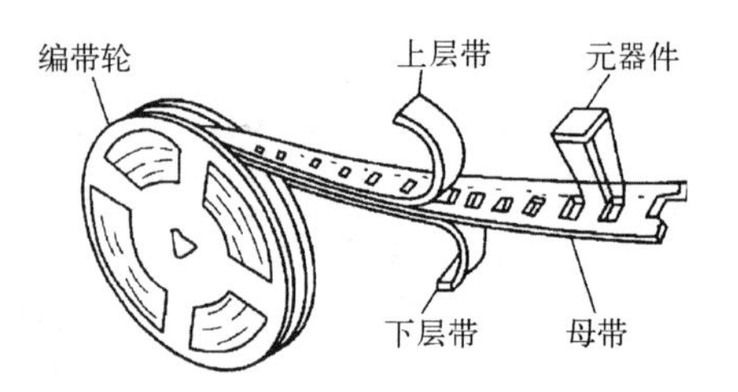

图5-14　编带包装

根据材质不同，编带可分为纸编带、塑料编带及黏结式塑料编带。其中，纸编带包装与塑料编带的元器件可用同一种带状进料器；而黏结式塑料编带所使用的带状进料器的形式有所不同。但不管哪种材料的包装带，均有相同的结构。

（2）管状供料器。许多SMD采用管状包装，它具有轻便、价廉的特点。管状供料器的功能是把管子内的元器件按顺序送到吸片位置供贴片头吸取。管状供料器的形式多种多样，它由电动振动台、定位板等组成。早期仅安装一根管，目前则可以将相同的几个管叠加在一起，以减少换料的时间，也可以将几种不同的管并列在一起，实现同时供料，使用时只要调节料架振幅即可方便地工作。

如图5-15所示是单管式供料器的外形。管状供料器可分为三类：水平管式、斜杆式和斜滑式。水平管式供料器有多个轨道，可输送不同宽度的元器件。每台供料器的轨道数取决于所用元器件本体的宽度。水平管式供料器很可靠，相对便宜一些，适用于大部分贴片机。斜杆式供料器（如图5-16所示）是水平管式供料器的一种改进，塑料管可以直接装进水平管式供料器的各个轨道，而元器件则不必从塑料管中取出。这两种供料器都是利用某种形式的电磁振动把元器件移到拾取位置。斜滑式供料器与斜杆式类似，只是它靠弹力而不是振动来移动元器件，其轨道是整个机械的一个组成部分。斜滑式供料器比较贵，机身很长，输送的元器件较多，无须不断地装卸元器件，但其应用却不如前两种广泛，因为它要求元器件的容差必须很小，否则元器件将会堆积在一起。管状供料器最大的弊端是元器件错位。

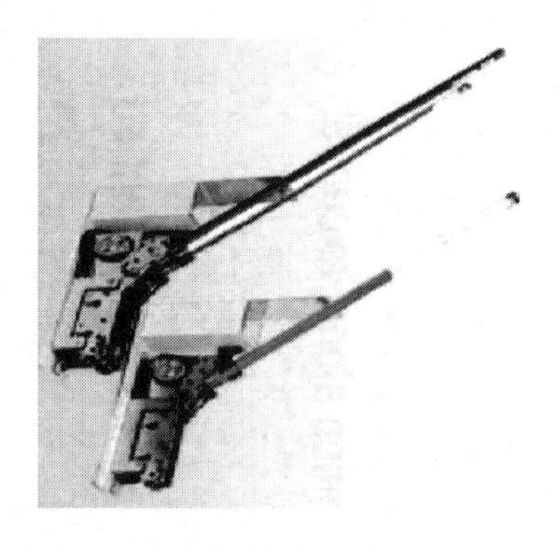

图5-15　单管式供料器的外形

图5-16　斜杆式供料器的外形

（3）散装供料器。散装元器件一般只适用于样品和小批量生产，不适用于自动组装生产线。它的包装成本比其他任何包装形式都低，但其供料的可靠性差。典型的散装供料器由包括一套挡板的线性振动轨道组成，以确保元器件到达供料器前端时取向正确。随着供料器的振动，元器件在轨道上排队向前移动，取向不正确的元器件跌落到储存器中，以后重新进入轨道再排队，直至最终取向正确。

散装供料器是近几年出现的新型供料器，如图 5-17 所示。SMC 放在专用的塑料盒内，每盒装有 1 万只元器件，不仅可以减少停机时间，而且节约了大量的编带纸，这也意味着节约木材，所以具有环保概念。

散装供料器也有很多缺点。若振动强度控制不当，有时会把元器件甩出供料器，造成许多元器件贴不上，增加了返工的次数。而且，散装供料器还经常引起贴片错位、元器件弄混、端点和引线损坏等问题，因而尽量不采用这种送料方式。

（4）盘式供料器。盘式供料器通常容纳引脚数多的大型集成电路元器件和裸芯片，通常这类元器件引脚精细，极易碰伤，故采用上下托盘将元器件的本体夹紧，并保证左右不能移动，便于运输和贴装。这种供料器的供料方式不同于上述几种供料器，实际形式如图 5-18 所示。盘式供料器的结构形式有单盘式和多盘式。单盘式供料器仅是一个矩形不锈钢盘，只要把它放在料位上，用磁条就可以方便地定位。对于多种 QFP 元器件的供料，则可以通过多盘专用的供料器，它又称为 tray feeder，现已广泛采用，通常安装在贴片机的后料位上，约占 20 个 8mm 料位，但它却可以为 40 种不同的 QFP 同时供料。较先进的多盘供料器可将托盘分为上下两部分，各容 20 个盘，并能分别控制，更换元器件时，可实现不停机换料。

图 5-17　散装供料器

图 5-18　盘式供料器

这种盘式供料器价格昂贵，每台约为 10 万美元，大大增加了设备的费用，但在输送没有边角防撞垫的密间距元器件时，只能使用这种包装。这时要求元器件在盘中绝对不能动，否则将会损坏引线。

（5）供料器的安装系统。由于 SMT 组装的产品越来越复杂，每种电子产品需贴装的元器件也越来越多，因此要求贴片机能装载更多的供料器，通常以能装载 8mm 供料器的数量作为贴片机供料器的装载数。大部分贴片机是将供料器直接安装在机架上，为了能提高贴片能力，减少换料时间，特别是产品更新时往往需要重新组织供料器，因此大型高速的贴片机采用双组合送料架，真正做到不停机换料，最多可以放置 120×2 个供料器。在一些中速机中，则采用推车一体式料架，换料时可以方便地将整个供料器与主机脱离，实现供料器整体更换，大大缩短了装卸料的时间。

5.2.2　贴片机的类型

1．按贴片方式分类

这种分类方法在现实生产中不太常用，仅用于理论分析。按贴片方式分类，可将贴片机分成顺序式、同步式、在线式和同时/在线式四种类型，其特点和应用范围如表 5-1 所示，其动作方式如图 5-19 所示。

表 5-1　贴片机按贴片方式分类

贴片方式	特　点	应用范围
顺序式	按程序逐只顺序贴片，可根据 PCB 图形的变化，调整贴片顺序，适应性强	适用于多品种、小批量到中批量的生产
同步式	使用专用料盘供料，通过模板一次性地同时将多只 SMC/SMD 贴放在 PCB 上，贴装效率高，更换 PCB 品种困难，时间长	适用于少品种、大批量生产
在线式	一系列顺序式贴片机排列成流水线，中间用传送机构连接，每一台贴片机的贴片头就贴一个或几个元器件。结构简单，系统贴片率高，但设备占地面积大，投资高	用于 PCB 上元器件数量少，而又大批量生产的电路组件
同时/在线式	同步式贴片机组成流水线，一组一组地贴装 SMC/SMD。贴片效率高，组成海量贴片系统，产量高	适用于大批量生产

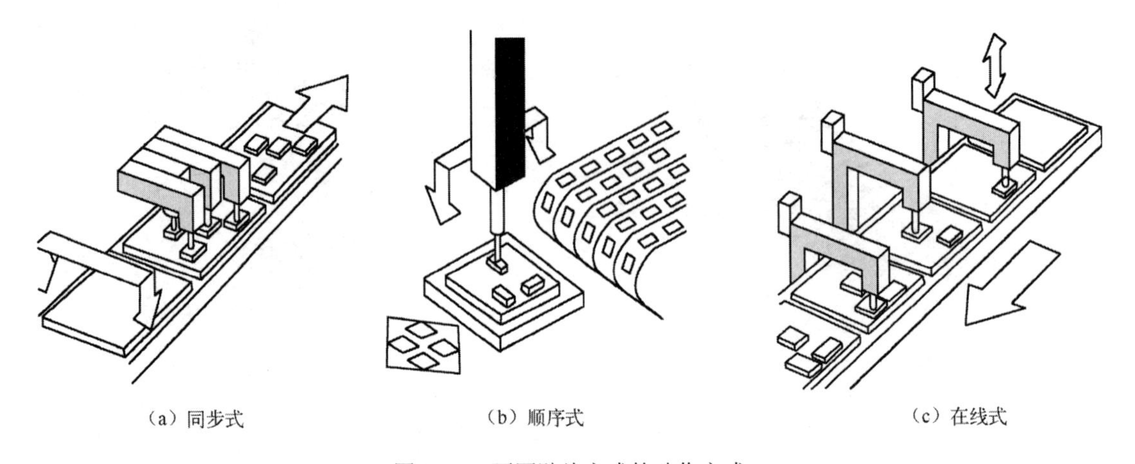

（a）同步式　　（b）顺序式　　（c）在线式

图 5-19　不同贴片方式的动作方式

2．按贴片速度（贴片率）分类

按贴片速度分类，贴片机可分为低速、中速、高速和海量贴片系统（贴片率大于 2 万只/h）。

（1）低速贴片机。低速贴片机的贴片率低于 3000 只/h。贴装循环时间一般低于 1s/点，一般适用于产品试制、新品开发、小批量生产及特殊 SMC/SMD 的贴装。

（2）中速贴片机。中速贴片机的贴片率一般为 3000～8000 只/h，贴片循环时间一般在 1～0.5s/点。它适用于 SMC/SMD 范围较宽、配件丰富、功能完善，具有较高的贴片精度，又具有一定的生产效率的场合。另外，设备的性价比适中，是中、小批量生产的优先选用设备。

（3）高速贴片机。高速贴片机的贴片率为 8000 只/h 以上，贴片循环时间小于 0.4s/点。它生产效率高，适宜大批量生产，特别适用于大量使用片式电容器、片式电阻器及小型 SMD 的场合，而少量使用于特殊 SMD 的生产。通常，高速贴片机采用固定多头（通常为 6 头）或双组贴片头安装在 *X-Y* 导轨上，*X-Y* 伺服系统为闭环控制，故有较高的定位精度，贴片元器件的种类较广泛。这类贴片机种类最多，生产厂家也多，能在多种场合下使用，并可以根据产品的生产能力大小组合拼装使用，也可以单台使用（因为它的贴片功能强）。而超高速贴片机则多采用旋转式多头系统，根据多头旋转的方向又分为水平旋转式与垂直旋转式。它的特点是，16 个贴片头可以同时贴片，故整体贴片速度快。但对单个头来说却仅相当于中速机的速度，故贴片头运动惯性小，贴片精度能得以保证。

3．按工作原理分类

（1）拱架型贴片机。拱架式结构又称为动臂式结构，还可以称为平台式结构或者过顶悬梁式结构，现在几乎所有的多功能贴片机和中速贴片机都采用这种结构。元器件送料器、PCB 是固定的，贴片头（安装多个真空吸料嘴）在送料器与基板之间来回移动，将元器件从送料器取出，经过对元器件位置与方向的调整，然后贴放于基板上，其结构如图 5-20 所示。这种结构一般采用一体式的基础框架，将贴片头横梁的 *X*、*Y* 定位系统安装在基础框架上，电路板识别相机（下视相机）安装在贴片头的旁边。电路板传送到机器中间的工作平台上固定，送料器安装在传送轨道的两边，在送料器旁安装有元器件识别照相机。

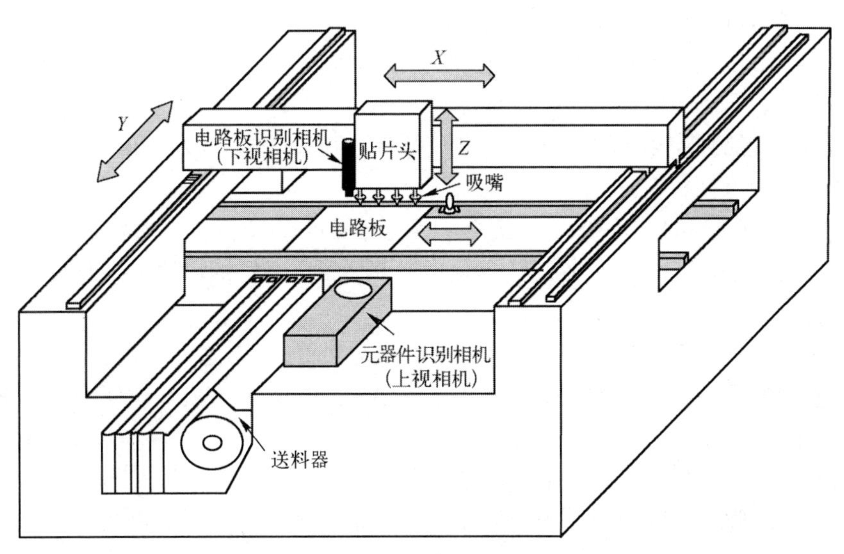

图 5-20　拱架型贴片机结构

① *X*、*Y* 定位系统。在较为经济的中速贴片机中，*X*、*Y* 驱动系统采用电动机丝杠驱动，编码器反馈；一般多功能贴片机和部分较高精度的中速贴片机采用电动机丝杠驱动，线性光栅尺反馈；也有的较高精度的贴片机采用线性电动机驱动，线性光栅尺反馈。根据功能和速度的要求不同，可以采用不同的横梁数量，安装不同数量的贴片头，如图 5-21 所示。

单横梁单头——横梁在基础框架上沿 *Y* 轴运动，贴片头在横梁上沿 *X* 轴运动，电路板上基准点的识别及元器件的吸取、识别、校正和贴装都由一个贴片头完成。

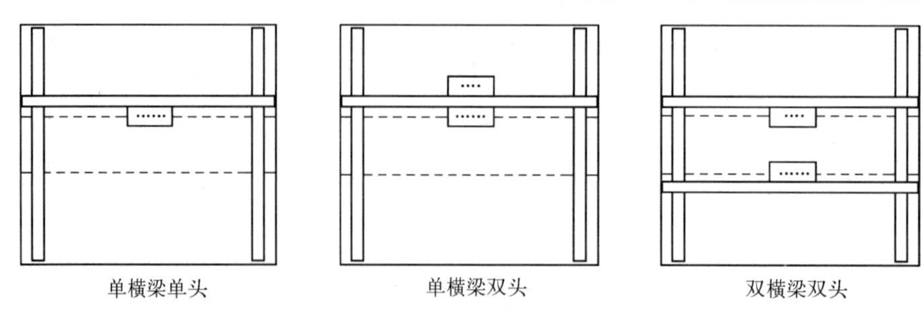

图 5-21　拱架式结构的横梁和贴片头

单横梁双头——在单个横梁的两边都装有贴片头，前面的贴片头在前面的送料器吸取和贴装元器件，后面的贴片头在后面的送料器吸取和贴装元器件。一般来说，在单横梁两侧所安装的贴片头的功能、元器件范围及精度不完全相同，以便整个机器有更高的灵活性和更大的元器件范围。

双横梁双头——机器的基础框架上装有两个横梁，每个横梁上分别装有一个贴片头。当电路板进入工作平台，前贴片头在进行基准带识别时，后贴片头可以先吸料；当前贴片头开始吸料时，后贴片头就可以先贴装元器件。双横梁结构也可以安装两个功能不一样的贴片头，使得整个机器有更高的灵活性和更大的元器件范围。

有的拱架式贴片机采用横梁在机器的基础框架上沿 *X* 轴运动，贴片头在横梁上沿 *Y* 轴运动。元器件的识别相机安装在 *Y* 横梁上，当贴片头的各吸嘴吸取完元器件后，经过元器件识别相机的上方时即可识别和校正。

② 贴片头系统。传统的拱架式结构的贴片头有单吸嘴结构和多吸嘴并列结构。单吸嘴贴片头在一个贴装循环中只能贴装一个元器件，贴装的相对精度较高。多吸嘴并列贴片头有 2～12 个并列平行的吸嘴贴装轴，在一个贴装循环中可以吸取、校正和贴装多个元器件，从而可以提高贴装的速度。

在多吸嘴并列结构的贴片头中，吸嘴与吸嘴之间的距离和送料器各轨道之间的距离相同，在使用相同的送料器时，多个吸嘴能够同时下降到送料器的高度来同时吸料，这样可以提高吸料的速度。

由于贴片元器件的大小不一，而贴片头上贴装轴的数量有限，因此在拱架式贴片机上一般都有一个专门的吸嘴储藏机构，供贴片头在需要时进行吸嘴更换，以便贴片头采用合适的吸嘴来吸取和贴装元器件。

③ 元器件识别系统。一般拱架式结构贴片机的元器件识别相机安装在电路板传送轨道的旁边，贴片的步骤为：吸料→在固定照相机上识别校正→贴装，这也叫一个贴装循环。有的贴片头上配备有头上移动照相机，对于较小的物料可以实现吸料→在移动中同时照相校正→贴装，从而减少元器件校正时间，提高了贴装速度。

元器件在识别时可以采用不同的灯光和强度，如前光、侧光、背光等。拱架式结构的元器件在上视相机识别时，对于元器件大小超过相机的一个视野的元器件可以采用多视野识别。

④ 元器件供料系统。拱架式结构贴片机可以接纳不同形式元器件包装的送料器，如卷带装、管装、托盘装和散料盒装。有的卷带装送料器为电动送料器，无须机械推动或者气动，送料器内置驱动电动机，并且可以调整送料器步进的跨距，可以减少备用送料器的数量。拱架式多功能贴片机还可以接纳立式插件元器件送料器及倒装芯片送料器等异型送料器。

（2）转塔型贴片机。元器件送料器放于一个单坐标移动的料车上，基板放于一个 X-Y 坐标系统移动的工作台上，贴片头安装在一个转塔上，工作时，料车将元器件送料器移动到取料位置，贴片头上的真空吸料嘴在取料位置取元器件，经转塔转动到贴片位置（与取料位置成 180°），在转动过程中经过对元器件位置与方向的调整，将元器件贴放于基板上，结构如图 5-22 所示。

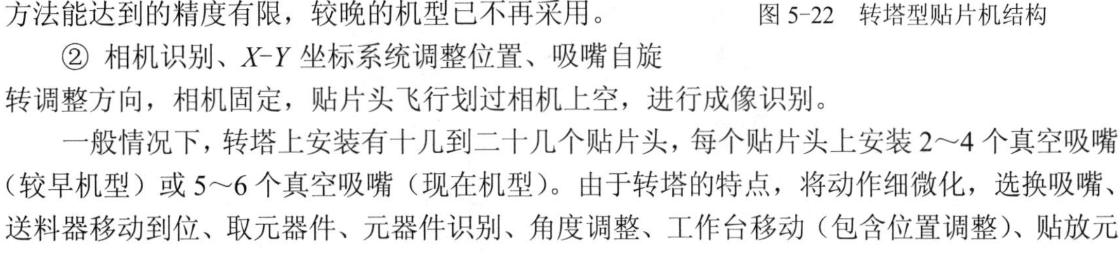

1—旋转头； 2—运动供料器
3—运动 PCB； 4—PCB 传送器

图 5-22　转塔型贴片机结构

对元器件位置与方向的调整方法如下。

① 机械对中调整位置、吸嘴旋转调整方向，这种方法能达到的精度有限，较晚的机型已不再采用。

② 相机识别、X-Y 坐标系统调整位置、吸嘴自旋转调整方向，相机固定，贴片头飞行划过相机上空，进行成像识别。

一般情况下，转塔上安装有十几到二十几个贴片头，每个贴片头上安装 2～4 个真空吸嘴（较早机型）或 5～6 个真空吸嘴（现在机型）。由于转塔的特点，将动作细微化，选换吸嘴、送料器移动到位、取元器件、元器件识别、角度调整、工作台移动（包含位置调整）、贴放元器件等动作都可以在同一时间周期内完成，所以能实现真正意义上的高速度。目前，最快的时间周期达到 0.08～0.10s/片。

此机型在速度上是优越的，适于大批量生产，但其只能用带状包装的元器件，如果是密脚、大型的集成电路，只有托盘包装则无法完成，因此还有赖于其他机型的共同合作。这种设备结构复杂，造价昂贵，最新机型约为 50 万美元，是拱架型的三倍以上。

（3）复合型贴片机。复合型贴片机是从拱架型贴片机发展而来的，它集合了转塔型贴片机和拱架型贴片机的特点，如图 5-23 所示。在动臂上安装有转盘，又称为“闪电头”，如图 5-24 所示，可实现每小时 60 000 片的贴片速度。严格意义上说，复合式机器仍属于动臂式结构。由于复合式机器可通过增加动臂数量来提高速度，具有较大的灵活性，因此它的发展前景被普遍看好。

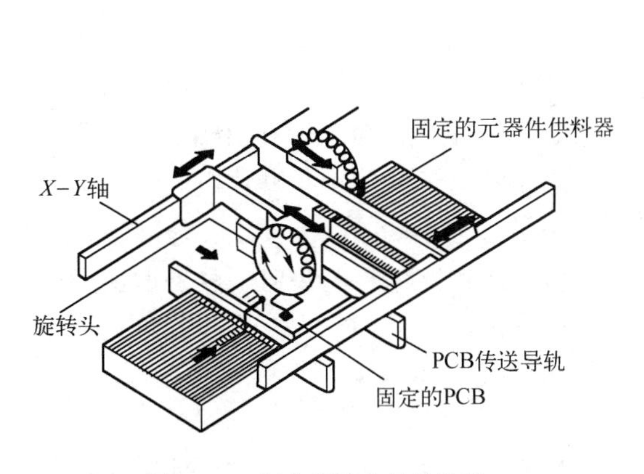

图 5-23　复合型贴片机的结构

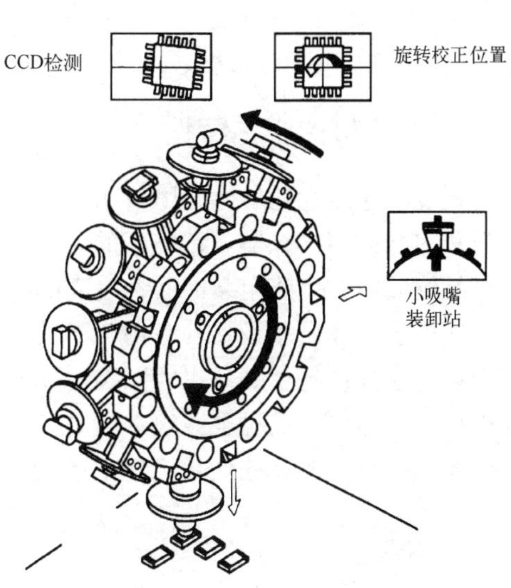

图 5-24　复合型贴片机的贴片过程

（4）大型平行系统。大型平行系统（又称为模组机）使用一系列小的、单独的贴装单元（也称为模组），如图 5-25 所示，每个单元有自己的丝杆位置系统，安装有相机和贴片头。每个贴片头可吸取有限的带式送料器，贴装 PCB 的一部分，PCB 以固定的间隔时间在机器内步步推进。各单元机器单独运行的速度较慢，可是，它们连续地或平行地运行会有很高的产量。如 Assembleon 公司的 AX-5 机器最多可有 20 个贴片头，实现了每小时 15 万片的贴装速度，但就每个贴片头而言，贴装速度为每小时 7500 片左右，仍有大幅度提高的可能，这种机型主要适用于规模化生产。

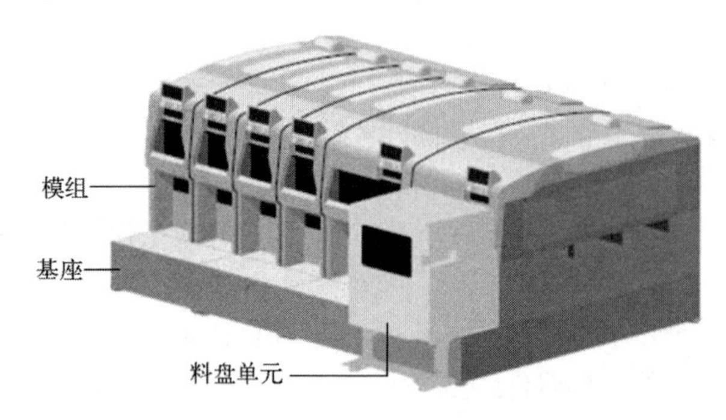

图 5-25　大型平行系统

4．按价格分类

按价格分类，可分为低档贴片机、中档贴片机和高档贴片机。低档贴片机价格从几万美元到十万美元，中档贴片机价格为 10～20 万美元，高档贴片机价格则高于 20 万美元。

5．综合分类

若综合各种情况，则可将贴片机分为小型机、中型机和大型机。一般小型机只能容纳 15 个 SMC/SMD 料架，结构一般为台式，能自动或手动送料，贴片速度为低速；中型机能容纳 20～30 个料架，贴片速度有低速也有中速；大型贴片机能容纳 50 个以上的 SMC/SMD 料架，贴片速度有中速也有高速。

5.2.3　贴片机的工艺特性

精度、速度和适应性是贴片机的三个最重要的特性。精度决定了贴片机能贴装的元器件种类和它能适用的领域。精度低的贴片机只能贴装 SMC 和极少数的 SMD，适用于消费类电子产品领域用的电路组装；而精度高的贴片机，能贴装 SOIC 和 QFP 等多引线、细间距元器件，适用于产业电子设备和军用电子装备领域的电路组装。速度决定了贴片机的生产效率和能力。适应性决定了贴片机能贴装的元器件类型和满足各种不同的贴装要求。适应性差的贴片机只能满足单一品种电路组件的贴装要求，当对多品种电路组件组装时，就要增加专用贴片机才行。目前的高档贴片机在上述三项性能上都有很高的指标。

1．精度

精度是贴片机技术规格中的主要数据指标之一，不同的贴片机制造厂家所使用的精度有不同的定义。一般来说，贴片的精度应包含三个项目：贴装精度、分辨率、重复精度。

（1）贴装精度。贴装精度表示元器件相对于 PCB 上标定位置的贴装偏差大小，被定义为贴装元器件端子偏离标定位置最大值的综合位置误差。影响贴装精度的因素主要有两种，即平移误差和旋转误差，如图 5-26 所示。

平移误差（元器件中心的偏离）主要来自 *X*-*Y* 定位系统的不精确性，它包括位移、定标和轴线正交等误差。旋转误差产生的主要原因是元器件对中机构不够精确和贴装工具存在旋转误差。定量地说，贴装 SMC 要求精度达到±0.01mm，贴装高密度、窄间距的 SMD 要求精度至少达到±0.06mm。

（2）分辨率。分辨率描述贴片机分辨空间连续点的能力。贴片机的分辨率由定位驱动电机和轴驱动机构上的旋转或线性位置检测装置的分辨率来决定。当坐标轴被编程并运行到特定点时，实际上到达了能被分辨的距目标位置最近的点，这就使贴片机的定位点与实际目标产生量化误差，它应小于贴片机的分辨率，最大可为贴片机分辨率的 1/2。分辨率还可以简单地描述为是机器运行的最小增量的一种度量，在衡量机器本身的运动精度时，它是重要的性能指标。

（3）重复精度。重复精度描述贴装工具重复地返回标定点的能力。在给重复精度下定义时，常采用双向重复精度这个概念，一般定义为：在一系列试验中，从两个方向接近任何给定点时离开平均值的偏差，如图 5-27 所示。

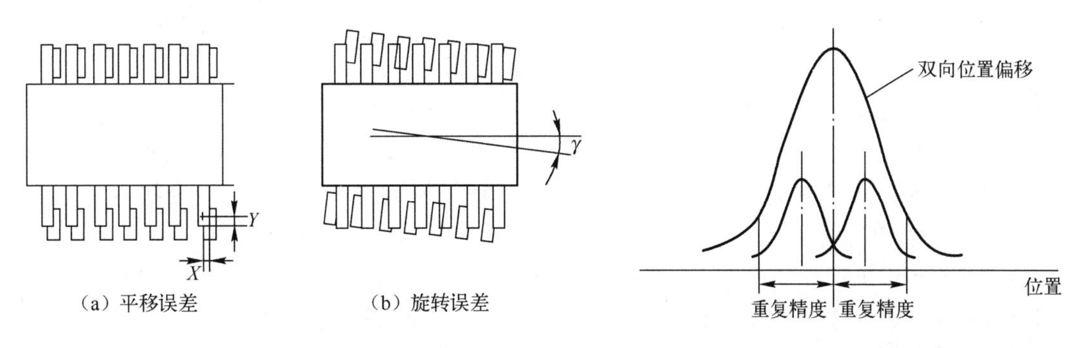

（a）平移误差　　（b）旋转误差

图 5-26　贴装精度的误差

图 5-27　贴片机的重复精度

2．贴片速度

通常，贴片机制造厂家在理想条件下测算出的贴片速度，与使用时的实际贴装速度有一定差距。一般可以采用以下几种定义描述贴片机的贴装速度。

（1）贴装周期。它是表示贴装速度的最基本参数，是指完成一个贴装过程所用的时间。贴装周期包括从拾取元器件、元器件定心、检测、贴放和返回到拾取元器件位置的全部行程。

（2）贴装率。贴装率是在贴片机的技术规范中所规定的主要技术参数，它是贴片机制造厂家在理想条件下测算出的贴装速度，是指在一小时内完成的贴装周期数。在测算贴装率时，一般采用 12 个连续的 8mm 编带供料器，所用的 PCB 上的焊盘图形是专门设计的。测算时，先测出贴片机在 50～250mm 的 PCB 上贴装均匀分布的 150 只片式元器件的时间，然后计算出贴装一只元器件的平均时间，最后计算出一小时贴装的元器件数，即贴装率。

（3）生产量。理论上可以根据贴装率计算每班生产量，然而实际的生产量与计算所得到的值有很大差别，这是因为实际的生产量受到多种因素的影响。影响生产量的主要因素：PCB 装载/卸载时间；多品种生产时停机更换供料器或重新调整 PCB 位置的时间；供料架的末端到贴装位置的行程长度；元器件类型；PCB 设计水平差、元器件不符合技术规范带来的调整和重贴等不可预测性停机时间。

由于上述种种因素，使得实际的贴装率和生产量与机器技术规范中所规定的指标存在很大差别。因此，贴片机技术规范中所给的贴装率仅仅是一个可供参考的数据。

3．适应性

适应性是贴片机适应不同贴装要求的能力。贴片机的适应性包括以下几方面内容。

（1）能贴装元器件的类型。贴装元器件类型广泛的贴片机比仅能贴装 SMC 或少量 SMD 类型的贴片机适应性好。影响贴片机贴装元器件类型的主要因素是贴装精度、贴装工具、定心机构与元器件的相容性，以及贴片机能容纳的供料器的数目和种类。有些贴片机只能容纳有限的供料器，而有些贴片机能容纳大多数或全部类型的供料器，并且能容纳的供料器的数目也比较多，显然，后者比前者的适应性好。贴片机上供料器的容纳量通常用能装到贴片机上的 8mm 编带供料器的最多个数表示。

（2）贴片机的调整。当贴片机从组装一种类型的 PCB 转换成组装另一种类型的 PCB 时，要进行贴片机的再编程、供料器的更换、PCB 传送机构和定位工作台的调整、贴片头的调整/更换等调整工作。

① 进行贴片机的编程。贴片机常用人工示教编程和计算机编程两种编程方法。低档贴片机常采用人工示教编程，较高档的贴片机都采用计算机编程。

② 供料器的更换。为了减少更换供料器所花费的时间，最普遍的方法是采用“快释放”供料器，更快的方法是更换供料器架，使每一种 PCB 类型上的元器件的供料器都装到单独的供料器架上，以便更换。

③ PCB 传送机构和定位工作台的调整。当更换的 PCB 尺寸与当前贴装的 PCB 尺寸不同时，要调整 PCB 定位工作台和输送 PCB 的传送机构的宽度。自动贴片机可在程序控制下自动进行调整，较低档的贴片机可手工调整。

④ 贴片头的调整/更换。当在 PCB 上要贴装的元器件类型超过一个贴片头的贴装范围时，或当更换 PCB 类型时，往往要更换或调整贴片头。多数贴片机能在程序控制下自动进行更换/调整工序，而低档贴片机则用人工进行这种更换和调整操作。

5.2.4　贴装的影响因素

SMD 在 PCB 上的贴装准确度取决于许多因素，包括 PCB 的设计加工、SMD 的封装形式、贴片机传动系统的定位偏差等，前两者涉及器件入口检验和 PCB 设计制造的质量控制，后者显然与贴片机的性能相关。

1．贴片机 *X-Y* 轴传动系统的结构

与贴片机贴装有关的机构除了 PCB 定位承载装置外，元器件贴装 X、Y、Z 及 θ 轴向传动系统是关键的基础部件。传动形式影响贴装系统的性能。当所有运动都集中在贴片头时，一般可以获得最高的贴装精度，因为这种情况下只有两个传送机构影响 X-Y 定位误差。而当贴

片头和 PCB 都运动时，贴片头和 PCB 工作台机构的运动误差相重叠，导致总误差增加，贴装精度下降。采用 PCB 工作台移动的贴片机，为了实现较高的贴装率，PCB 工作台必须快速移动，其加速度可以达到 10～30m/s^2。这种情况下，由于大型元器件的惯性，会使已贴好的大型元器件移位，导致故障，所以在贴装这类元器件时，应降低 PCB 工件台的运动速度和加速度，为此，精度和速度的选择经常要考虑折中的方案。

2．*X*-*Y* 坐标轴向平移传动误差

开环状态下驱动电动机产生一个精确进给量，在贴片头/PCB 承载平台上的任何一个点的运动将随之有六个自由度的误差：*X*、*Y*、*Z* 轴向运动及绕 *X*、*Y*、*Z* 轴的转动。假定一个驱动电动机给予 *X* 轴向的传动运动，不难发现测试点不仅在 *X* 轴向运动存在误差，而且在其他五个轴向同样存在误差。这些误差的幅度取决于导轨的非线性、两导轨的非平行性、驱动机构与线性电动机的非线性及测试点到电动机驱动点的距离。

测试点在平台上选择不同的位置，其运动轨迹的误差幅度是不同的。在实际传动系统中，*Y* 轴运动轨迹的非线性度是由许多原因造成的，如丝杆间距的变动、齿距的变化、旋转编码器的非线性度及线性同步电动机的非线性度等。由于传动系统结构的设计安装无法做到精美无缺，要实现单一轴向的运动是极为困难的，大多数贴片机制造厂在极尽全力将这些多轴向因素造成传动系统的运动误差对贴装精度的影响降到最低程度。

3．*X*-*Y* 位移检测装置误差

贴片机 *X*-*Y* 位移检测装置及时将传动部件的位移量检测出来并反馈给控制系统，高精度贴片机的定位精度很大程度上取决于它。

贴片机上常用的位移传感器主要有旋转编码器、磁性尺和光栅尺。

旋转编码器是通过直接编码将被测线性位移量转换成二进制形式的数字量的装置。其优点是结构简单，抗干扰性强，测量精度为 1%～5%，在通用型贴片机中最为常用。

磁性尺是利用电磁特性和录磁原理对位移进行测量的装置。其优点是复制简单，安装调整方便，稳定性高，量程范围大，测量精度为 1～5μm。

光栅尺是一种新型数字式位移检测装置，测量精度达 0.1～1μm。

4．真空吸嘴 *Z* 轴运动对元器件贴装偏差的影响

由于供料器仓位中存放的元器件位置未能准确定义，又加上元器件几何尺寸的不一致，使得吸嘴吸持元器件后，元器件中心与真空吸嘴轴线偏离，若不进行对中校准，势必会对元器件贴装准确度造成影响。

贴片头机械结构的设计局限性使得真空吸嘴在 *Z* 轴方向的运动一般都不完善，运动冲程的轻微倾斜或转动，造成吸嘴顶端不能完全垂直于印制板的安装面。此时必须精确校准 *Z* 轴冲程的误差，对 *X*、*Y*、θ 轴传动伺服系统进行修正。

供料器仓内的元器件排列取向往往并不是贴装时所需的方向，因此在元器件吸持后，真空吸嘴随带元器件有一个旋转动作，元器件中心与吸嘴旋转轴的中心重合是随机的。因此，必须测量元器件的 *X*、*Y*、θ 轴与吸嘴旋转轴中心的偏差值，或精确校准吸嘴旋转轴与 PCB 安装面交切点，保证对元器件的贴装位置、排列方向参数进行修正。

5．贴装区平面的精度对误差的影响

在贴片机的贴装区范围内，元器件贴装的准确度应一致。为获得这种一致性，有些贴片机制造厂采用测绘贴装区台面的传动坐标精度偏差分布，统计每个网格交点定义元器件样本的数量，测量其相对于网格的坐标位置，在贴片机的最大贴装区建偏差表并采取补偿措施的方法。这种方法可减少由于机械零部件的缺陷对 PCB 承载平台、贴片头传动精度的分布影响，但并不能减少随机的机械变动或伺服系统不稳定性及数码转化的量值误差。

另一种较有效的方法是使用激光干涉仪测量每个传动轴的坐标运动位置，伺服系统驱动各传动轴平移到网格的每个测试点，测量时应尽可能接近 PCB 安装面的贴装位置，这样才能达到最大的测量精度。激光干涉仪具有亚微米的分辨率，在元器件贴装时，对每个传动轴的偏差补偿，其定位精度偏差可小于 10μm。

6．贴片机的结构可靠性

贴片机的传动机构在高速运转时，由于各种原因造成力的不平衡，都会引起振动，使得定位精度降低，加快机械传动机构的磨损，缩短使用寿命。一台抗振性强的贴片机与其结构的刚度密切相关。除此以外，贴片机的安装条件也是一个重要因素，因为地基代表贴片机末端条件（边界条件），其刚度或阻尼的任何变化或多或少地影响到贴片机发生振动的趋势。贴片机安装在橡皮垫上，系统的共振频率最小，而振幅最大；安装在水泥地基上时情况较好，这是由于地基的阻尼和刚度不同。对于同样的安装基础，地脚螺钉的配置和紧固状态也会影响贴片机的动态刚度。

7．贴装速度对贴装准确度的影响

较高的贴装速度会损失贴装准确度，大尺寸元器件贴装时，大多数贴片机会降低贴装速度，以保证贴装的准确性。片式元器件要求的准确度相对较低，可以在高速条件下进行贴装。片式元器件贴装偏差的增加往往是由于贴片机贴装速度和视觉检测误差复合造成的。

5.2.5　贴片程序的编辑

一个完整的贴片程序应包括以下几个方面。

（1）元器件贴片数据。简而言之，元器件贴片数据就是指定贴放在 PCB 上的元器件位置、角度、型号等。贴片数据有元器件型号、位号、*X* 坐标、*Y* 坐标、放置角度等，坐标原点一般取在 PCB 的左下角。

（2）基准数据。它包括基准点、坐标、颜色、亮度、搜索区域等。在贴片周期开始之前，贴片头上的俯视摄像机会首先搜索基准，发现基准之后，摄像机读取其坐标位置，并送到贴装系统微处理机进行分析，如果有误差，经计算机发出指令，由贴装系统控制执行部件移动，从而使 PCB 精确定位。基准点应至少有两个，以保证 PCB 的精确定位。

（3）元器件数据库。库中有元器件尺寸、引脚数、引脚间距和对应吸嘴类型等。

（4）供料器排列数据。供料器排列数据指定每种元器件所选用的供料器及在贴片机供料平台上的放置位置。

（5）PCB 数据。PCB 数据包括设定 PCB 的尺寸、厚度、拼板数据等。

不同厂家、不同型号的贴片机的软件编程方法是不一样的，特别是高速和高精度贴片机的程序编制更为复杂，制约条件也更多，在这里就不详细介绍了。

5.2.6 贴片机的发展趋势

贴片机从早期的机械对中发展到现在的光学对中，具有超高速的贴片能力，然而技术总是向前发展的，贴片机还会向贴片速度更快、贴片精度更高、装料及管理更方便的方向发展。

（1）采用双导轨以实现在一条导轨上进行 PCB 贴片，在另一条导轨上送板，减少 PCB 输送时间和贴片头待机停留时间。

（2）采用多头组合技术和 *Z* 轴软着陆技术，以使贴片速度更快，元器件放置更稳，精度更高，真正做到 PCB 贴片后直接进入再流焊。

（3）改进进料器的供料方式，缩短元器件更换时间。

（4）采用模块化概念，通过快速配置、整合设备可轻易地在生产线间拼装或转移，真正实现线体柔性化和多功能化。

（5）开发更强大的软件功能系统，包括各种形式的 PCB 文件，直接优化生成贴片程序文件，减少人工编程的时间。开发机器故障诊断系统及大批量生产综合管理系统，实现智能化操作。

习　题　5

1．贴片头由（　　　）、视觉对位系统、传感器等部件组成。

2．贴片头有单头和（　　　）两大类。旋转式多贴片头又分为水平旋转式与（　　　）。

3．（　　　）是完成一个贴装过程所用的时间。

4．贴片的精度应包含贴装精度、（　　　）和重复精度。

5．影响贴装精度的误差主要有两种，即平移误差和（　　　）误差。

6．为什么说贴片机的技术性能会直接影响到 SMT 的生产线效率呢？

7．什么是贴片机的分辨率？贴片机的分辨率由哪些因素决定？

第6章

波　峰　焊

波峰焊（Wave Soldering）技术主要用于传统通孔插装印制电路板的组装工艺，以及表面组装与通孔插装元器件的混装工艺。波峰焊是应用最普遍的焊接印制电路板的工艺方法，适宜成批、大量地焊接一面装有分立元器件和集成电路的印制电路板。波峰焊与手工焊相比，具有生产效率高、焊接质量好、可靠性高等优点。

6.1　波峰焊的原理及分类

6.1.1　热浸焊

波峰焊技术是由早期的热浸焊（Hot Dip Soldering）技术发展而来的。热浸焊是把整块插好电子元器件的 PCB 与焊料面平行地浸入熔融的焊料缸中，使元器件引线、PCB 铜箔进行焊接的流动焊接方法。如图 6-1 所示，PCB 组件按传送方向浸入熔融焊料中，停留一定时间，然后再离开焊料缸，进行适当冷却，有时焊料缸还做上下运动。热浸焊时，高温焊料大面积暴露在空气中，容易发生氧化，每焊接一次，必须刮去表面的氧化物和焊剂残留物，因而焊料消耗量大。热浸焊必须正确把握 PCB 浸入焊料中的深度，过深时，焊料漫溢至 PCB 上面，会造成报废；深度不足时，则会发生大量漏焊的情况。

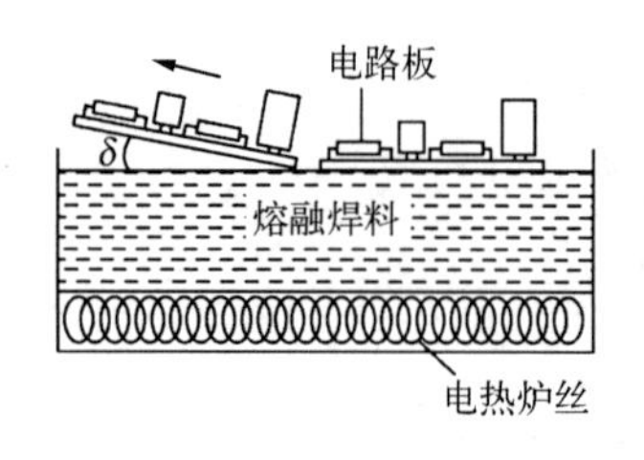

图 6-1　热浸焊

另外，PCB 翘曲不平也易造成局部漏焊。PCB 热浸焊后，要用快速旋转的专用刀片（称为平头机或切脚机）剪切掉元器件引线的余长，只留下 2～8mm 长度以检查焊接头的质量，然后进行第二次焊接。第一次焊接与切余长后，焊接质量难以保证，必须用第二次焊接来补充完善。第二次焊接一般采用波峰焊。早期的国产电视机、收音机等一些家用电子产品 PCB 的焊接，大多采用如上所述的两次焊接法。

6.1.2　波峰焊的原理

波峰焊机是在浸焊机的基础上发展起来的自动焊接设备，两者最主要的区别在于设备的焊锡槽。波峰焊是利用焊锡槽内的机械式或电磁式离心泵，将熔融焊料压向喷嘴，形成一股向上平稳喷涌的焊料波峰，并源源不断地从喷嘴中溢出。装有元器件的印制电路板以直线平面运动的方式通过焊料波峰，在焊接面上形成浸润焊点而完成焊接。如图 6-2 所示是波峰焊机的焊锡槽示意图。波峰焊适宜成批、大量地焊接一面装有分立元器件和集成电路的印制电路板。凡与焊接质量有关的重要因素，如焊料与焊剂的化学成分、焊接温度、速度、时间等，在波峰焊机上均能得到比较完善的控制。波峰焊机如图 6-3 所示。

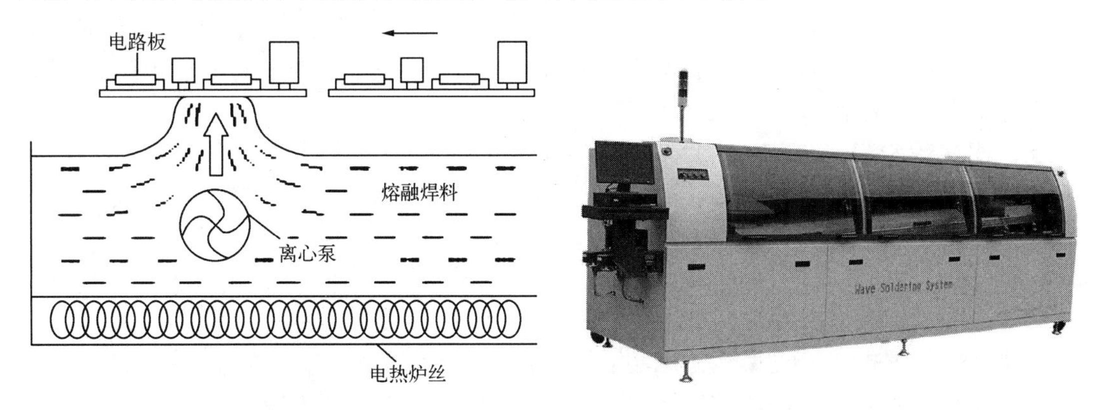

图 6-2　波峰焊机的焊锡槽示意图　　图 6-3　波峰焊机

传统插装元器件的波峰焊工艺基本流程如图 6-4 所示，包括准备、元器件插装、波峰焊和清洗等工序。

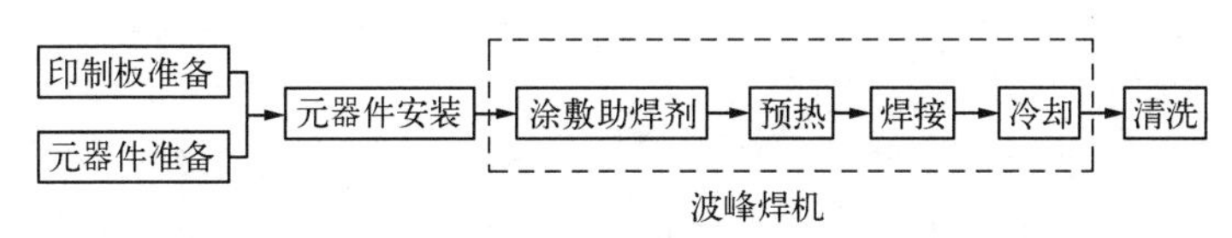

图 6-4　波峰焊工艺基本流程

6.1.3　波峰焊的分类

1．单波峰焊

单波峰焊是借助焊料泵把熔融状焊料不断垂直向上地朝狭长出口涌出，形成 20～40mm 高的波峰。熔融的焊料以一定的速度与压力作用于 PCB 上，充分渗透进入待焊接的元器件引线与电路板之间，使之完全湿润并进行焊接，如图 6-5 所示。它与热浸焊相比，可明显减少漏焊的比例。由于焊料波峰的柔性，即使 PCB 不够平整，只要翘曲度在 3%以下，仍可得到良好的焊接质量。

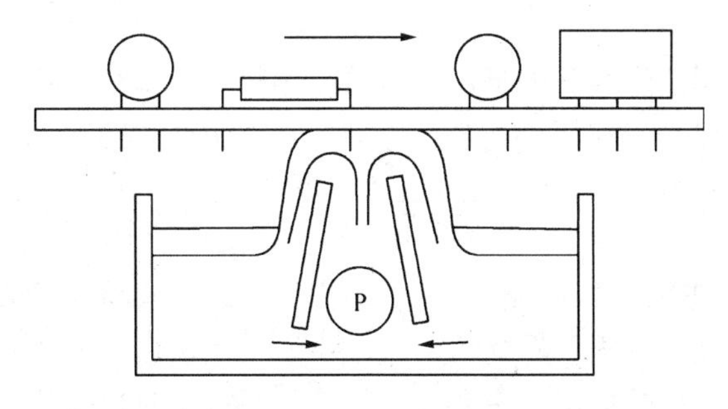

图 6-5　单波峰焊示意图

采用一般的波峰焊机焊接 SMT 电路板时，有两个技术难点。

（1）气泡遮蔽效应。在焊接过程中，助焊剂受热挥发所产生的气泡不易排出，遮蔽在焊点上，可能造成焊料无法接触焊接面而形成漏焊。

（2）阴影效应。在双面混装的焊接工艺中，印制电路板在焊料熔液的波峰上通过时，较高的 SMT 元器件对它后面或相邻的较矮的 SMT 元器件周围的死角产生阻挡，形成阴影区，使焊料无法在焊接面上漫流而导致漏焊或焊接不良。

为克服这些 SMT 焊接缺陷，除了采用再流焊等焊接方法以外，已经研制出许多新型或改进型的波峰焊设备，有效地排除了原有的缺陷，创造出空心波、紊乱波、组合波等新的波峰形式。

2．斜坡式波峰焊

斜坡式波峰焊机和一般波峰焊机的区别，在于传送导轨以一定角度的斜坡方式进行传输，如图 6-6 所示。斜坡式波峰焊有利于焊点内的助焊剂挥发，避免形成夹气焊点，并能让多余的焊锡流下来。斜坡式波峰焊还增加了电路板焊接面与焊锡波峰接触的长度，假如电路板以同样速度通过波峰，等效增加了焊点浸润的时间，从而可以提高传送导轨的传输速度和焊接效率。

3．高波峰焊

高波峰焊机适用于 THT 元器件“长脚插焊”工艺，它的焊锡槽及锡波喷嘴如图 6-7 所示。其特点是：焊料离心泵的功率比较大，从喷嘴中喷出的锡波高度比较高，并且其高度 h 可以调节，保证元器件的引脚从锡波里顺利通过。一般地，在高波峰焊机的后面配置自动剪腿机，用来剪短元器件的引脚。

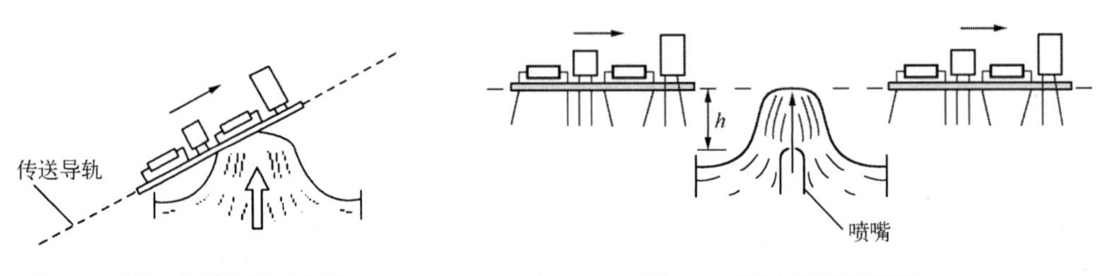

图 6-6　斜坡式波峰焊示意图　　图 6-7　高波峰焊示意图

4．空心波峰焊

空心波是在熔融的铅锡焊料的喷嘴出口设置了指针形调节杆，让焊料熔液从喷嘴两边对称的窄缝中均匀地喷流出来，使两个波峰的中部形成一个空心的区域，并且两边焊料熔液喷流的方向相反，如图 6-8 所示。由于空心波的伯努利效应（Bernoulli Effect，一种流体动力学效应），它的波峰不会将元器件推离基板，相反会使元器件贴向基板。空心波的波形结构可以从不同方向消除元器件的阴影效应，有极强的填充死角、消除桥连的效果。由于两个波峰中部的空心区域的存在，助焊剂很容易挥发，也减少了气泡遮蔽效应，减少了印制电路板吸收的热量，降低了元器件损坏的概率。空心波峰焊能够焊接 SMT 元器件和引线元器件混合装配的印制电路板，特别适合焊接极小的元器件，即使是在焊盘间距为 0.2mm 的高密度 PCB 上，也不会产生桥连。

5．紊乱波峰焊

用一块多孔的平板去替换空心波喷口的指针形调节杆，就可以获得由若干个小子波构成的紊乱波，如图 6-9 所示。看起来像平面涌泉似的紊乱波，能很好地克服普通波峰焊的气泡遮蔽效应和阴影效应。

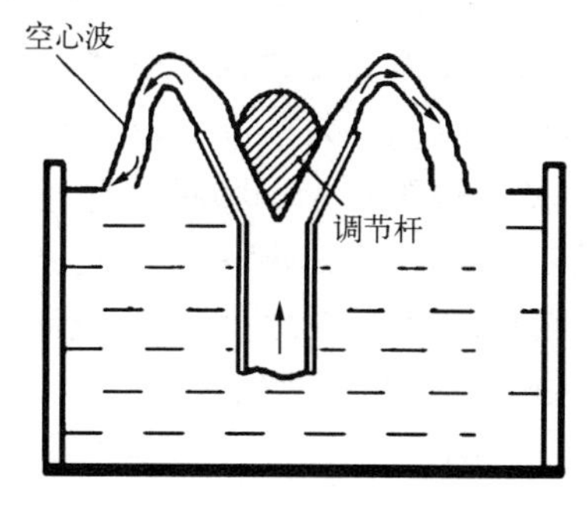

图 6-8 空心波峰焊示意图

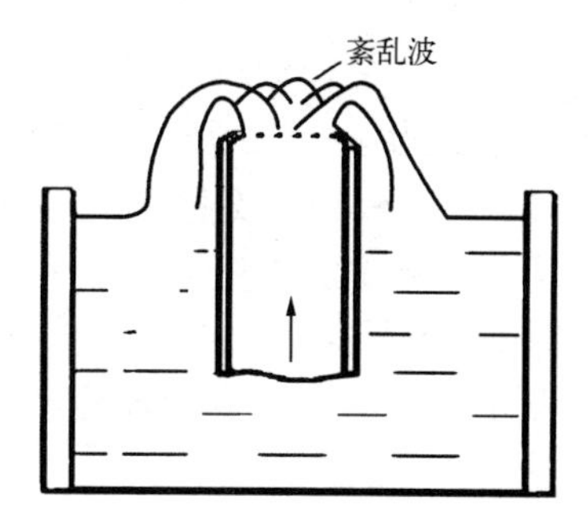

图 6-9 紊乱波峰焊示意图

6．宽平波峰焊

在焊料的喷嘴出口处安装扩展器，熔融的铅锡熔液从倾斜的喷嘴喷流出来，形成偏向宽平波（也称为片波），如图 6-10 所示。逆着印制电路板前进方向的宽平波的流速较大，对印制电路板有很好的擦洗作用；在设置扩展器的一侧，熔液的波面宽而平，流速较小，起到修整焊接面、消除桥连和拉尖、丰满焊点轮廓的效果。

7．双波峰焊

双波峰焊机是 SMT 时代发展起来的改进型波峰焊设备，特别适合焊接那些 THT+SMT 混合元器件的电路板。双波峰焊机的焊料波形如图 6-11 所示，电路板的焊接面要经过两个熔融的铅锡焊料形成的波峰，这两个焊料波峰的形式不同，最常见的波形组合是“紊乱波”+“宽平波”。

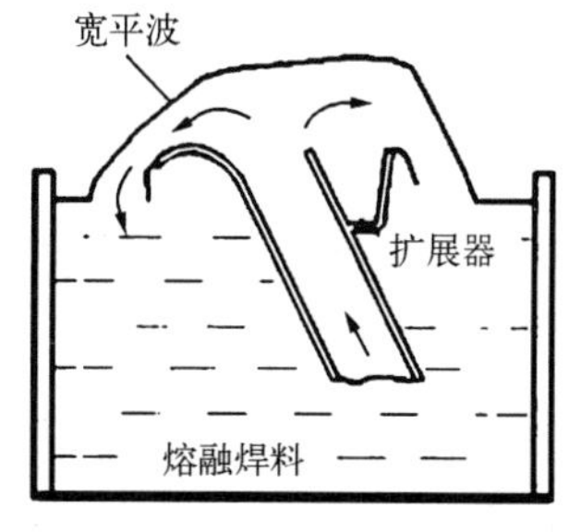

图 6-10 宽平波峰焊示意图

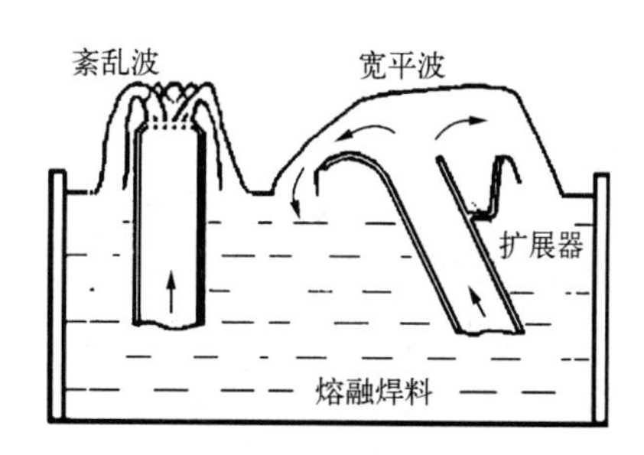

图 6-11 双波峰焊示意图

第一个焊料波是紊乱波，使焊料打到印制电路板底面所有的焊盘、元器件焊端和引脚上，熔融的焊料在经过助焊剂净化的金属表面上进行浸润和扩散，然后印制电路板的底面通过第二个熔融的焊料波，第二个焊料波是宽平波，宽平波将引脚及焊端之间的桥连分开，并将去除拉尖等焊接缺陷，修整焊接表面，得到理想的焊点。

8．选择性波峰焊

近年来，SMT 元器件的使用率不断上升，在某些混合装配的电子产品里甚至已经占到 95%左右，对于混装电路板的焊接，按照以往的思路，先对电路板 A 面进行再流焊，再对 B 面进行波峰焊的方案已经面临挑战。在以集成电路为主的产品中，很难保证在 B 面只贴装耐受温度的表面贴装元器件，而不贴装承受高温能力较差、可能因波峰焊导致损坏的表面贴装元器件，假如用手工焊接的办法对少量的 THT 元器件实施焊接，又感觉一致性难以保证。为解决以上问题，SMT 行业出现了选择性波峰焊设备。这种设备的工作原理是：在由电路板设计文件转换的程序控制下，小型波峰焊锡槽和喷嘴移动到电路板需要焊接的位置，顺序、定量地喷涂助焊剂并喷涌焊料波峰，进行局部焊接。选择性波峰焊多用于补焊或者是插装元器件较少的混装电路板的焊接。选择性波峰焊可以实现局部焊接，有效地避免了在混装电路板的焊接过程中对于表面贴装元器件的热伤害。

6.2　波峰焊主要材料及波峰焊机设备组成

6.2.1　波峰焊主要材料

1．焊料

波峰焊一般采用 Sn63Pb37 的共晶焊料，熔点为 183℃。锡的含量应该保持在 61.5%以上，并且锡铅两者的含量比例误差不得超过±1%，主要金属杂质的最大含量范围如表 6-1 所示。

表 6-1　波峰焊焊料中主要金属杂质的最大含量范围

金属杂质	铜 Cu	铝 Al	铁 Fe	铋 Bi	锌 Zn	锑 Sb	砷 As
最大含量范围（‰）	0.8	0.05	0.2	1	0.02	0.2	0.5

根据设备的使用情况，每隔三个月到半年定期检测焊料的锡铅比例和主要金属杂质的含量。如果不符合要求，可以更换焊料或采取其他措施。

2．助焊剂

（1）助焊剂的作用。助焊剂中的松香树脂和活性剂在一定温度下产生活化反应，能去除焊接金属表面的氧化膜，同时松香树脂又能保护金属表面在高温下不再氧化；助焊剂能降低熔融焊料的表面张力，有利于焊料的润湿和扩散。

（2）助焊剂的特性要求。熔点比焊料低，扩展率＞85%；黏度和比重比熔融焊料小，容易被置换，不产生毒气。助焊剂的比重可以用溶剂来稀释，一般控制在 0.82～0.84；免清洗型助焊剂要求固体含量＜2.0wt%，不含卤化物，焊后残留物少，不产生腐蚀作用，绝缘性能好；水清洗、半水清洗和溶剂清洗型助焊剂要求焊后易清洗；常温下储存稳定。

（3）助焊剂的选择。按照清洗要求，助焊剂分为免清洗、水清洗、半水清洗和溶剂清洗四种类型，按照松香的活性分类，可分为 R（非活性）、RMA（中等活性）、RA（全活性）三种类型，要根据产品对清洁度和电性能的具体要求进行选择。

一般情况下，军用及生命保障类电子产品（如卫星、飞机仪表、潜艇通信、保障生命的医疗装置、微弱信号测试仪器等）必须采用清洗型的助焊剂；其他类型的电子产品（如通信类、工业设备类、办公设备类、计算机等）可采用免清洗或清洗型的助焊剂；一般家用电器类电子产品均可采用免清洗型助焊剂或采用 RMA（中等活性）松香型助焊剂，可不清洗。

3．焊料添加剂

在波峰焊的焊料中，还要根据需要添加或补充一些辅料，主要包括防氧化剂和锡渣减除剂。防氧化剂可以减少高温焊接时焊料的氧化，不仅可以节约焊料，还能提高焊接质量。防氧化剂由油类和还原剂组成，要求还原能力强，在焊接温度下不会碳化。锡渣减除剂能让熔融的铅锡焊料与锡渣分离，起到防止锡渣混入焊点、提高焊接质量的作用。

6.2.2 波峰焊机设备组成

一般的波峰焊机如图 6-12 所示，由助焊剂涂敷系统、预热系统、焊料波峰发生器、传送系统、冷却系统和控制系统等几部分组成。

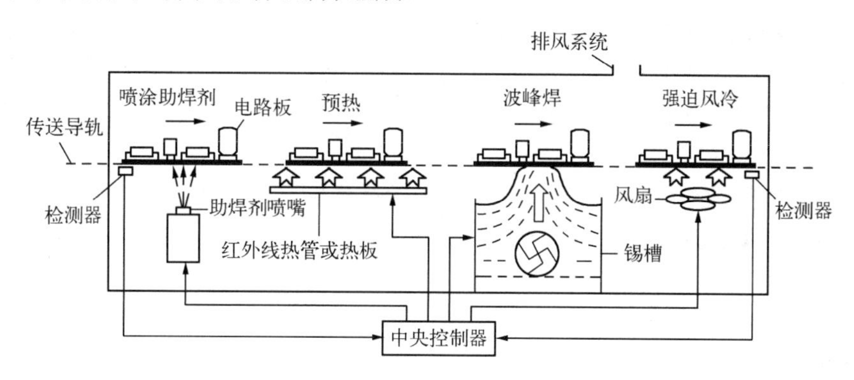

图 6-12 波峰焊机的内部结构示意图

1．焊料波峰发生器（焊接系统）

焊料波峰发生器的作用是产生波峰焊工艺所要求的特定的焊料波峰。它是决定波峰焊质量的核心，也是整个系统最具特征的核心部件。焊料波峰发生器分为机械泵式和液态金属电磁泵式两类。

机械泵式目前应用较广的是离心泵式和轴流泵式。离心泵式是由一台电动机带动泵叶，利用旋转泵叶的离心力而驱使液态焊料流体流向泵腔，在压力作用的驱动下，流入泵腔的液态焊料经整流结构整流后，呈层流态向喷嘴流出而形成焊料波峰。焊料槽中的焊料绝大多数是采取从泵叶旋轴中心部的下底面吸入泵腔内。轴流泵式与离心泵式的不同之处，就在于对液态焊料的推进形式不一样，它是利用特种形状的螺旋桨的旋转而产生轴向推力，迫使流体沿轴向流动。轴流泵式焊料波峰发生器也是目前工业上应用较多的一种结构形式。

液态金属电磁泵式是一种根据电磁流体力学理论而设计的泵，分为感应式和传导式两大类。传导式在 20 世纪 80 年代盛行，现在很少使用。感应式液态金属电磁泵是利用液态金属中的电流和磁场的相互作用，将电磁推力直接作用在液态金属上。液态金属电磁泵式焊料波峰发生器的分类如图 6-13 所示。

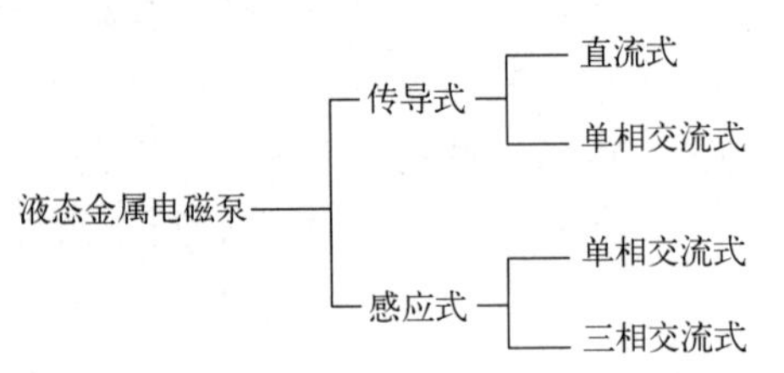

图 6-13　液态金属电磁泵式焊料波峰发生器的分类

为了保证焊接质量要求焊料波峰发生器产生的锡波平稳，PCB 无颤动，波峰温度为 245℃，焊接时间在 3～5s，锡波无杂质，无氧化物。

2．助焊剂涂敷系统

（1）助焊剂在波峰焊中的作用。

① 除去被焊金属表面的锈膜。被焊金属表面的锈膜通常不溶于任何溶液，但是这些锈膜与某些材料发生化学反应，生成能溶于液态助焊剂的化合物，就可除去锈膜，达到净化被焊金属表面的目的。这种化学反应可以是使助焊剂与锈膜生成溶于助焊剂或助焊剂溶剂的另一种化合物，也可以是把金属锈膜还原为纯净金属表面的化学反应。属于第一种化学反应的助焊剂主要以松香型助焊剂为代表，作为第二种化学反应的例子是某些具有还原性的气体。例如，氢气在高温下能还原金属表面的氧化物，生成水并恢复纯净的金属表面。

② 防止加热过程中被焊金属的二次氧化。波峰焊接时，随着温度的升高，金属表面的再氧化现象也会加剧，因此助焊剂必须为已净化的金属表面提供保护，即助焊剂应在整个金属表面形成一层薄膜，包住金属，使其同空气隔绝，达到在焊接的加热过程中防止被焊金属二次氧化的作用。

③ 降低液态焊料的表面张力。焊接过程中的助焊剂，能够以促进焊料漫流的方式影响表面的能量平衡，降低液态焊料的表面张力，减小接触角。

④ 传热。被焊接的接头部一般都存在不少间隙，在焊接过程中，这些间隙中的空气起着隔热的作用，从而导致传热不良。如果这些间隙被助焊剂填充满，则可加速热量的传递，迅速达到热平衡。

⑤ 促进液态焊料的漫流。经过预热的黏状助焊剂与波峰焊料接触后，活性剧增，黏度急剧下降，而在被焊金属表面形成第二次漫流，并迅速在被焊金属表面铺展开来。助焊剂二次漫流过程所形成的漫流作用力，附加在液态焊料上，从而拖动了液态金属的漫流过程，如图 6-14 所示。

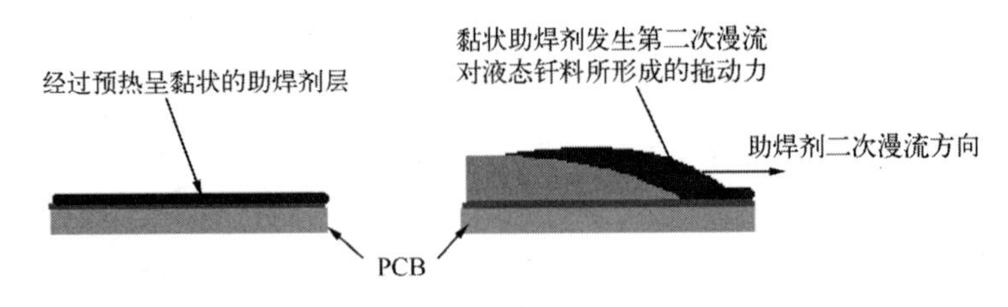

图 6-14　助焊剂二次漫流对液态焊料的拖动作用

助焊剂涂敷系统将助焊剂自动而高效地涂敷到 PCB 的被焊面上，利用助焊剂破除氧化层，将松散的氧化层从金属表面移去，使焊料和基体金属直接接触。

（2）常用的助焊剂涂敷方式。常用的助焊剂涂敷方式分为泡沫波峰涂敷法、喷雾涂敷法、刷涂涂敷法、浸涂涂敷法和喷流涂敷法等。这里重点介绍泡沫涂敷法及喷雾涂敷法。

① 泡沫涂敷装置一般由助焊剂槽、喷嘴和浸入助焊剂中的多孔发泡管等组成。发泡管应浸入助焊剂中，距离液面约为 50mm，当在多孔管内送入一定压力的纯净空气后，在喷嘴上方形成稳定的助焊剂泡沫流。PCB 通过该泡沫波峰峰顶，从而在 PCB 焊接面上涂敷了一层厚度均匀且可控的助焊剂层。在这种装置中，助焊剂的密度控制非常重要，助焊剂泡沫波峰形成的质量在很大程度上取决于助焊剂的密度、气体的压力和位于发泡管上面的助焊剂液面高度。

② 喷雾涂敷法分为直接喷雾法、旋转喷雾法和超声喷雾法。直接喷雾法也称为喷涂法，仅适用于涂敷低固体含量的液态助焊剂。直接喷雾涂敷系统通常由助焊剂储存罐、喷雾头、气流调节器等组成。旋转喷雾法又称为旋网喷雾法，主要采用由不锈钢或其他耐助焊剂腐蚀材料制成的旋转筛的一部分浸入助焊剂容器中，在浸入部分的网眼中充满了助焊剂。当 PCB 采取长插方式时，此法最适宜。元器件引线伸出 PCB 板面的高度可以达到 5cm，而泡沫波峰涂敷方式，引线露出 PCB 板面的高度通常限制在 1.5cm 以下。旋转喷雾系统通常由助焊剂槽、旋转筛网、开槽不锈钢管、气流调节器等组成。粘在旋转筛网孔里的助焊剂与不锈钢圆筒顶部开槽处喷出的高速气流相遇，便在 PCB 下表面和元器件区域形成涂敷。超声喷雾法是利用超声能的空化作用，将液态助焊剂变成雾化状而涂敷到 PCB 的焊接面上。各种喷雾方式的特性比较如表 6-2 所示。

表 6-2　各种喷雾方式的特性比较

特性 \ 喷雾方式	超 声 喷 雾	旋 转 喷 雾	直 接 喷 雾
喷涂量	少	较多	较多
涂敷均匀性	好	较好	一般
波峰焊后残留物	极微	微	微
所需气压、气量的大小	小	大	大
雾粒粗细（μm）	＜50	10～150	30～100
PCB 夹送速度（m/min）	0.6～1.5	0～4	0.6～4
所需附件	最少	少	多
助焊剂消耗量	最少	稍多	多
维修	较复杂	易	复杂

（3）对助焊剂涂敷系统的技术要求如下所述。

① 涂敷的厚度适宜，无多余的助焊剂流淌；防止滴落在预热器上，引起火灾危险；防止留下多余的形成残渣，给后期 PCB 的清洗带来负担。

② 涂敷层应均匀，对被焊接面覆盖完整。

③ 发泡管及喷射嘴不得有堵塞现象，气压足够，为达到良好的效果，其助焊剂必须比重适宜，固体含量低（3%左右），且无水分，否则将影响焊接质量。

3．预热系统

（1）预热系统的作用。

① 助焊剂中的溶剂成分在通过预热器时，将会受热挥发，从而避免溶剂成分在经过液面时高温气化造成炸裂的现象发生，最终防止产生锡粒的品质隐患。

② 待浸锡产品搭载的部品在通过预热器时缓慢升温，可避免过波峰时因骤热产生的物理作用造成部品损伤的情况发生。

③ 预热后的引脚或端子在经过波峰时不会因自身温度较低的因素大幅度降低焊点的焊接温度，从而确保焊接在规定的时间内达到温度要求。

（2）三种普遍采用的预热处理形式。

① 强迫对流。强迫热空气对流是一种有效且均匀的预热方式，它尤其适合于水基助焊剂。这是因为它能够提供所要求的温度和空气容量，可以将水分蒸发掉。

② 石英灯。石英灯是一种短波长红外线加热源，它能够做到快速地实现任何所要求的预热温度设置。

③ 加热棒。加热棒的热量由具有较长波长的红外线热源提供。它们通常用于实现单一恒定的温度，这是因为它们实现温度变化的速度较为缓慢。这种较长波长的红外线能够很好地渗透进入印制电路板的材料之中，以实现较快时间的加热。

（3）对预热系统的技术要求。

① 温度调节范围宽，一般要求在室温至 250℃范围内可调，以满足各种类型助焊剂的活化温度要求。

② 应有一定的预热长度，以确保 PCB 在活化温度下保持足够的时间。

③ 不应有可见的明火，避免助焊剂滴落在发热元器件上燃烧起火，引起火灾。

④ 对助焊剂涂敷系统正常工作的干扰及造成的热影响最小。

⑤ 耐冲击，耐震动，可靠性高，维修简单。

印制电路板预热温度和时间要根据印制电路板的大小、厚度、元器件的大小及贴装元器件的多少来确定。预热温度在 90～130℃（PCB 表面温度），多层板及有较多贴装元器件时预热温度取上限，不同 PCB 类型和组装形式的预热温度参考表如表 6-3 所示。参考时一定要结合组装板的具体情况，做工艺试验或试焊后进行设置，有条件时可测实时温度曲线。预热时间由传送带速度来控制。如果预热温度偏低或预热时间过短，焊剂中的溶剂挥发不充分，焊接时产生气体引起气孔、锡球等焊接缺陷，解决办法是提高预热温度或降低传送带速度；如果预热温度偏高或预热时间过长，焊剂被提前分解，使焊剂失去活性，同样会引起毛刺、桥连等焊接缺陷，解决办法是降低预热温度或提高传送带速度。要恰当控制预热温度和时间，最佳的预热温度是在波峰焊前，使涂敷在 PCB 底面的焊剂带有黏性的时候。

表 6-3　预热温度参考表

PCB 类型	组 装 形 式	预热温度（℃）
单面板	纯 THC 或 THC 与 SMC/SMD 混装	90～100
双面板	纯 THC	90～110
双面板	THC 与 SMD 混装	100～110
多层板	纯 THC	110～125
多层板	THC 与 SMD 混装	110～130

4．传输系统

传输系统是一条安放在滚轴上的金属传送机械爪，它支撑着印制电路板，使其移动着通过波峰焊区域，印制电路板组件通过金属机械爪予以支撑。金属机械爪能够进行调整，以满足不同尺寸类型的印制电路板需求，或者按特殊规格尺寸进行制造。

（1）传动部分的组成。主要由支架、链条、链爪、电动机、传动齿轮、调幅机构、支架高度调节机构等组成。其中，调幅机构由固定导轨、可调移动导轨、调节轮、传动链条、传动齿轮、调节螺纹轴、导向轴、伞形齿轮和指定螺钉等组成。

（2）传动部分的主要功能。

① 完成产品输送动作。

② 实现机种切换时导轨（链爪）跨距的改变。

③ 改变产品浸锡时与波峰面的角度。

（3）传动部分的主要技术要求及对波峰焊的影响。

① 支架水平度。支架是传动部分搭载的基础，其水平精度直接决定了固定导轨与移动导轨是否水平，从而保证在锡槽波峰平滑的状态下，链爪输送的产品能以同样的深度浸过液面，防止局部未浸锡、冒锡现象的发生。

② 固定导轨及可调移动导轨间的平行度。产品从投入锡炉后，其两侧链爪对其施加的力在经过整个锡炉的过程中应该保持一致，否则将会出现夹坏产品（前松后紧）及掉落基板（前紧后松）的现象发生，从而造成产品报废，严重时将会导致安全事故及设备事故的发生。

③ 链爪底部卡槽的直线度。因为产品在锡炉中要完成锡水涂布、充分预热、一次浸锡、二次浸锡、冷却等过程，整个循环链条的长度一般单侧都在3m 左右，而链爪是一个一个固定在传动链条上的，从而组成两条平行移动的输送线，完成产品的输送动作。基板就夹在两侧链爪底部的卡槽上，如果链爪变形或倾斜破坏卡槽直线度的话，将会造成产品倾斜，过波峰时基板的浸锡深度不一，从而造成冒锡、未浸锡的现象发生，严重时将会出现部品端子挂住锡锅、停止不前、掉基板、溢锡等重大事故的发生。

以上三个参数的精确度，直接影响到浸锡效果的稳定。因此，作为设备操作人员及维护人员，在日常操作及维护过程中，也必须把它们作为工作重点予以关注。

（4）对传输系统的技术要求。

① 传动平稳，无抖动和震动现象，噪声小。

② 传送速度可调，传送倾角范围在4°～8°之间可选择。

③ 金属机械爪化学性能稳定，在助焊剂和高温液态焊料反复作用下不熔蚀、不沾锡、不和助焊剂起化学反应、弹性好、夹持力稳定。如果在焊接的过程中发现金属机械爪沾锡，通常是因为锡波温度偏低造成的，提高锡波的设置温度就可解决。

④ 装卸方便，维修容易。

⑤ 结构紧凑，对整机外形尺寸影响小。

⑥ 热稳定性好，不易变形。

⑦ 可以很方便地根据PCB的不同宽度调节夹持的宽度。

5. 冷却系统

（1）冷却系统的作用。设置冷却系统的目的是迅速驱散经过焊料波峰区积累在PCB上的余热。常见的结构形式有风机式、风幕式和压缩空气式。

（2）对冷却系统的技术要求。

① 风压应适当，风过大易扰动焊点。

② 气流应定向，应不至于焊料槽表面剧烈散热。

③ 最好能提供先温风后冷风的逐渐冷却模式。急剧冷却将导致产生较大的热应力而损害元器件，如陶瓷元器件等，而且易在焊点内形成空洞。

6．控制系统

（1）控制系统的作用。利用计算机对全机各工位、各组件之间的信息流进行综合处理，对系统的工艺进行协调和控制。这样不仅降低了成本，缩短了研制和更新换代的周期，而且还可以通过硬件软化设计技术，简化系统结构，使得整机可靠性大幅提高，操作维修简便，人机界面友好。

（2）对控制系统的基本要求。

① 控制动作准确可靠。

② 能充分体现和反映波峰焊工艺的规范要求。

③ 人机界面友好，便于操作。

④ 安全措施完善，容错功能强。

⑤ 电路简单，可操作性和可维修性好。

⑥ 成本低，维修配件货源广。

⑦ 能充分体现现代控制技术的进步和发展。

6.2.3　波峰焊中合金化过程

波峰焊中，PCB 通过波峰时其热作用过程大致可分为三个区域，如图 6-15 所示。

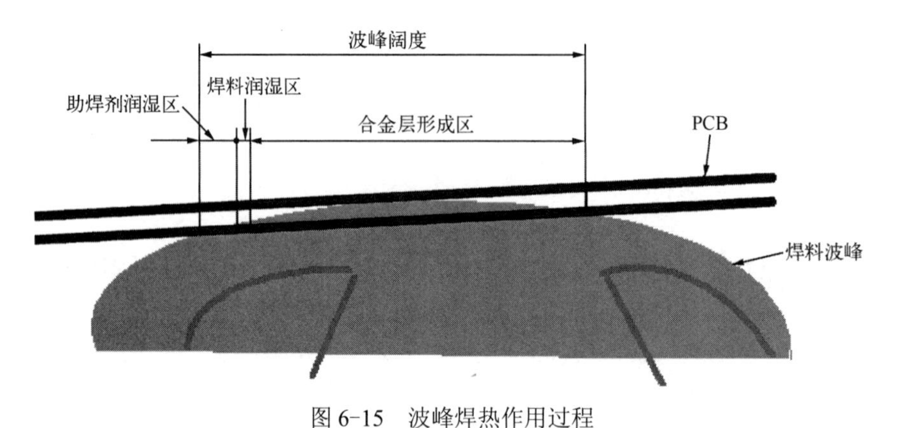

图 6-15　波峰焊热作用过程

1．助焊剂润湿区

涂敷在 PCB 面上的助焊剂，经过预热区的预热，一旦接触焊料波峰后温度骤升，助焊剂迅速在基体金属表面上润湿。受温度的剧烈激活，释放出最大的化学活性，迅速净化被焊金属表面。此过程大约只需 0.1s 即可完成。

2．焊料润湿区

经过助焊剂净化的基体表面，在基体金属表面吸附力的作用和助焊剂的拖动下，焊料迅速在基体金属表面上漫流开来。一旦达到焊料的润湿温度后，润湿过程便立即发生。此过程通常只需 0.001s 即可完成。

3．合金层形成区

焊料在基体金属上发生润湿后，扩散过程便紧随其后发生。由于生成最适宜厚度的合金层（3.5μm 左右）要经历一段时间过程，因此润湿发生后还必须有足够的保温时间，以获得所需要厚度的合金层。通常该时间为 2～5s。保温时间之所以要取一个范围，主要是被焊金属热容量的大小不同。热容量大的，升温速率慢，获得合适厚度的合金层的时间自然就得长一些；而热容小的，升温速率快，合金层的生成速度也要快些，因而保温时间就可以取得短些。对一般元器件来说，该时间优选为 3～4s。

6.3　波峰焊的工艺

6.3.1　插装元器件的波峰焊工艺

1．上机前的烘干处理

为了消除在制造过程中就隐蔽于 PCB 内残余的溶剂和水分，特别是在焊接中当 PCB 上出现气泡时，建议对 PCB 进行上线前的预烘干处理。PCB 上线前的烘干温度和时间如表 6-4 所示。

表 6-4　PCB 上线前的烘干温度和时间

烘 干 设 备	温度（℃）	时间（h）
循环干燥箱	107～120	1～2
	70～80	3～4
真空干燥箱	50～55	1.5～2.5

表 6-4 中所列温度和时间，对 1.5mm 以下的薄 PCB 可选用较低的温度和较短的时间，而对多层 PCB 而言，建议的预烘干温度是 105℃，持续 2～4h。烘干时，不要将电路板叠放在一起，否则内层的 PCB 就会被隔热，达不到预烘干的效果。建议将 PCB 放在一个对流炉内，每块 PCB 之间最少相距 3mm。

PCB 在上线之前进一步预烘干处理对消除 PCB 制板过程中所形成的残余应力，减少波峰焊时 PCB 的翘曲和变形也是极为有利的。

2．预热温度

预热温度是随时间、电源电压、周围环境温度、季节及通风状态的变化而变化的。当加热器和 PCB 间的距离及夹送速度一定时，调控预热温度的方法通常是通过改变加热器的加热功率来实现。

如表 6-5 所示为我国电子工业标准 SJ/T 10534—94 给出的 PCB 预热温度（是指在 PCB 焊接面上的温度）。

表 6-5　我国电子工业标准 SJ/T 10534—94 给出的 PCB 预热温度

PCB 种类	温度（℃）
单面板	80～90
双面板	100～120
四层以下的多层板	105～120
四层以上的多层板	110～130

3．焊料温度

为了使熔化的焊料具有良好的流动性和润湿性，较佳的焊接温度应高于焊料的熔点温度。

4．传送速度

焊接时间往往可以用传送速度来反映。波峰焊中最佳传送速度的确定，要根据具体的生产效率、PCB 基板和元器件的热容量、预热温度等综合因素，通过工艺测试来确定。

5．传送倾角

目前公认较好的传送倾角范围为 4°～6°。

6.3.2　表面安装组件（SMA）的波峰焊技术

1．SMA 波峰焊工艺的特殊问题

在 SMA 波峰焊中，波峰焊设备中的焊料波峰发生器在技术上必须进行更新设计，方可适合 SMA 波峰焊的需要。SMA 波峰焊工艺既有与传统的 THT 波峰焊工艺共性的方面，也有其特殊之处。对元器件来说，最大的不同在于 SMA 波峰焊属于浸入方式，这种浸入式波峰焊工艺带来了下述新问题。

（1）由于存在气泡遮蔽效应及阴影效应易造成局部跳焊。

（2）SMA 的组件密度越来越高，元器件间的距离越来越小，故极易产生桥连。

（3）由于焊料回流不好易产生拉尖。

（4）对元器件热冲击大。

（5）焊料中溶入杂质的机会多，焊料易污染。

（6）气泡遮蔽效应。

（7）阴影效应，包括背流阴影和高度所形成的阴影。

2．SMC/SMD 的焊接特性和安装设计中应注意的事项

（1）SMC/SMD 的焊接特性。对各类 SMC/SMD 的焊接可查阅相关的产品技术手册。例如，碳膜或金属膜电阻类的耐热性好，能确保在引线端子上进行电路合金处理时不发生熔蚀现象，能很好地适应各种焊接方式（波峰焊和回流焊）。陶瓷电容器类不能接受急热、急冷及局部加热，所以在焊接时注意一定要先预热，焊后要缓慢冷却，波峰焊温度控制在 240～250℃，时间为3～4s为宜。薄膜电容器类标准波峰焊的条件：预热温度≤150℃，时间＜3min；焊接温度≤250℃，时间＜5min；焊后要保持2min的缓慢冷却时间。半导体管类标准波峰焊的条件：预热温度为130～150℃，时间为1～3min；焊接温度为240～260℃，时间为3～10s；焊后要保持2min的缓慢冷却时间。SOP-IC类标准波峰焊接的条件：预热温度＜150℃，时间1～3min；焊接温度＜260℃，时间为3～4s。

（2）贴片胶的选择。用于SMA波峰焊的贴片胶，必须考虑由于贴片胶在波峰焊料中受热产生气体，此气体如果无法排除而附留在焊点附近，就会阻碍了液态焊料与基体金属表面的接触，或贴片胶粘到了PCB的焊盘上，从而造成焊点空焊、脱落等现象，因此所用贴片胶必须能耐受焊接时的热冲击，并在高温下拥有足够的胶黏力，而且浸入波峰焊料后不产生气体。除此之外，还应适当控制固化及预热条件，这对减少波峰焊时的气体产生量也是有显著效果的。

SMA波峰焊中常用的贴片胶根据固化方式不同分为UV胶和一般性胶。UV胶通常采用紫外线固化，一般不加硬化剂。其胶黏性与热升温度速率有密切关系，通常约取2℃/s，预热温度一般都在180℃以下，时间为2.5～3min。一般性胶不加硬化剂，俗称红胶。在温度控制方面与UV胶稍有差异，热升温度速率为2℃/s，预热温度大约在170℃以下，时间为2.5～3min。

3．SMA波峰焊工艺要素的调整

（1）助焊剂的涂敷。SMA波峰焊中，由于已安装了SMC/SMD的PCB表面上凹凸不平，这给助焊剂的均匀涂敷增加了困难。保持喷雾头的喷雾方向与PCB板面相垂直，是克服喷雾阴影效应的有效手段。

（2）预热温度。SMA波峰焊中，预热温度不仅要考虑助焊剂所要求的激活温度，而且还要考虑SMC/SMD本身所要求的预热温度。通常预热温度的选择原则是：使经过预热区后的SMA的温度与焊料波峰的温度之差≤100℃左右为宜。

（3）焊料、焊接温度和时间。由于SMA为浸入式波峰焊，焊料槽中的焊料工作时受污染的机会比THT波峰焊时要大得多，因此要特别注意监视焊料槽中焊料的杂质含量。SMA波峰焊所采用的最高温度和焊接时间的选择原则是：除了要对焊缝提供热量外，还必须提供热量去加热元器件，使其达到焊接温度。当使用较高的预热温度时，焊料槽的温度可以适当降低些，而焊接时间可酌情延长些。例如，在250℃时，单波峰的最长浸渍时间或双波峰中总的浸渍时间之和约为5s，但在230℃时，最长时间可延至7.5s。

（4）PCB夹送速度与角度。在THT波峰焊中，较好的角度大约是6°～8°，而SMA的波峰焊接面一般不如THT的波峰焊接面平整，这是导致拉尖、桥连、漏焊的一个潜在因素。因此，SMA波峰焊中夹送角度选择宜稍大些，一般在6°～8°。夹送速度的选择必须使第二波峰有足够的浸渍时间，以使较大的元器件能够吸收到足够的热量，从而达到预期的焊接效果。

（5）浸入深度。浸入深度是指SMA波峰焊中PCB浸入波峰焊料的深度，第一波峰的深度要比较深，以获得较大的压力克服阴影效应，而通过喷口的时间要短，这样有利于剩余的助焊剂有足够的剂量供给给第二波峰使用。

（6）冷却。在SMA波峰焊中，焊接后采用2min以上的缓慢冷却，这对减小因温度剧变所形成的应力，避免元器件损坏（特别是以陶瓷做基体或衬底的元器件的断裂现象）是有重要意义的。

4．典型的表面组装元器件波峰焊的温度曲线

典型的表面组装元器件波峰焊的温度曲线如图 6-16 所示，可以看出，整个焊接过程分为三个温度区域：预热、焊接和冷却。实际的焊接温度曲线可以通过对设备的控制系统编程进行调整。

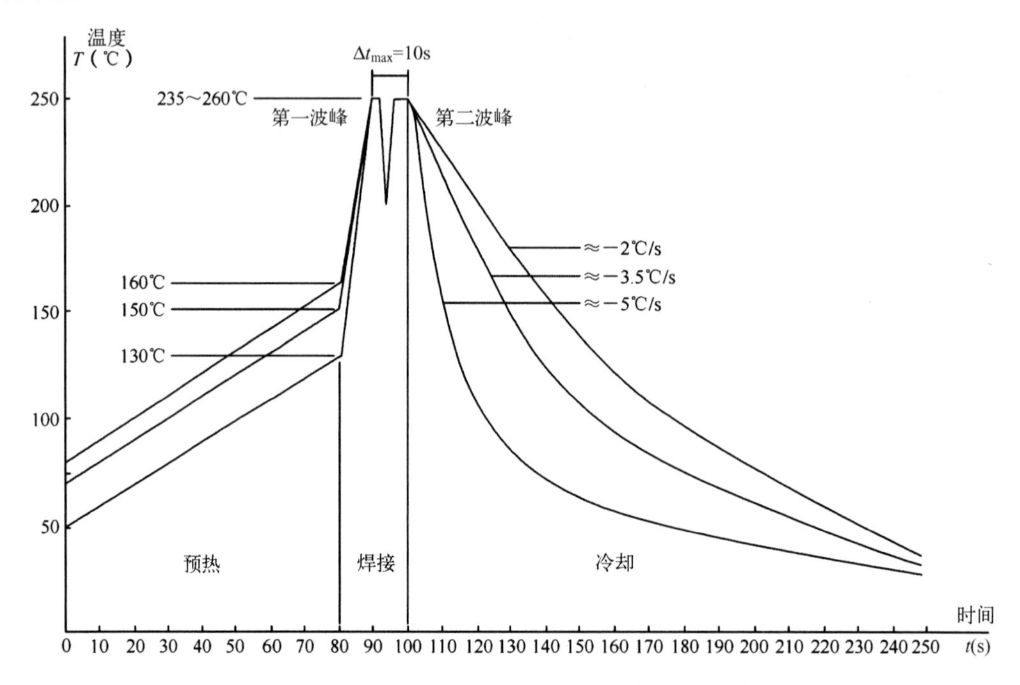

图 6-16　典型的表面组装元器件波峰焊的温度曲线

在预热区内，电路板上喷涂的助焊剂中的溶剂被挥发，可以减少焊接时产生的气体。同时，松香和活化剂开始分解活化，去除焊接面上的氧化层和其他污染物，并且防止金属表面在高温下再次氧化。印制电路板和元器件被充分预热，可以有效地避免焊接时急剧升温产生的热应力损坏。电路板的预热温度及时间，要根据印制电路板的大小、厚度、元器件的尺寸和数量及贴装元器件的多少来确定。在 PCB 表面测量的预热温度应该在 90～130℃之间，多层板或贴片较多时，预热温度取上限。预热时间由传送带的速度来控制。

焊接过程是金属、熔融焊料和空气等之间相互作用的复杂过程，同样必须控制好焊接温度和时间。如果焊接温度偏低，则液体焊料的黏性大，不能很好地在金属表面浸润和扩散，就容易产生拉尖、桥连、焊点表面粗糙等缺陷；如果焊接温度过高，则容易损坏元器件，还会由于焊剂被碳化失去活性，焊点氧化速度加快，产生焊点发乌、不饱满等问题。测量波峰表面温度，一般应该在（250±5）℃的范围之内。因为热量、温度是时间的函数，在一定温度下，焊点和元器件的受热量随时间而增加。波峰焊的焊接时间可以通过调整传送系统的速度来控制，传送带的速度要根据不同波峰焊机的长度、预热温度、焊接温度等因素统筹考虑，进行调整。以每个焊点接触波峰的时间来表示焊接时间，一般焊接时间约为 3～4s。

6.4　波峰焊的缺陷与分析

6.4.1　合格焊点

锡必须与基板形成共结晶焊点，让锡成为基层的一部分，故有如下要求。

① 在 PCB 焊接面上出现的焊点应为实心平顶的锥体；横切面的两外圆应呈现新月形的均匀弧状；通孔中的填锡应将零件均匀完整地包裹住。

② 焊点底部面积应与板子上的焊盘一致。

③ 焊点的锡柱爬升高度大约为零件脚在电路板面突出的 3/4，其最大高度不可超过圆形焊盘直径的一半或 80%（否则容易造成短路）。

④ 锡量的多少应以填满焊盘边缘及零件脚为宜，而焊接接触角度应趋近于零，接触角度越小越好，表示有良好的沾锡性。

⑤ 锡面应呈现光泽性，表面应平滑、均匀。

⑥ 对贯穿孔的 PCB 而言，焊锡应自焊锡面爬进孔中升至孔高度的 1/3～1/2 的位置。

满足以上六个条件的焊点即被称为合格焊点，如图 6-17 所示为合格焊点剖面图。

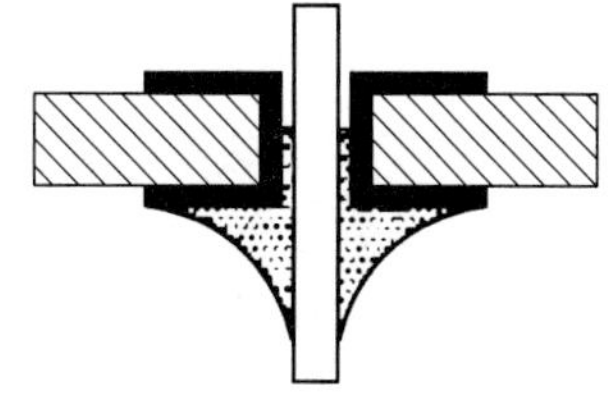

图 6-17　合格焊点剖面图

6.4.2　波峰焊常见缺陷分析

1．润焊不良、虚焊

（1）现象。锡料未全面或者没有均匀地包覆在被焊物表面，使焊接物表面金属裸露，如图 6-18 所示。润焊不良在焊接作业中是不能被接受的，它严重降低了焊点的“耐久性”和“延伸性”，同时也降低了焊点的“导电性”及“导热性”。

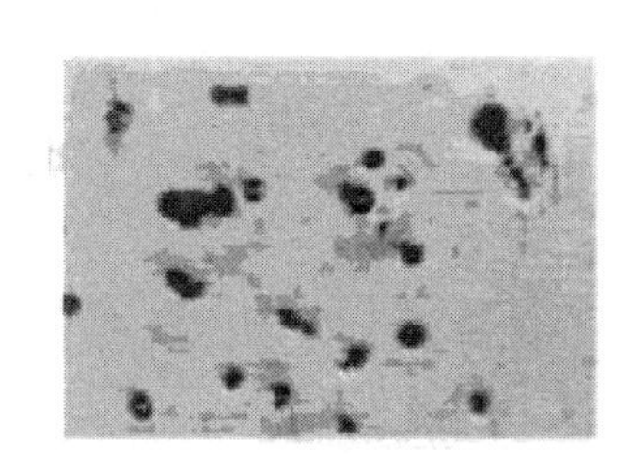

图 6-18　润焊不良示例

（2）产生原因。

① 元器件焊端、引脚、印制电路板基板的焊盘氧化或被污染，PCB 受潮等。

② 元器件端头金属电极附着力差或采用单层电极，在焊接温度下产生脱帽现象。

③ PCB 设计不合理，波峰焊时阴影效应造成漏焊。

④ PCB 翘曲，使 PCB 翘起位置与波峰焊接触不良。

⑤ 传送带两侧不平行（尤其使用 PCB 传输架时），使 PCB 与波峰接触不平行。

⑥ 波峰不平滑，波峰两侧高度不平行，尤其电磁泵波峰焊机的锡波喷口如果被氧化物堵塞时，会使波峰出现锯齿形，容易造成漏焊、虚焊。

⑦ 助焊剂活性差，造成润湿不良。

（3）解决方法。

① 元器件先到先用，不要存放在潮湿的环境中，不要超过规定的使用日期。对 PCB 进

行清洗和去潮处理。

② 波峰焊应选择三层端头结构的表面贴装元器件，元器件本体和焊端能经受两次以上的 260℃波峰焊的温度冲击。

③ SMD/SMC 采用波峰焊时，元器件布局和排布方向应遵循较小元器件在前和尽量避免互相遮挡的原则。另外，还可以适当加长元器件搭接后剩余焊盘的长度。

④ PCB 的翘曲度小于 0.8%～1.0%。

⑤ 调整波峰焊机及传输带或 PCB 传输架的横向水平。

⑥ 清理喷嘴。

⑦ 更换助焊剂。

⑧ 设置恰当的预热温度。

2．锡球

（1）现象。锡球大多发生在 PCB 表面出现球状焊料颗粒。

（2）产生原因。

① PCB 预热不够，导致表面的助焊剂未干。

② 助焊剂的配方中含水量过高。

③ 工厂环境湿度过高。

3．冷焊

（1）现象。冷焊是焊点凝固过程中，零件与 PCB 相互移动所形成的，如图 6-19 所示，这种相互移动的动作，影响锡铅合金的结晶过程，降低了整个合金的强度。当冷焊严重时，焊点表面甚至会有细微裂缝或断裂的情况发生。

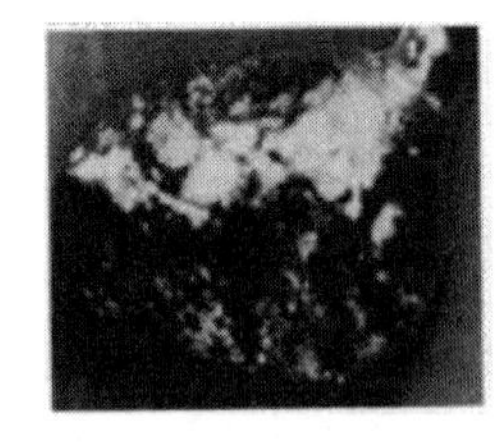

图 6-19　冷焊示例

（2）产生原因。

① 输送轨道的皮带震动不平衡。

② 机械轴承或马达转动不平衡。

③ 抽风设备或电扇太强。

④ PCB 已经流过输送轨道出口，锡还未干。

（3）解决方法。PCB 过锡后，保持输送轨道的平稳，让焊料合金固化的过程中，得到完美的结晶，即能解决冷焊的困扰。当冷焊发生时可用补焊的方式整修，若冷焊严重时，则可考虑重新过一次锡。

4．焊料不足

（1）现象。焊点干瘪、不完整、有空洞，插装孔及导通孔焊料不饱满，焊料未爬到元器件面的焊盘上。

（2）产生原因。

① PCB 预热和焊接温度过高，使焊料的黏度过低。

② 插装孔的孔径过大，焊料从孔中流出。

③ 金属化孔质量差或阻焊剂流入孔中。

④ PCB 爬坡角度偏小，不利于焊剂排气。

（3）解决方法。

① 预热温度为 90～130℃，元器件较多时取上限，锡波温度为（250±5）℃，焊接时间为 3～5s。

② 插装孔的孔径比引脚直径大 0.15～0.4mm，细引线取下限，粗引线取上限。

③ 焊盘尺寸与引脚直径应匹配。

④ 设置 PCB 的爬坡角度为 4°～6°。

5. 包锡

（1）现象。包锡即焊料过多，焊点的四周被过多的锡包覆而不能断定其是否为标准焊点，如图 6-20 所示。

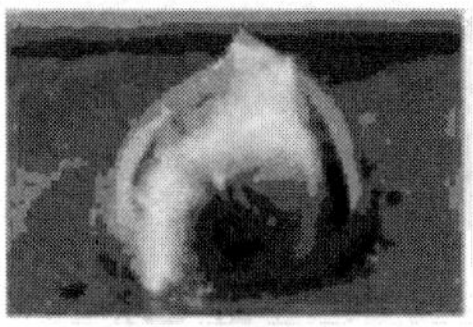

图 6-20　包锡示例

（2）产生原因。

① 焊接温度过低或传送带速度过快，使熔融焊料的黏度过大。

② PCB 预热温度过低，焊接时元器件与 PCB 吸热，使实际焊接温度降低。

③ 助焊剂的活性差或比重过小。

④ 焊盘、插装孔或引脚可焊性差，不能充分浸润，产生的气泡裹在焊点中。

⑤ 焊料中锡的比例减少，或焊料中杂质 Cu 的成分高，使焊料黏度增加，流动性变差。

⑥ 焊料残渣太多。

（3）解决方法。

① 锡波温度为（250±5）℃，焊接时间为 3～5s。

② 根据 PCB 尺寸、板层、元器件多少、有无贴装元器件等设置预热温度，PCB 底面温度在 90～130℃。

③ 更换焊剂或调整适当的比例。

④ 提高 PCB 的加工质量，元器件先到先用，不要存放在潮湿的环境中。

⑤ 锡的比例小于 61.4%时，可适量添加一些纯锡，杂质过高时应更换焊料。

⑥ 每天结束工作时应清理残渣。

6. 冰柱

（1）现象。冰柱是指焊点顶部呈冰柱状，如图 6-21 所示。

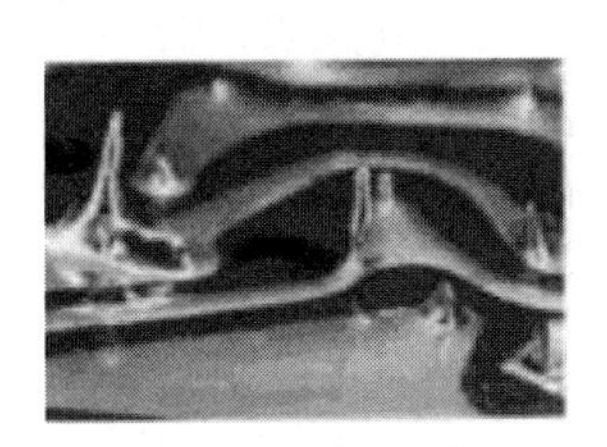

图 6-21　冰柱示例

（2）产生原因。

① PCB 预热温度过低，使 PCB 与元器件温度偏低，焊接时元器件与 PCB 吸热。

② 焊接温度过低或传送带速度过快，使熔融焊料的黏度过大。

③ 电磁泵波峰焊机的波峰高度太高或引脚过长，使引脚底部不能与波峰接触。

④ 助焊剂活性差。

⑤ 焊接元器件引线直径与插装孔比例不正确，插装孔过大，大焊盘吸热量大。

（3）解决办法。

① 根据 PCB 尺寸、板层、元器件多少、有无贴装元器件等设置预热温度，预热温度在 90～130℃。

② 锡波温度为（250±5）℃，焊接时间为 3～5s。温度略低时，传送带速度应调慢一些。

③ 波峰高度一般控制在 PCB 厚度的 2/3 处。插装元器件引脚成型要求引脚露出 PCB 焊接面 0.8～3mm。

④ 更换助焊剂。

⑤ 插装孔的孔径比引线直径大 0.15～0.4mm（细引线取下限，粗引线取上限）。

7．桥连

（1）现象。桥连是指将相邻的两个焊点连接在一块，如图 6-22 所示。

（2）产生原因。

① PCB 设计不合理，焊盘间距过窄。

② 插装元器件引脚不规则或插装歪斜，焊接前引脚之间已经接近或已经碰上。

③ PCB 预热温度过低，焊接时元器件与 PCB 吸热，使实际焊接温度降低。

④ 焊接温度过低或传送带速度过快，使熔融焊料的黏度降低。

图 6-22　桥连示例

⑤ 助焊剂活性差。

（3）解决办法。

① 按照 PCB 设计规范进行设计。

② 插装元器件引脚应根据 PCB 的孔距及装配要求成型。

③ 根据 PCB 尺寸、板层、元器件多少、有无贴装元器件等设置预热温度，PCB 底面温度在 90～130℃。

④ 锡波温度为（250±5）℃，焊接时间为 3～5s。温度略低时，传送带速度应调慢些。

⑤ 更换助焊剂。

8．其他缺陷

（1）板面脏污。这主要是由于助焊剂固体含量高、涂敷量过多、预热温度过高或过低，或由于传送机械爪太脏、焊料锅中氧化物及锡渣过多等原因造成的。

（2）PCB 变形。一般发生在大尺寸 PCB 上，由于大尺寸 PCB 质量大或由于元器件布置不均匀造成质量不平衡。这需要 PCB 设计时尽量使元器件分布均匀，在大尺寸 PCB 中间设计工艺边。

（3）掉片（丢片）。贴片胶质量差，或贴片胶固化温度不正确，固化温度过高或过低都会降低黏结强度，波峰焊时经不起高温冲击和波峰剪切力的作用，使贴装元器件掉在料锅中。

（4）其他隐性缺陷。焊点晶粒大小、焊点内部应力、焊点内部裂纹、焊点发脆、焊点强度差等，需要 X 光、焊点疲劳试验等检测。这些缺陷主要与焊接材料、PCB 焊盘的附着力、元器件焊端或引脚的可焊性及温度曲线等因素有关。

习　题　6

1．波峰焊技术主要用于哪些组装工艺的焊接？
2．热浸焊主要有哪些缺点？
3．分别说明气泡遮蔽效应及阴影效应。
4．空心波有哪些优点？
5．分别说明波峰焊最常见的波形组合“紊乱波”＋“宽平波”中，每种锡波的作用。
6．波峰焊机一般由哪几部分组成？

第7章

再 流 焊

再流焊又称为回流焊，是伴随微型化电子产品的出现而发展起来的焊接技术，主要用于各类表面组装元器件的焊接。再流焊提供一种加热环境，使预先分配到印制板焊盘上的焊膏重新熔化，从而让表面贴装的元器件和 PCB 焊盘通过焊料合金可靠地结合在一起。再流焊操作方法简单，效率高，质量和一致性好，节省焊料，是一种适于自动化生产的电子产品焊接技术，目前已成为 SMT 电路板组装技术的主流。

7.1 再流焊技术

7.1.1 再流焊技术概述

再流焊使用的焊料是焊膏，预先在电路板的焊盘上印刷适量和适当形式的焊膏，再把 SMT 元器件贴放到相应的位置；焊膏具有一定的黏性，使元器件固定；然后让贴装好元器件的电路板进入再流焊设备实施再流焊，通过外部热源加热，使焊料熔化而再次流动浸润，将元器件焊接到印制板上。

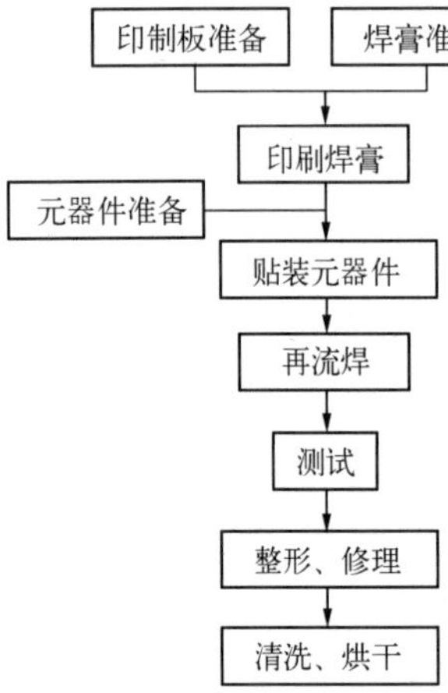

印制板准备
焊膏准备
印刷焊膏
元器件准备
贴装元器件
再流焊
测试
整形、修理
清洗、烘干

图 7-1 再流焊技术的一般工艺流程

再流焊技术的一般工艺流程如图 7-1 所示。

与波峰焊技术相比，再流焊工艺具有以下技术特点。

（1）元器件受到的热冲击小。

（2）能精确控制焊料的施加量。

（3）有自对位效应（也称自校正效应）。如果元器件贴放位置有一定偏离，进行再流焊的过程中，在熔融焊料表面张力的作用下，偏离的元器件能够被自动地拉回到近似目标的位置。再流焊的自对位效应能够很好地提高焊接质量，提高产品合格率。

（4）焊料中不易混入不纯物，能保证焊料的成分。

（5）工艺简单，焊接质量高。

再流焊设备如图 7-2 所示。按再流焊加热区域不同，再流焊设备可分为以下两大类。

（1）对 PCB 整体加热。对 PCB 整体加热再流焊可分为气相再流焊、热板再流焊、红外再流焊、红外加热风再流焊和全热风再流焊。

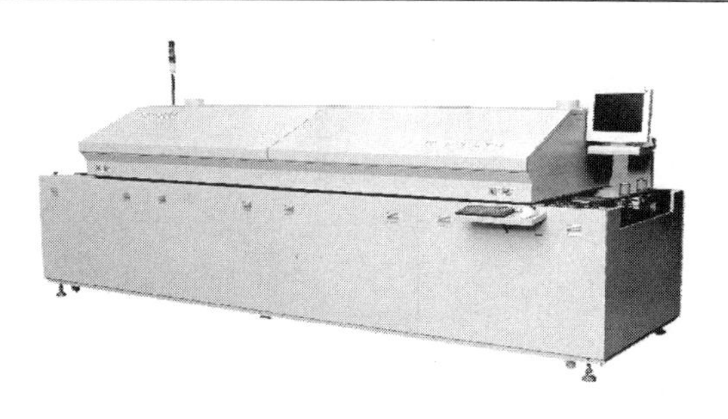

图 7-2　再流焊设备

（2）对 PCB 局部加热。对 PCB 局部加热再流焊可分为激光再流焊、聚焦红外再流焊、光束再流焊和热气流再流焊。

目前比较流行和实用的大多是远红外再流焊、红外加热风再流焊和全热风再流焊。尤其是全热风强制对流的再流焊技术及设备已不断改进与完善，拥有其他方式所不具备的特点，从而成为 SMT 焊接的主流设备。

7.1.2　再流焊机系统组成

再流焊机的结构主体是一个热源受控的隧道式炉膛，如图 7-3 所示。沿传送系统的运动方向，设有若干独立控温的温区，通常设定为不同的温度，全热风对流再流焊炉一般采用上、下两层的双加热装置。电路板随传动机构直线匀速进入炉膛，顺序通过各个温区，完成焊点的焊接。再流焊机最少需要四个温区，目前市场上比较简易的再流焊机有六温区再流焊机，还有大型的八、十甚至十二温区的再流焊机，多温区的再流焊机控温更精确，更加拟合理想的回流温度曲线，达到完美的焊接效果。通常再流焊机的一个温区长度约为 40cm，温区越多，再流焊机整体长度也越长。

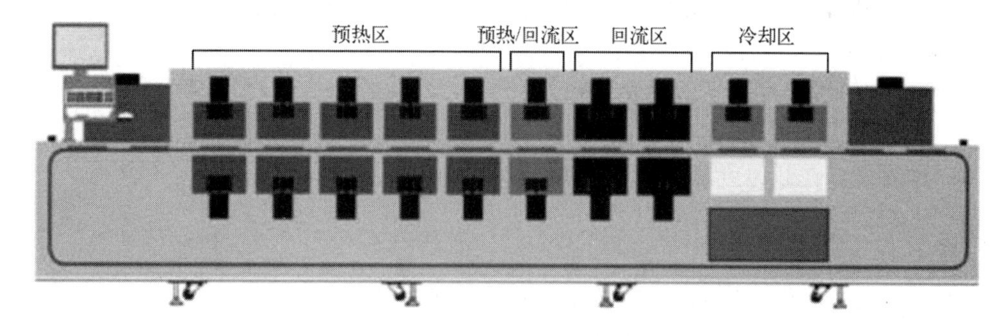

图 7-3　再流焊机结构

再流焊机主要由以下几大部分组成：加热系统、热风对流系统、传动系统、顶盖升起系统、冷却系统、氮气装备、助焊剂回收系统和控制系统等。加热系统、热风对流系统和传动系统三部分将在 7.2 节、7.3 节中详述。现对其他部分的功能及结构做一下简要介绍。

1. 顶盖升起系统

上炉体可整体开启，便于炉膛清洁。动作时拨动上炉体升降开关，由马达带动升降杆完成。动作同时，蜂鸣器鸣叫提醒人注意。

2．冷却系统

冷却区在加热区后部，对加热完成的 PCB 进行快速冷却。空气炉采用风冷方式，通过外部空气冷却；氮气炉采用水冷方式，同时配有助焊剂回收功能。

3．氮气装备

在再流焊中使用惰性气体保护，已得到较大范围的应用，一般都是选择氮气保护。PCB 在预热区、焊接区及冷却区进行全程氮气保护，可杜绝焊点及铜箔在高温下的氧化，增强熔化钎料的润湿能力，减少内部空洞，提高焊点质量。

氮气通过一个电磁阀分给几个流量计，由流量计把氮气分配给各区。氮气通过风机吹到炉膛，保证气体的流动均匀性。

4．排风系统

强制排风，保证助焊剂排放良好。特殊的废气过滤、排风系统，可保持工作环境的空气清洁，减少废气对排风管道的污染。

5．助焊剂回收系统

助焊剂回收系统中设有蒸发器，冷水机把水冷却后循环经过蒸发器。助焊剂通过上层风机排出，通过蒸发器冷却形成液体流到回收罐中。

6．控制系统（电气控制+操作控制）

控制系统是再流焊设备的中枢，控制系统的质量、操作方式和操作的灵活性及所具有的功能都直接影响到设备的使用。先进的再流焊设备全部采用计算机或 PLC 控制方式。控制系统的主要功能如下。

（1）完成对所有可控温区的温度控制。

（2）完成传送部分的速度检测与控制，实现无级调速。

（3）实现 PCB 在线温度测试。

（4）可实时置入和修改设定参数。

（5）可实时修改 PID 参数等内部控制参数。

（6）显示设备的工作状态，具有方便的人机对话功能。

（7）具有自诊断系统和声光报警系统。

7.1.3　再流焊原理

电路板由入口进入再流焊炉膛到出口传出完成焊接，整个再流焊过程一般经过预热、浸温（也称保温）、回流、冷却几个阶段。要合理设置各温区的温度，使炉膛内的焊接对象在传输过程中所经历的温度按合理的曲线规律变化，这是保证再流焊质量的关键。

电路板通过再流焊机时，表面组装元器件上某一点的温度随时间变化的曲线，称为温度曲线。它提供了一种直观的方法，来帮助我们分析某个元器件在整个再流焊过程中的温度变化情况。如图 7-4 所示就是一条理想的再流焊温度曲线。

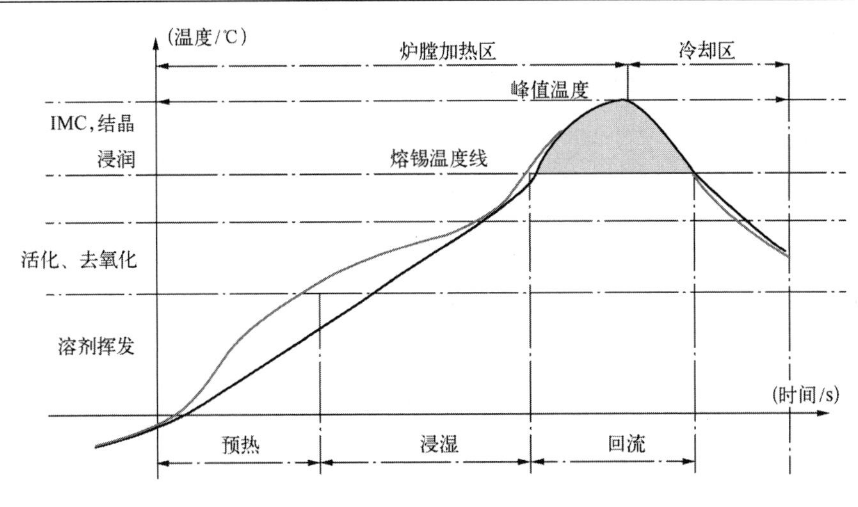

图 7-4 再流焊温度曲线

当 PCB 进入预热阶段时，焊膏中的溶剂、气体蒸发掉，同时，焊膏中的助焊剂润湿焊盘、元器件端头和引脚，焊膏软化、塌落、覆盖了焊盘，将焊盘、元器件引脚与氧气隔离，预热区温度的上升速度控制在 1～4℃/s 范围内；进入浸温阶段，助焊剂充分发挥活化作用，焊盘、焊料球及元器件引脚上的氧化物被除去，浸温区应设置温度缓慢上升；当温度上升 PCB 进入回流阶段时，焊膏达到熔化状态，液态焊锡对 PCB 的焊盘、元器件端头和引脚润湿、扩散、漫流混合形成焊锡接点；PCB 进入冷却阶段，焊点凝固，此时完成了再流焊。

再流焊与波峰焊之间最大的差异是：波峰焊工艺是通过贴片胶黏结贴装元器件或印制电路板的插装孔，事先将插装元器件固定在印制电路板的相应位置上，焊接时不会产生位置移动。而再流焊工艺焊接时的情况就不同了，元器件贴装后只是被焊膏临时固定在印制电路板的相应位置上，当焊膏达到熔融温度时，焊料还要“再流动”一次，元器件的位置受熔融焊料表面张力的作用而发生位置移动。如果焊盘设计正确（焊盘位置尺寸对称，焊盘间距恰当），元器件端头与印制电路板焊盘的可焊性良好，元器件的全部焊端或引脚与相应焊盘同时被熔融焊料润湿时，就会产生自对位或称为自校正效应。当元器件贴放位置有少量偏离时，在表面张力的作用下，能自动被拉回到目标位置。但是如果 PCB 焊盘设计不正确，或元器件端头与印制电路板焊盘的可焊性不好，或焊膏本身质量不好，或工艺参数设置不恰当等原因，即使贴装位置十分准确，再流焊时由于表面张力不平衡，焊接后也会出现元器件位置偏移、吊桥、桥接、润焊不良等焊接缺陷。

由于再流焊工艺的“再流动”及“自对位效应”的特点，使得再流焊工艺对贴装精度的要求比较宽松，比较容易实现高度自动化与高速度。但同时，再流焊工艺对焊盘设计、元器件标准化、元器件端头与印制电路板质量、焊料质量及工艺参数的设置有更严格的要求。

自对位效应对于两个端头的 Chip 元器件及 BGA、CSP 等的作用比较大，再流焊时能够纠正少量的贴装偏移。但是，自对位效应对于 SOP、SOJ、QFP、PLCC 等元器件的作用比较小，贴装偏移是不能通过再流焊纠正的。因此，对于高密度、窄间距的 SMD 元器件需要高精度的印刷和贴装设备。另外，自对位效应在无铅焊接中作用很小。

7.2 再流焊机加热系统

7.2.1 全热风再流焊机的加热系统

全热风与红外加热是目前应用最为广泛的两种再流焊加热方式，本节将对其进行重点介绍，其他几种再流焊技术将在 7.5 节中做简要介绍。

全热风再流焊机的加热系统主要由热风马达、加热管、热电偶、固态继电器 SSR、温控模块等部分组成。

再流焊机炉膛被划分成若干独立控温的温区，其中每个温区又分为上、下两个温区。加热系统结构如图 7-5 所示。温区内装有加热管，热风马达带动风轮转动，形成的热风通过特殊结构的风道，经整流板吹出，使热气均匀分布在温区内。

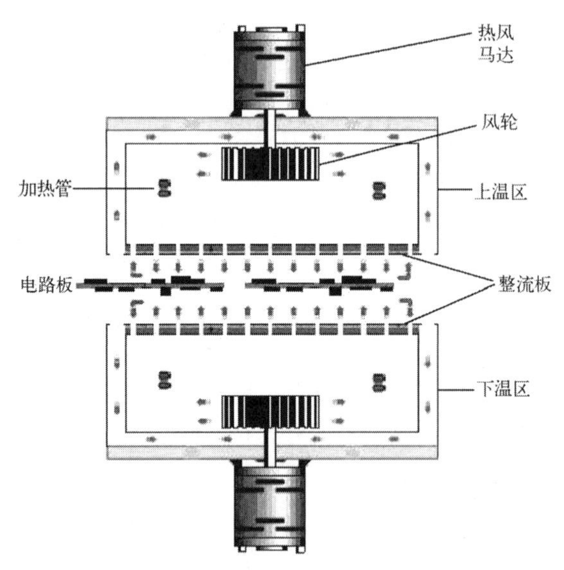

图 7-5 加热系统结构

一般在整流板周边有开孔，作为进风口，同时整流板的中间分布着小开孔，作为出风口，热风从中间出风口吹出，以保证相邻温区之间不易串温，如图 7-6 所示。

图 7-6 进风口和出风口的位置

加热系统的控温主要通过调整加热丝的加热时间来实现。加热系统的控制流程示意图如图 7-7 所示。

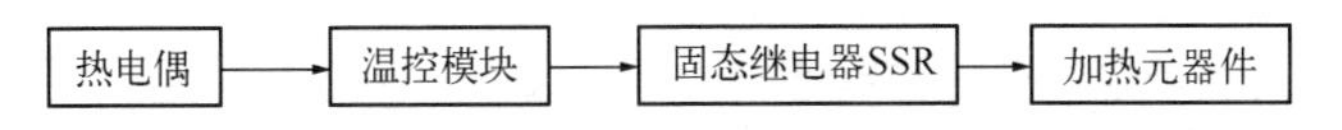

图 7-7　加热系统的控制流程示意图

每个温区均有热电偶，安装在整流板的风口位置，检测温区的温度，并把信号传递给控制系统中的温控模块；温控模块接收到信号后，实时进行数据运算处理，决定其输出端是否输出信号给固态继电器。

如图 7-8 所示，如果固态继电器 SSR 控制信号端 A2 接收到温控模块的输出信号，其开关端 L1、T1 导通，控制加热元件给温区加热；如果固态继电器 SSR 控制信号端 A2 没有接收到温控模块的输出信号，其开关端 L1、T1 不导通，加热元件不给温区加热。

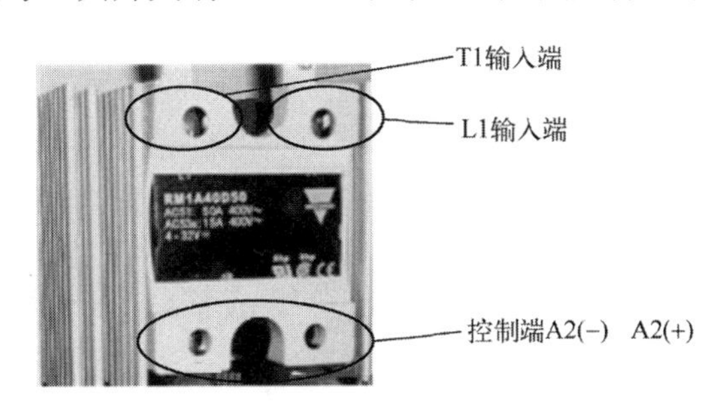

图 7-8　固态继电器

比如，当热电偶的检测温度低于设定值时，温控模块将通过固态继电器控制加热元器件给温区加热；否则，停止加热。

另外，炉体热风马达的转速快慢将直接改变单位面积内的热风流速，因此，风机速率也是影响温区内温度的重要因素。在热风再流焊中，风速的高低在某些 PCB 焊接中可以作为一个可调节的工艺因素，风速调高会增强炉子的热传导能力，使温区内温度升高，但较强的风速也会导致小型元器件的位置偏移和掉落炉膛内部。所以，要实现理想的温度控制状态，还需合理地设置马达风机速率。

7.2.2　红外再流焊机的加热系统

红外再流焊的原理是热能通常有 80%的能量以电磁波的形式——红外线向外发射，焊点受红外辐射后温度升高，从而完成焊接过程。红外线的波长通常在可见光波长的上限（0.7～0.8μm）到毫米波之间，进一步划分可将 0.72～1.5μm 的波长称为近红外；将 1.5～5.6μm 的波长称为中红外；将 5.6～1000μm 的波长称为远红外。

红外再流焊机的结构如图 7-9 所示。红外再流焊炉通常每个温区均有上、下两个加热器，每块加热器都是优良的红外辐射体，而被焊接的对象，如 PCB 基材、锡膏中的有机助焊剂、元器件的塑料本体，均具有吸收红外线的能力，因此这些物质受到加热器热辐射后，其分子产生激烈震动，迅速升温到锡膏的熔化温度之上，焊料润湿焊区，从而完成焊接过程。

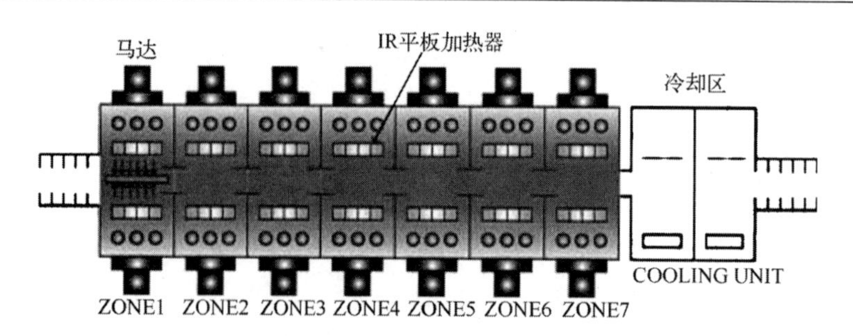

图 7-9　红外再流焊机的结构

红外线能使焊膏中的助焊剂及有机酸、卤化物迅速活化，焊剂的性能和作用得到充分的发挥，从而导致焊膏润湿能力提高；红外加热的辐射波长与 PCB 元器件的吸收波长相近，基板升温快，温差小；温度曲线控制方便，弹性好；红外加热器效率高，成本低。

但是也要看到，红外线波长是可见光波长的上限，因此红外线也具有光波的性质，当它辐射到物体上时，除了一部分能量被吸收外，还有一部分能量被反射出去，其反射的量取决于物体的颜色、表面粗糙度和几何形状。此外，红外线同光一样也无法穿透物体，因此红外再流焊炉中也存在如下缺点：红外线没有穿透物体的能力，像物体在阳光下产生阴影一样，使得阴影内的温度低于其他处，当焊接 PLCC、BGA 元器件时，由于元器件本体的覆盖原因，引脚处的升温速度要明显低于其他部位的焊点，而产生“阴影效应”，使这类元器件的焊接变得困难；由于元器件表面颜色、体积、外表光亮度不一样，对于元器件品种多样化的 SMA 来说，有时会出现温度不均匀的问题。

为了克服这些问题，人们又在再流焊炉中增加热风循环功能，研制出红外—热风再流焊炉，进一步提高了炉温的均匀性。20 世纪 90 年代后出现的再流焊炉均具有热风循环的功能。适当的风量对 PCB 上过热的元器件起到散热作用，而对热需求量大的元器件又可以迅速补充热量，因此热风传热能起到热的均衡作用。在红外—热风再流焊炉中，热量的传导依然是以辐射导热为主。红外—热风再流焊炉是一种将热风对流和远红外加热结合在一起的加热设备，它集中了红外再流焊炉和强制热风对流两者的长处，故能有效地克服红外再流焊炉的“阴影效应”。

红外加热器的种类很多，大体可分为两大类，一类是灯源辐射体，它们能直接辐射热量，又称为一次辐射体；另一类是面源板式辐射体，加热器铸造在陶瓷板、铝板或不锈钢板板内，热量首先通过传导转移到板面上来。两类热源分别产生 1～2.5μm 和 2.5～5μm 波长的辐射。

7.3　再流焊机传动系统

传动系统是将电路板从再流焊机入口按一定速度输送到再流焊机出口的传动装置，包括导轨、网带（中央支撑）、链条、运输马达、轨道宽度调整机构、运输速度控制机构等部分。

主要传动方式有链传动（Chain）、链传动＋网传动（Mesh）、网传动、双导轨运输系统、链传动＋中央支撑系统。其中，比较常用的传动方式为链传动＋网传动，如图 7-10 所示。链条的宽度可调节，PCB 放置在链条导轨上，可实现 SMC/SMD 的双面焊接，不锈钢网可防止 PCB 脱落，将 PCB 放置于不锈钢链条或网带上进行传输。链传动＋中央支撑的传动方式如

图 7-11 所示，一般用于传送大尺寸的多联板，防止电路板变形。

图 7-10　链传动＋网传动方式

图 7-11　链传动＋中央支撑传动方式

为保证链条、网带（中央支撑）等传动部件速度一致，传动系统中装有同步链条，运输马达通过同步链条带动运输链条、网带（中央支撑）的传动轴的不同齿轮转动。

7.3.1　运输速度控制

传动系统的运输速度控制普遍采用的是“变频器＋全闭环控制”的方式。运输速度控制流程图如图 7-12 所示。

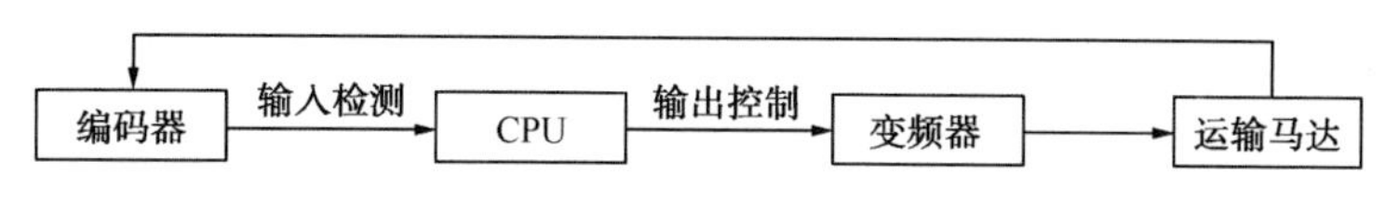

图 7-12　运输速度控制流程图

控制过程是：给运输速度一个设定值，CPU 会把这个值写入变频器，变频器给出输出信号，控制运输马达。在运输传动轴的位置装有编码器，实时检测马达的速度，并把信号反馈给 CPU。CPU 把检测的数值和设定值进行比较，如果在信号传输的过程中存在干扰，导致运输马达的实际速度与给定值不一致，CPU 会把偏差值补偿进去，输出给变频器，保证马达的速度和设定速度一致。

从生产效率的角度来看，炉子的运输速度越快，单位时间炉内通过的产品数量越多，然而对于 PCB 来讲，过快或过慢的速度会使元器件经历太长或太短的加热时间，造成助焊剂的挥发和焊点吃锡性的变化，同时考虑到元器件的耐热冲击性，运输速度过快会造成升温速率超过元器件的允许值，将会对元器件造成一定程度的损伤。另外，还应考虑每种炉子的热补偿能力，一般来讲，在满足正常生产产量的情况下，炉子的最高温度设定与 PCB 板面实测温度越接近，则这台炉子的热补偿性能越好。若升温速度过快，可能造成炉子热补偿能力不足。所以在炉子的运输速度方面，应该在满足标准曲线的前提下，尽最大可能满足客户的生产产量，调整出适当的运输速度。

7.3.2　轨距调节

根据所生产 PCB 的宽度不同，轨道间距要做相应的调整。再流焊机的加工尺寸范围是由设备所能调整到的最大轨距决定的。

轨距调节控制流程图如图 7-13 所示。

调整时，拨动宽窄调节开关，马达会带动活动导轨进行宽窄调节。另外，通过调速器和速度微调旋钮还可以改变导轨调节时移动的速度。

如图 7-14 所示，设备的导轨通常由一段或多段导轨构成。对于多段导轨，在调节轨距宽窄时，为保证导轨平行，在设备的前、中、后设有三段丝杆，“马达＋变速箱”通过同步链条同时带动各段丝杆传动，从而保证导轨前、中、后三部分动作的一致性。同时，导轨前、中、后部均装有滑动支撑杆，托住导轨，保证力的均衡，防止轨道变形。

宽窄调节开关 → 调速器 → 调宽马达

图 7-13　轨距调节控制流程图

图 7-14　滑动支撑杆

7.4　再流焊工艺

7.4.1　再流焊工艺管控

再流焊的工艺过程并非只是温度的工艺过程，要保证基本的温度工艺特征，必须有足够的设备性能支撑，因此，应实现对设备性能、温度及温度 SPC（Statistical Process Control）的全面管控。

再流焊工艺调整的基本过程为：

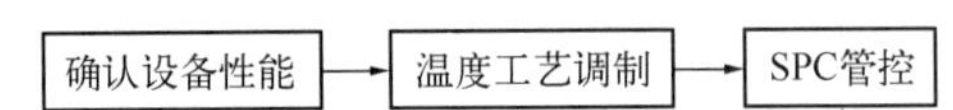

1. 确认再流焊设备的基本工艺性能

实施再流焊设备性能测试，可参考国际标准 IPC-9853 关于再流焊炉子性能的相关技术。不少工厂委托第三方认证机构（如 Esamber 认证中心等）来做设备性能的标定、认证和校正等工作，也有些工厂设立设备维护组，自己配置专业的设备进行设备性能的标定。主要从以下几个方面进行确认。

① 热风对流量在 4.5～6.5kl/cm^2 • min 之间为最佳；偏小时容易出现热补偿、加热效率不足的问题，偏大时则容易出现偏位、BGA 连锡等焊接不良。可通过调整热风马达的频率进行调整。

② 空满载能力。空满载差异度不超过 3℃。

③ 链速准确性、稳定性确认。链速偏差不超过 1%。

④ 确认轨道平行度，防止夹板和掉板。夹板容易导致板底掉件、PCB 弯曲及连锡等问题；掉板危害更显而易见。

⑤ 设备性能 SPC 管控。

相关的检测工具有再流焊工艺性能检测仪、轨道平行度测试仪等，如图 7-15 所示。

只有在实施检测确保再流焊设备基本性能的基础上进行温度管控，做产品温度曲线的抽样测试才是有意义的，否则虽然测试了炉温曲线，但它只能代表当时的状况，并不能代表所有要生产的产品的温度曲线，因为一台工艺性能差的炉子，它自身就不稳定，负载能力差，热风对流不够，那么在温度工艺上也就必然不稳定。因此，在温度工艺调制之前，要先测试并确认设备性能，实施优化和改进，合理分配机种，进行产能最佳配置。

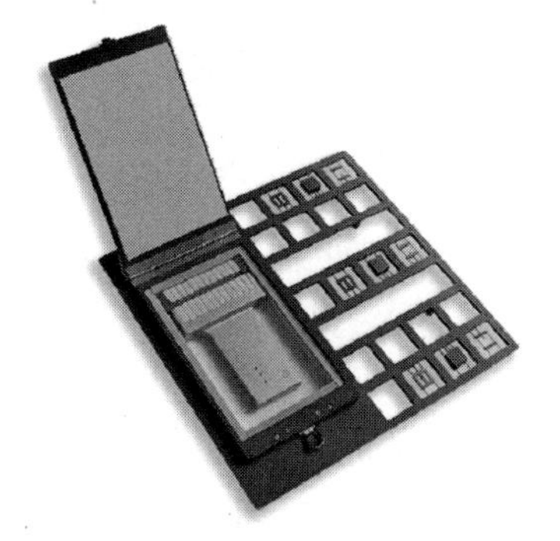

（a）Esamber Reflow Explorer 再流焊工艺性能检测仪

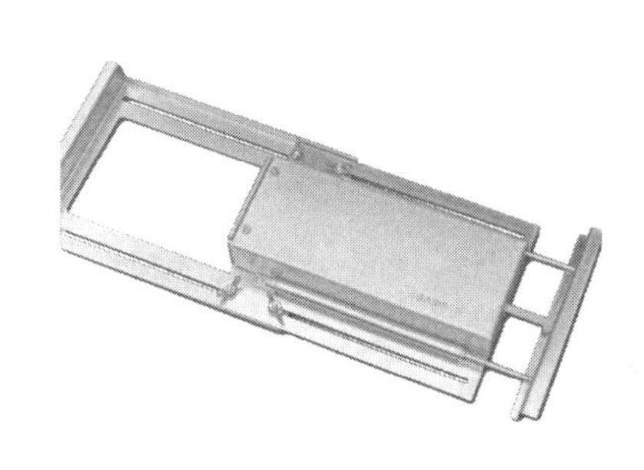

（b）Esamber CBP 轨道平行度测试仪

图 7-15　再流焊检测工具

2．温度工艺管控

温度管控的关键参数按照权重从高到低的顺序排列，即：有效加热时间、峰值温度、熔锡温度以上的时间、熔锡斜率、浸温时间、预热温升斜率和冷却速率，其示意图如图 7-16 所示。

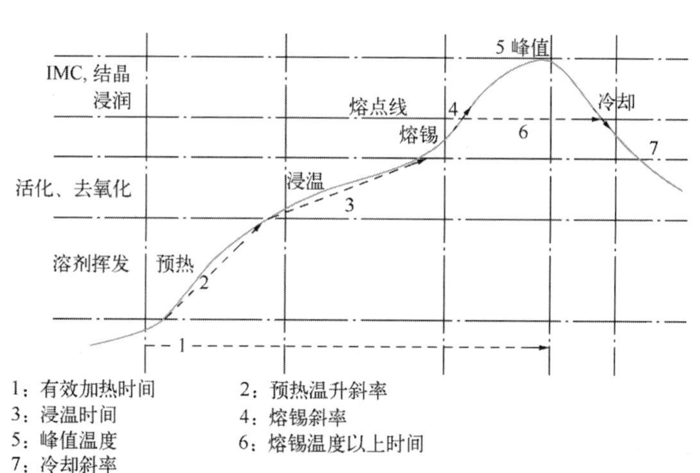

图 7-16　温度管控的关键参数示意图

（1）有效加热时间。是指从第一个加热区起点开始，到最后一个加热区结束点为止，这个过程的时间称为有效加热时间。通常设定在 210～280s 这个范围。当复杂的产品、热容大的产品需要更均匀的温度表现时，则需要较长的有效加热时间；当焊膏易氧化、希望焊点更光亮时，可以适当缩短有效加热时间。

（2）峰值温度。是指再流焊全过程的最高温度点，自然是在回流区，峰值温度通常管控在大于焊料熔点温度 12℃以上。有铅工艺 183℃熔点的焊接，峰值温度不低于 195℃，一般有铅制程下元器件耐温能达到 220～235℃，不少工厂为防止低温风险，把峰值设定在 205℃以上。无铅工艺 217℃熔点的焊接，峰值温度不低于 229℃为佳，以确保足够的熔锡渗透力，形成足够厚度的 IMC（金属间化合物）。

（3）熔锡温度以上的时间（再流时间）。是指熔点温度以上的保持时间，是确保足够的熔锡渗透力，形成足够的 IMC 的必要条件，通常依据焊膏要求及 PCB、元器件特性，设置在 20～60s 或 60～90s，一般 20s 的熔锡时间即可形成足够厚度的 IMC 了。

（4）熔锡斜率。是指当实际产品的温度从固态向液态转化时的温度斜率，也就是熔点前后 10s 的温度斜率。熔锡斜率直接影响到焊点的品质，如果太慢，容易造成焊点发暗；如果太快，容易引起偏位等，建议控制在 0.6～1.6℃/s。

（5）浸温时间。是指锡膏中活化剂的活化（温度区的）时间。在热风对流焊接工艺中，建议直接用三角形曲线，不需要对其做严格的管控。例如，120～170℃，时间为 20～90s。在热风对流工艺中，该时间过长，容易导致活化后的重复氧化，反而降低了活化效果。

（6）预热温升斜率。是指从第一个加热区开始，把产品温度从常温拉入到“浸温工艺区域”过程中的温度上升斜率。通常建议直接以三角形曲线为管控理念。预热升温太快，容易造成锡爆或加重氧化；预热升温太慢，则加热效率低，预热不足。对于传统的马鞍形曲线，预热温升斜率一般设置在 1～4℃/s，热风再流工艺中的三角形曲线一般设置在 0.8～2℃/s。

（7）冷却速率。是指在冷却区，焊料从液态转化到固态时的温度下降斜率，也就是熔点前后 10s 的温度下降斜率。冷却斜率直接影响到焊点的品质，较快的冷却速率能得到较细的焊点金属结晶颗粒，可靠性更好，一般建议控制在-4～-1℃/s。

3．产品温度 SPC 管控

产品温度 SPC 和设备工艺性能 SPC 不一样，设备工艺性能 SPC 是以工艺性能关键参数为管控对象，如热风对流量、链速、温度差异比等；而产品温度 SPC 的管控关键参数，以产品焊接时的温度抽样测试为对象，管控峰值、熔锡斜率等。

7.4.2 再流焊温度曲线的测试与调整

在实际测试过程中，通常的管控测试周期（抽样测试周期）是：如果设备性能极为优良，产品抽样测试一周一次即可；如果是一般性能的焊炉设备，产品抽样测试周期 24h 一次即可；而对于性能较差的焊炉，每个班次测温一次可能都不满足，因为设备性能差，抽样的意义不大，须尽快改善设备性能。

温度曲线测试过程中，通常第一次测试的结果不会刚好就满足工艺规格，须反复调整再流焊的设定来实现，具体方法如下所述。

（1）依据产出需求和有效加热时间，综合定义运输速度（链速）。

（2）各热电偶温度探头的 X 坐标收集，如图 7-17 所示。在待测点固定热电偶，并以电路板的左下角为零点，量取各热电偶探头的 X 坐标。

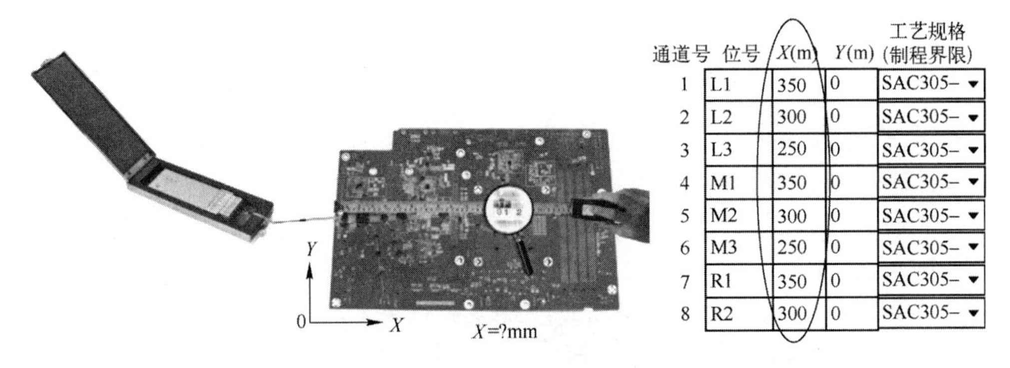

通道号	位号	X(m)	Y(m)	工艺规格 (制程界限)
1	L1	350	0	SAC305–
2	L2	300	0	SAC305–
3	L3	250	0	SAC305–
4	M1	350	0	SAC305–
5	M2	300	0	SAC305–
6	M3	250	0	SAC305–
7	R1	350	0	SAC305–
8	R2	300	0	SAC305–

图 7-17　温度探头的 X 坐标收集示意图

（3）各温区的温度设定和再流焊的分区长度收集，如图 7-18 所示。

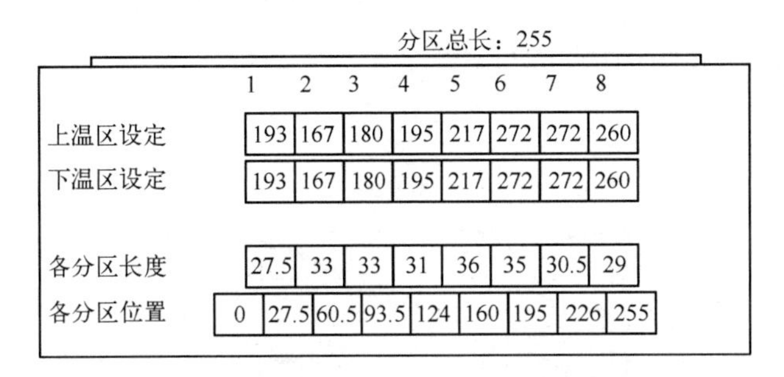

分区总长：255

	1	2	3	4	5	6	7	8	
上温区设定	193	167	180	195	217	272	272	260	
下温区设定	193	167	180	195	217	272	272	260	
各分区长度	27.5	33	33	31	36	35	30.5	29	
各分区位置	0	27.5	60.5	93.5	124	160	195	226	255

图 7-18　温度设定和分区长度收集示意图

（4）利用温度曲线测试仪器实施曲线测试。将连有热电偶的电路板连同测温仪过炉实施测试，测试后输出的再流焊温度曲线如图 7-19 所示。

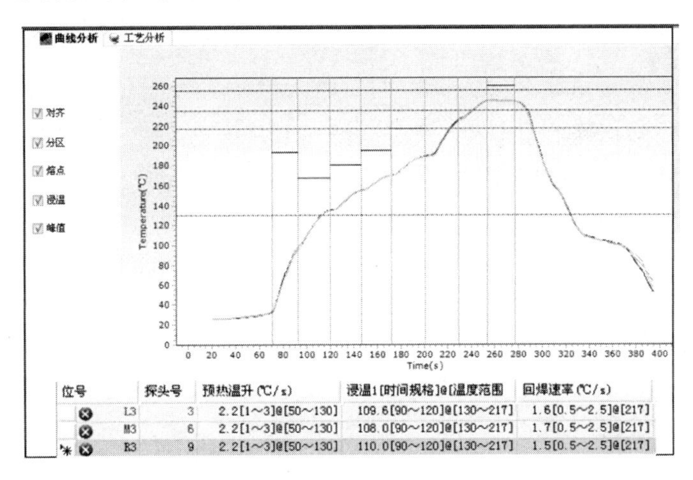

位号		探头号	预热温升 (℃/s)	浸温1[时间规格]@[温度范围	回焊速率 (℃/s)
	L3	3	2.2[1~3]@[50~130]	109.6[90~120]@[130~217]	1.6[0.5~2.5]@[217]
	M3	6	2.2[1~3]@[50~130]	108.0[90~120]@[130~217]	1.7[0.5~2.5]@[217]
*	R3	9	2.2[1~3]@[50~130]	110.0[90~120]@[130~217]	1.5[0.5~2.5]@[217]

图 7-19　再流焊温度曲线

（5）温度曲线对齐，分区匹配，曲线分析与调整。将各热电偶测得的温度曲线对齐，分区匹配，把要管控的参数对应到图中，查看各项参数是否满足工艺规格的管控范围，不满足的，可以调整对应的温区温度，等待炉子稳定后，重新测试并确认温度曲线是否满足工艺规格。当然，很多测温软件都带有预测功能，可以更快速、更便捷地实现温度调整。

经过这样的反复测试及调整，直到炉温曲线满足工艺规格的要求。

7.4.3　再流焊实时监控系统

随着 BGA、CSP 和 0201 元器件的大量使用，特别是无铅焊料的使用，人们越来越感觉到再流焊炉温度高精度控制的重要性。

再流焊实时控制系统，就像一台摄像机一样，可以 24h 对再流焊炉进行监视记录，对过程中的每个产品进行跟踪，并将炉内温度记录在案。它能确保最佳工艺能力得以维持，在潜在缺陷发生前指出存在的问题，并随时向工艺人员提供翔实、客观的数据。

再流焊实时监控系统原理图如图 7-20 所示。对于同一产品只需测一次温度曲线，作为基准曲线，监控系统会通过轨道两侧温度探测管中的热电偶实时监控炉腔不同位置的温度变化，从而推测出 PCB 上每个测试点的实时温度，以基准曲线为标准，为制程中的每一块 PCB 推测出一个精确的仿真曲线。仿真温度曲线可永久保留，当怀疑某时刻的 SMA 焊接质量时，可以通过输入加工时间调出当时的炉内仿真温度曲线，并以此查出炉温是否异常，一目了然。

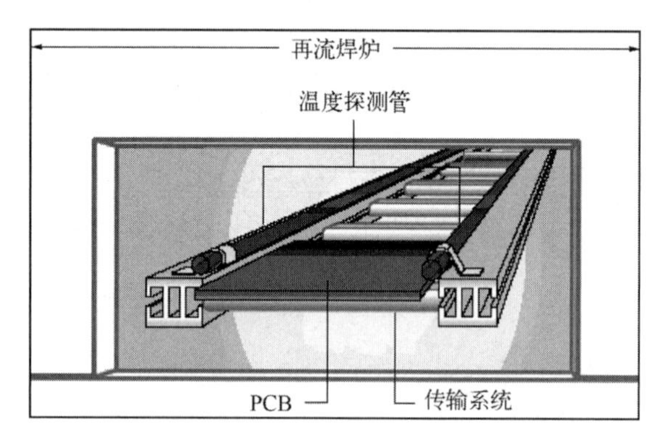

图 7-20　再流焊实时监控系统原理图

可见，实时监控系统是一个强大的再流焊炉管理系统，可以实时监控那些能引起工艺过程变化的所有参数，包括峰值温度和时间、升温速率及传送带速，完整的工艺控制能力和产品追踪能力将会简化品质控制过程和问题查找。

7.4.4　再流焊缺陷分析

随着表面组装技术的广泛应用，SMT 的焊接质量问题引起了人们的高度重视。为了减少或避免再流焊中各种缺陷的出现，不仅要注重提高工艺人员分析、判断和解决这些问题的能力，而且还要完善工艺管理，提高工艺质量控制技术，这样才能更好地提高 SMT 的焊接质量，保证电子产品的最终质量。

1．桥连

如图 7-21 所示，导致桥连缺陷的主要因素有以下几点。

图 7-21 桥连

（1）温度升速过快。再流焊时，如果温度上升速度过快，焊膏内部的溶剂就会挥发出来，引起溶剂的沸腾飞溅，溅出焊料颗粒，形成桥连。其解决办法是：设置适当的焊接温度曲线。

（2）焊膏过量。由于模板厚度及开孔尺寸偏大，造成焊膏过量，再流焊后必然会形成桥连。其解决办法是：选用厚度较薄的模板，缩小模板的开孔尺寸。

（3）模板孔壁粗糙不平，不利于焊膏脱膜，印制出的焊膏也容易坍塌，从而产生桥连。其解决办法是：采用激光切割的模板。

（4）贴装偏移，或贴片压力过大，使印制出的焊膏发生坍塌，从而产生桥连。其解决办法是：减小贴装误差，适当降低贴片头的放置压力。

（5）焊膏的黏度较低，印制后容易坍塌，再流焊后必然会产生桥连。其解决办法是：选择黏度较高的焊膏。

（6）电路板布线设计与焊盘间距不规范，焊盘间距过窄，导致桥连。其解决办法是：改进电路设计。

（7）锡膏印刷错位，也会导致产生桥连。其解决办法是，提高锡膏印刷的对位精度。

（8）过大的刮刀压力，使印制出的焊膏发生坍塌，从而产生桥连。其解决办法是：降低刮刀压力。

2. 立碑

立碑又称为吊桥、曼哈顿现象，是指两个焊端的表面组装元器件，经过再流焊后其中一个端头离开焊盘表面，整个元器件呈斜立或直立，如石碑状，如图 7-22 所示，该矩形片式组件的一端焊接在焊盘上，而另一端则翘立。

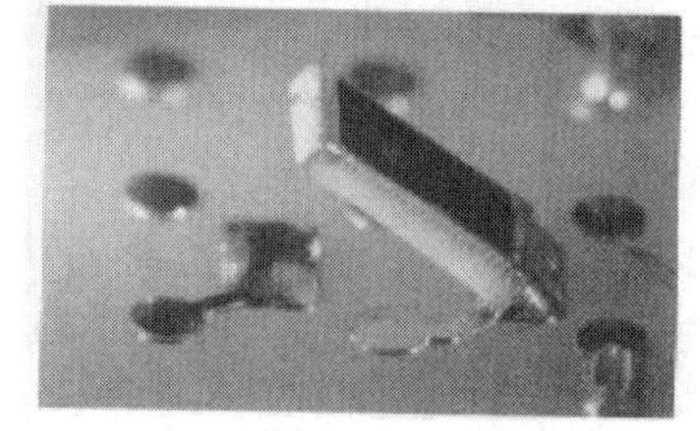

图 7-22 立碑

几种常见的立碑状况分析如下所述。

（1）贴装精度不够。一般情况下，贴装时产生的组件偏移，在再流焊时由于焊膏熔化产生表面张力，拉动组件进行自动定位，即自对位。但如果偏移严重，拉动反而会使组件竖起，产生立碑现象。另外，组件两端与焊膏的黏度不同，也是产生立碑现象的原因之一。其解决办法是，调整贴片机的贴片精度，避免产生较大的贴片偏差。

（2）焊盘尺寸设计不合理。若片式组件的一对焊盘不对称，则会引起漏印的焊膏量不一致，小焊盘对温度响应快，焊盘上的焊膏易熔化，大焊盘则相反，因此，当小焊盘上的焊膏熔化后，在表面张力的作用下，将组件拉直竖起，产生立碑现象。其解决办法是：严格按标准规范进行焊盘设计，确保焊盘图形的形状与尺寸完全一致。同时，设计焊盘时，在保证焊点强度的前提下，焊盘尺寸应尽可能小，立碑现象就会大幅度下降。

（3）焊膏涂敷过厚。焊膏过厚时，两个焊盘上的焊膏不是同时熔化的概率就会大大增加，从而导致组件两个焊端表面张力不平衡，产生立碑现象。相反，焊膏变薄时，两个焊盘上的焊膏同时熔化的概率就大大增加，立碑现象就会大幅减少。其解决办法是：由于焊膏厚度是由模板厚度决定的，因而应选用厚度较薄的模板。

（4）预热不充分。当预热温度设置较低、预热时间设置较短时，组件两端焊膏不能同时熔化的概率就大大增加，从而导致组件两个焊端的表面张力不平衡，产生立碑现象。其解决办法是：正确设置预热期工艺参数，延长预热时间。

（5）组件排列方向设计上存在缺陷。如果在再流焊时，使片式组件的一个焊端先通过再流焊区域，焊膏先熔化，而另一焊端未达到熔化温度，那么先熔化的焊端在表面张力的作用下，将组件拉直竖起，产生立碑现象。其解决办法是：确保片式组件两焊端同时进入再流焊区域，使两端焊盘上的焊膏同时熔化。

（6）组件质量较轻。较轻的组件立碑现象发生率较高，这是因为组件两端不均衡的表面张力可以很容易地拉动组件。

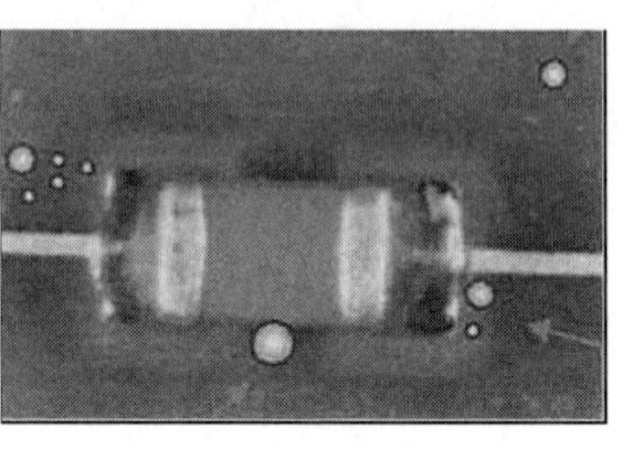

图 7-23　锡珠

3．锡珠

如图 7-23 所示，锡珠是再流焊中经常碰到的焊接缺陷，多发生在焊接过程中的急速加热过程中；或预热区温度过低，突然进入焊接区，也容易产生锡珠。现将锡珠产生的常见原因具体总结如下。

（1）再流温度曲线设置不当。首先，如果预热不充分，没有达到温度或时间要求，焊剂不仅活性较低，而且挥发很少，不仅不能去除焊盘和焊料颗粒表面的氧化膜，而且不能从焊膏粉末中上升到焊料表面，无法改善液态焊料的润湿性，易产生锡珠。其解决办法是：使预热温度在 120～150℃的时间适当延长。其次，如果预热区温度上升速度过快，达到平顶温度的时间过短，导致焊膏内部的水分、溶剂未完全挥发出来，到达再流焊温区时，即可能引起水分、溶剂沸腾，溅出锡珠。因此，应注意升温速率，预热区温度的上升速度控制在 1～4℃/s 范围内。另外，再流焊时温度的设置太低，液态焊料的润湿性受到影响，易产生锡珠。随着温度的升高，液态焊料的润湿性将得到明显改善，从而减少锡珠的产生。但再流焊温度太高，就会损伤元器件、印制板和焊盘，所以要选择合适的焊接温度，使焊料具有较好的润湿性。

（2）焊剂未能发挥作用。焊剂的作用是清除焊盘和焊料颗粒表面的氧化膜，从而改善液态焊料与焊盘、元器件引脚（焊端）之间的润湿性。如果在涂敷焊膏之后，放置时间过长，焊剂容易挥发，就失去了焊剂的脱氧作用，液态焊料润湿性变差，再流焊时必然会产生锡珠。其解决办法是：选用工作寿命超过 4h 的焊膏，或尽量缩短放置时间。

（3）模板的开孔过大或变形严重。如果总在同一位置上出现锡珠，就有必要检查金属板的设计结构了。模板开口尺寸精度达不到要求，对于焊盘偏大，以及表面材质较软（如铜模板），将会造成漏印焊膏的外形轮廓不清晰，互相桥连，这种情况多出现在细间距器件的焊盘漏印中，再流焊后必然造成引脚间大量锡珠的产生。其解决办法是：应针对焊盘图形的不同形状和中心距，选择适宜的模板材料及模板制作工艺来保证焊膏的印制质量，缩小模板的开孔尺寸，严格控制模板制作工艺，或改用激光切割加电抛光的方法制作模板。

（4）贴片时放置压力过大。过大的放置压力可以把焊膏挤压到焊盘之外，如果焊膏涂敷得较厚，过大的放置压力更容易把焊膏挤压到焊盘之外，再流焊后必然会产生锡珠。其解决办法是：控制焊膏厚度，同时减小贴片头的放置压力。

（5）焊膏中含有水分。如果从冰箱中取出焊膏，直接开盖使用，因温差较大而产生水汽凝结，在再流焊时，极易引起水分的沸腾飞溅，形成锡珠。其解决办法是：焊膏从冰箱取出后，通常应在室温下放置 4h 以上，待密封筒内的焊膏温度达到环境温度后，再开盖使用。

（6）印制板清洗不干净，使焊膏残留于印制板表面及通孔中。其解决办法是：加强操作者和工艺人员在生产过程中的责任心，严格遵照工艺要求和操作规程进行生产，加强工艺过程的质量控制。

（7）采用非接触式印刷或印刷压力过大。非接触式印刷中模板与 PCB 之间留有一定空隙，如果刮刀压力控制不好，容易使模板下面的焊膏挤到 PCB 表面的非焊盘区，再流焊后必然会产生锡珠。其解决办法是：如果无特殊要求，宜采用接触式印刷或减小印刷压力。

（8）焊剂失效。如果贴片至再流焊的时间过长，则因焊膏中焊料粒子的氧化，焊剂变质，活性降低，会导致焊膏不再流，焊球就会产生。其解决办法是：选用工作寿命长一些的焊膏（至少 4h）。

4．元器件偏移

元器件偏移的情况如图 7-24 所示，观察缺陷的发生时间，可分为两种状况加以分析解决。

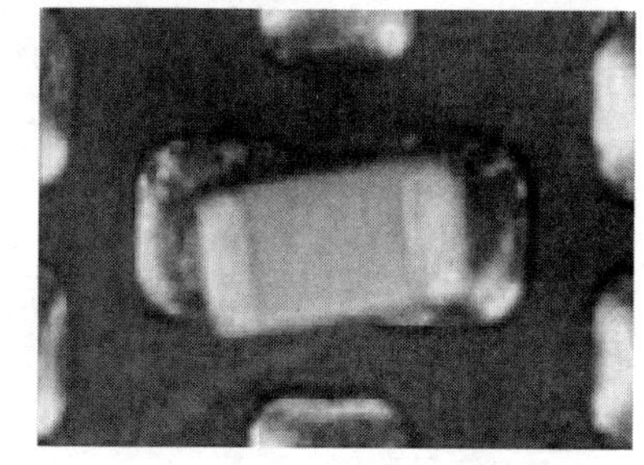

图 7-24　元器件偏移

（1）再流焊前元器件偏移。先观察焊接前基板上组装元器件的位置是否偏移，如果有这种情况，可检查一下焊膏黏结力是否合乎要求。如果不是焊膏的原因，再检查贴片机贴装精度、位置是否发生了偏移。贴片机贴装精度不够或位置发生偏移及焊膏黏结力不够，可能会导致元器件偏移。其解决方法是：调整贴片机贴装精度和安放位置，更换黏结性强的新焊膏。

（2）再流焊时元器件偏移。虽然焊料的润湿性良好，有足够的自调整效果，但最终发生了元器件的偏移，这时要考虑再流焊炉内传送带上是否有震动等影响，对再流焊炉进行检查。如果不是这个原因，则可从元器件曼哈顿不良因素加以考虑，是否是两侧焊区的一侧焊料熔融快，由熔融时的表面张力发生了元器件的错位。其解决方法是：调整升温曲线和预热时间；消除传送带的震动；更换活性剂；调整焊膏的供给量。

5．润湿不良

润湿不良的情况如图 7-25 所示。

原因大多是焊区表面受到污染或粘上阻焊剂，或是被接合物表面生成金属化合物层等。如银的表面有硫化物，锡的表面有氧化物，都会产生润湿不良。另外，焊料中残留的铝、锌、镉等超过 0.005%以上时，由于焊剂的吸湿作用使活化程度降低，也可能发生润湿不良。因此，在焊接基板表面和元器件表面要做好防污措施；选择合适的焊料，并合理地设定焊接温度与时间。

图 7-25　润湿不良

6. 裂纹

裂纹如图 7-26 所示。PCB 在刚脱离焊区时，由于焊料和被接合件的热膨胀差异，在急冷或急热作用下，因凝固应力或收缩应力的影响，会使 SMD 基体产生微裂，焊接后的 PCB，在冲切、运输过程中，也必须减少对 SMD 的冲击应力和弯曲应力。

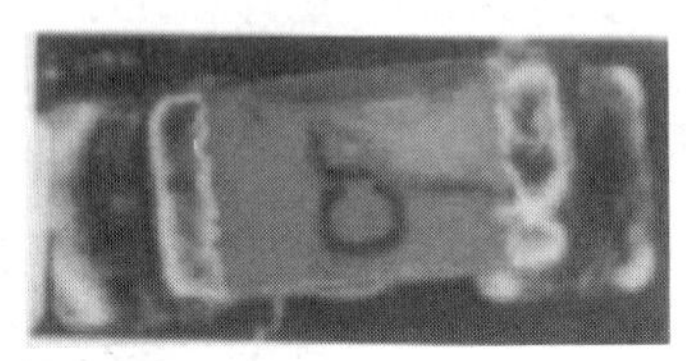

图 7-26　裂纹

表面贴装产品在设计时，就应考虑到缩小热膨胀的差距，正确设定加热条件和冷却条件，并选用延展性良好的焊料。

7. 气孔

气孔是分布在焊点表面或内部的气孔、针孔或空洞，如图 7-27 所示。

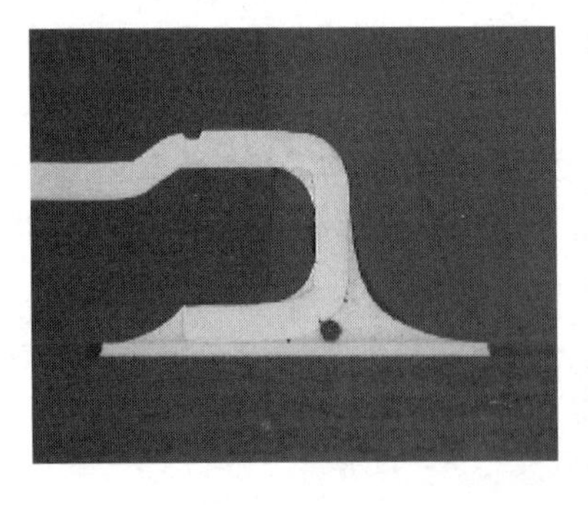
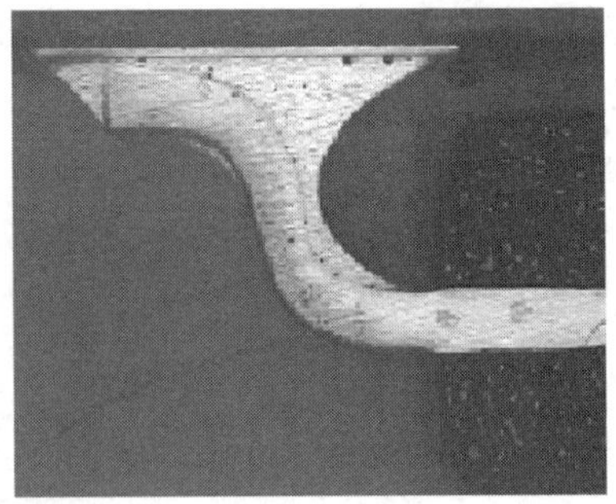

图 7-27　气孔

气孔是锡点内的微小“气泡”，可能是被夹住的空气或助焊剂。一般由三个曲线错误所引起：峰值温度不够；再流时间不够；升温阶段温度过高，造成没挥发的助焊剂被夹住在锡点内。这种情况下，为了避免气孔的产生，应在气孔发生的点测量温度曲线，适当调整直到问题解决。

另外，元器件焊端、引脚、印制电路板的焊盘氧化或污染，或印制板受潮，都能引起焊锡熔融时焊盘、焊端局部不润湿，未润湿处的助焊剂排气及氧化物排气时就会产生气孔。

8．PCB 扭曲

PCB 扭曲问题是 SMT 大批量生产中经常出现的问题。其原因主要包括：PCB 本身原材料选用不当，特别是纸基 PCB，其加工温度过高，会使 PCB 扭曲；PCB 设计不合理，组件分布不均，会造成 PCB 热应力过大，外形较大的连接器和插座也会影响 PCB 的膨胀和收缩，乃至出现永久性扭曲；双面 PCB，若一面的铜箔保留过大（如地线），而另一面铜箔过少，会造成两面收缩不均匀而出现变形；再流焊中温度过高也会造成 PCB 扭曲。

其解决办法是：在价格和空间容许的情况下，选用质量较好的 PCB 或增加 PCB 的厚度，以取得最佳长宽比；合理设计 PCB，双面的铜箔面积应均衡，在贴片前对 PCB 进行预热；调整夹具或夹持距离，保证 PCB 受热膨胀的空间；焊接工艺温度尽可能调低；已经出现轻度扭曲时，可以放在定位夹具中，升温复位，以释放应力。

7.5　几种常见的再流焊技术

除了前面提到的热风再流焊、红外再流焊外，还先后出现过其他几种有代表性的再流焊技术，下面做一下简要介绍。

7.5.1　热板传导再流焊

利用热板传导来加热的焊接方法称为热板再流焊。热板再流焊的工作原理如图 7-28 所示。

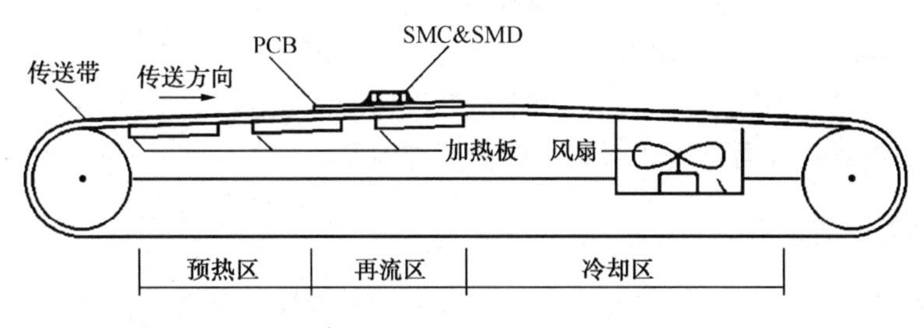

图 7-28　热板再流焊的工作原理

发热器件为板型，放置在传送带下，传送带由导热性能良好的材料制成。待焊电路板放在传送带上，热量先传送到电路板上，再传至焊膏与 SMC/SMD 元器件上，焊膏熔化以后，再通过风冷降温，完成 SMC/SMD 与电路板的焊接。这种设备的热板表面温度不能大于 300℃，适用于高纯度氧化铝基板、陶瓷基板等导热性好的电路板单面焊接，对普通覆铜箔电路板的焊接效果不好。其优点是结构简单，操作方便；缺点是热效率低，温度不均匀，PCB 为非热良导体就无法适应，故很快被取代。

7.5.2　气相再流焊

1．气相再流焊的原理

气相再流焊是利用氟惰性液体由气态相变为液态时放出的汽化潜热来进行加热的一种焊接方法。气相再流焊的原理如图 7-29 所示。

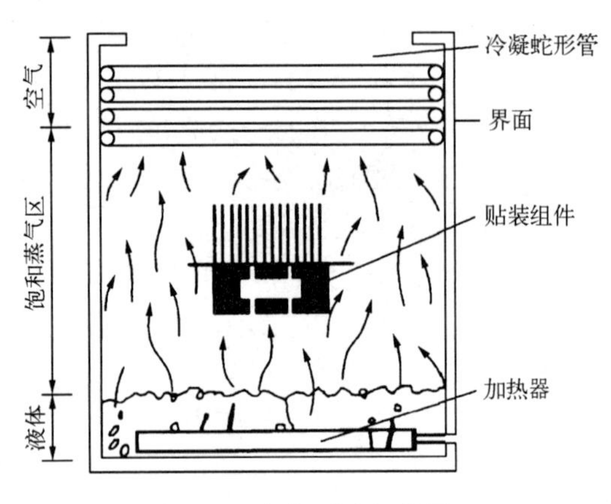

图 7-29　气相再流焊的原理

典型的气相焊接系统是一个可容纳氟惰性液体的容器，用加热器加热氟惰性液体到沸点温度，使之沸腾蒸发，在其上形成温度等于氟惰性液体沸点的饱和蒸气区。在这个饱和蒸气区内氟惰性蒸气置换了其中的大部分空气，形成无氧的环境，这是高质量地进行表面组装焊接的重要条件。在该容器的顶部（即饱和蒸气区的上方）是一组冷凝蛇形管，用来减少氟惰性蒸气的损失。

当相对较冷的被焊接的 SMC/SMD 进入饱和蒸气区时，蒸气凝聚在 SMC/SMD 所有暴露的表面上，把汽化潜热传给 PCB、元器件和焊膏。在 SMC/SMD 上凝聚的液体流到容器底部，再次被加热蒸发并凝聚在 SMC/SMD 上。这个过程继续进行，并在短时间内使 SMC/SMD 与蒸气达到热平衡，SMC/SMD 即被加热到氟惰性液体的沸点温度。由于所有氟惰性液体的沸点都高于焊料的熔点，因而可以获得适当的再流焊温度。

2．气相再流焊的特点

（1）由于在 SMC/SMD 的所有表面上普遍存在凝聚现象，且置于恒定温度的气相场中，汽化潜热的转移对 SMC/SMD 的物理结构和几何形状不敏感，因而可使组件均匀地加热到焊接温度。

（2）由于加热均匀，热冲击小，因而能防止元器件产生内应力。加热不受 SMC/SMD 结构的影响，复杂和微小部分也能进行焊接，焊料的桥连被控制到最低程度。

（3）焊接温度保持一定。由于饱和蒸气的温度由氟惰性液体的沸点决定，在这种稳定的饱和蒸气中焊接，无须采用复杂的温控手段就可以精确保持焊接温度，不会发生过热现象。

（4）在无氧气的环境中进行焊接，有利于形成高质量的焊点。

（5）热转换效率高，加热速度快。

（6）气相焊热传导效果好，温度升高速度快，受热均匀，并能精确控制最高温度，能焊接 PLCC 和 QFP 。

气相焊接技术也存在一定的缺点，主要表现在：升温条件不能由 SMD 的种类来确定，汽化力有将 SMD 浮起的可能，产生“曼哈顿现象”和“芯吸效应”；氟化处理价格昂贵，生产成本高，且如果操作不当，氟溶剂经热分解会产生有毒气体。它可用于特种场合下的焊接，如航天、军工的 SMC/SMD 的焊接。一旦新的转换介质研究成功，其应用前景将很广阔。

7.5.3 激光再流焊

1. 激光再流焊的原理

激光焊接是利用激光束直接照射焊接部位，焊接部位（器件引脚和焊料）吸收激光能并转变成热能，温度急剧上升到焊接温度，导致焊料熔化，激光照射停止后，焊接部位迅速变冷，焊料凝固，形成牢固可靠的连接，其原理如图 7-30 所示。

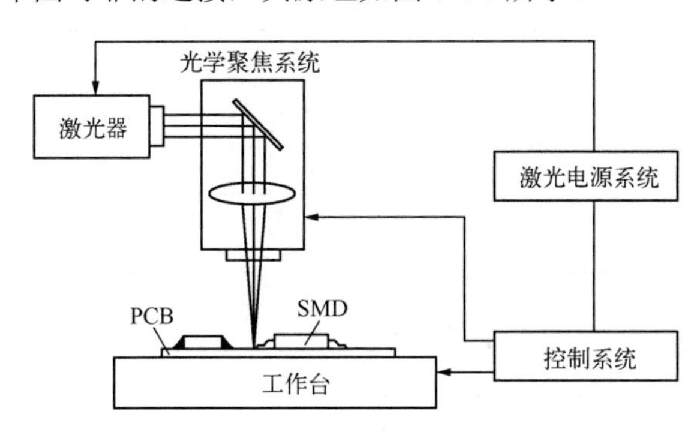

图 7-30 激光再流焊原理

2. 激光再流焊的特点

激光再流焊主要适用于军事电子设备中，它利用激光的高能密度进行瞬时微细焊接，并且把热量集中到焊接部位进行局部加热，对元器件本身、PCB 和相邻元器件影响很小，同时还可以进行多点同时焊接。

激光焊接能在很短的时间内把较大能量集中到极小表面上，加热过程高度局部化，不产生热应力，热敏性强的元器件不会受到热冲击，同时还能细化焊接接头的结晶粒度。激光再流焊适用于热敏元器件、封装组件及贵重基板的焊接。

该方法显著的优点是：加热高度集中，减少了热敏器件损伤的可能性；焊点形成非常迅速，降低了金属间化合物形成的机会；与整体再流法相比，减小了焊点的应力；局部加热，对 PCB、元器件本身及周边的元器件影响小；在多点同时焊接时，可使 PCB 固定而激光束移动进行焊接，易于实现自动化。激光再流焊的缺点是初始投资大，维护成本高。这是一种新发展的再流焊技术，它可以作为其他方法的补充，但不可能取代其他焊接方法。

7.5.4 再流焊方法的性能比较

与加热方法相对应的再流焊技术有气相、红外、热风循环、热板、光束、激光、工具加热等再流焊技术。各种再流焊方法的性能比较如表 7-1 所示；各种再流焊方法的优缺点比较如表 7-2 所示。

表 7-1　各种再流焊方法的性能比较

焊接方法	初始投资	生产量	操作费用	误差率	双面装配	温度稳定性	温度曲线	工装适应性	温度敏感元器件
热板再流焊	低	中高	低	很低	不能	好	极好	差	影响小
热风再流焊	高	高	高	很低	能	好	一般	好	有损坏危险
气相再流焊	高	中高	高	中等	能	极好	改变停顿时间容易，改变温度困难	很好	有损坏危险
激光再流焊	高	低	中	低	能	要求精确控制	要求试验	很好	极好
红外再流焊	低	中	低	低	能	取决于吸收	易控制	好	要求屏蔽

表 7-2　各种再流焊方法的优缺点比较

加 热 方 法	原　　理	优　　点	缺　　点	适 用 范 围
热板式	热传导	PCB 受热，热量能平缓传送，热冲击小，设备结构简单，成本低，能连续生产	热效率不高，受热不均匀，受基板传导性影响	单面板，低档贴片产品
热板加红外	热传导与辐射热	PCB 双面受热，辐射热效果好，热冲击大，设备价格较高，能连续大批量生产	辐射热对元器件表面性能较敏感，受热有阴影效应	双面板，中档产品应注意升温速率
热风	高温加热的气体在炉内循环加热	加热均匀；温度控制容易	容易产生氧化；强风会使元器件产生位移	中、高档产品大批量生产
红外	吸收红外线辐射加热	设备结构简单，价格低；加热效果好，温度可调范围宽；减少焊料飞溅、虚焊及桥连	元器件材料、颜色与体积不同，热吸收不同，温度控制不够均匀	双面板，中档产品
红外加热风	增加热风对流传导热量	焊接缺陷率低，PCB 双面受热，热风循环，加热效果好，温度可调，设备价格较高，能连续大批量生产	缺点不明显，注意升温速率和风量的大小，易使元器件移位	中、高档产品大批量生产
气相	F 类溶剂的蒸气凝聚时相变放热	加热均匀，热冲击小，升温快，温度控制准确，可在无氧环境下焊接，能连续大批量生产	成本昂贵，难大量推广使用，焊接缺陷多	军用、航天、电子产品的焊接和复杂电子产品的焊接
激光	CO_2、YAG 激光转化为热能	局部加热，热应力小，SMC/SMD 受损小，耗能小，精度高，非接触式能同时焊接，用光纤传送	CO_2 激光在焊接面反射率大，设备昂贵，难以推广	特种产品的焊接

7.6　再流焊技术的新发展

7.6.1　无铅再流焊

无铅再流焊主要有以下特点。

（1）无铅工艺温度高，熔点比传统有铅共晶焊料高。

（2）表面张力大，润湿性差。

（3）工艺窗口小，质量控制难度大。

（4）无铅焊点浸润性差，扩展性差。

（5）无铅焊点外观粗糙，因此传统的检验标准与AOI须升级。

（6）无铅焊点中孔洞（气孔）较多，尤其是有铅焊料与无铅焊料混用时，焊端上的有铅焊料先熔，覆盖焊盘，助焊剂排不出去，造成孔洞。一般情况下，BGA内部的孔洞不影响机械强度，但是大孔洞及焊接界面的孔洞，特别是当孔洞连成一片时会影响可靠性。

（7）缺陷多。主要由浸润性差，使自对位效应减弱造成的。

由于无铅焊料熔点高、润湿性差给再流焊带来了焊接温度高、工艺窗口小的工艺难题，使再流焊容易产生虚焊、气孔、立碑等缺陷，还容易引起元器件、PCB损坏等可靠性问题，因此，设置最佳的温度曲线，既保证焊点质量，又保证不损坏元器件和PCB，是无铅再流焊工艺中要解决的根本问题。

7.6.2 氮气惰性保护

使用惰性气体保护，一般采用氮气。因为惰性气体可以减少焊接过程中的氧化，因此，这种工艺可以使用活性较低的焊膏材料。这一点对于低残留物焊膏和免清洗尤为重要。另外，对于多次焊接工艺也相当关键。例如，在双面板的焊接中，氮气保护对于带有OSP的板子在多次再流工艺中有很大的优势，因为在氮气的保护下，板上的铜质焊盘与线路的可焊性得到了很好的保护。使用氮气的另一个好处是增加了表面张力，它使得制造商在选择器件时有更大的余地（尤其是超细间距元器件），并且增加了焊点表面粗糙度，使薄型材料不易退色。

氮气保护的费用比较高。一般我们采取以下几种方法降低氮气用量。首先，必须减少炉体进口的尺寸，尤其是垂直方向上的开口尺寸，使用遮挡板、卷帘幕，或者利用一些其他的东西来堵住进出口的孔隙。由遮挡板、卷帘幕向下形成的隔离区可以阻挡氮气的外泄，并且使外部的空气无法进入炉体内部，也有些再流炉采用自动的滑动门来隔离空气。另外一种方法是基于这样一个科学概念：被加热的氮气将飘浮于空气之上，两种气体不会混合。因此，再流炉的加热腔被设计成比进出口的位置高一些，因为氮气会自然地与空气分层，这样便可以用很少的氮气供给量来保持一个较高的浓度。

7.6.3 免洗焊接技术

传统的清洗工艺对环境有破坏作用，免洗焊接技术就成为解决这一问题的最好方法。免洗焊接包括两种技术。一种是采用低固体含量的免洗助焊剂；另一种是在惰性保护气体中进行焊接。对于第一种方法，助焊剂的活性仅在一定时间内有效，不能确保获得优良的焊缝，有时会产生桥连、拉尖和斑点等焊接缺陷，所以限制了它的应用领域，尚需继续研究开发。对于第二种方法，焊接在惰性气体中进行，可消除焊接部位在焊接过程中氧化的环境，从而可以减少或取消助焊剂的使用。焊接前仅用少量弱活性焊剂就可以去除焊接部位表面的氧化物并维持到进入惰性气体环境，或者对元器件引线进行一定处理，就可实现免洗焊接。

免洗焊接工艺不但适用于通孔插装组件、混合组装组件和全表面组装组件的焊接，而且也适用于多引线细间距元器件的组装。在这些应用中显示出下列优点。

（1）用于双波峰焊接工艺，由于少用或不使用助焊剂，从而消除了由于焊剂气体引起的焊接缺陷，并消除了喷嘴的堵塞，提高了波峰焊的稳定性，有利于获得高质量的焊接连接。

（2）取消了清洗工艺和相应设备，大大降低了操作成本。

（3）由于消除了焊料和焊接部位的氧化，提高了焊料润湿性和焊接部位的可焊性，从而最大限度地减少了焊接缺陷，大大提高了焊接质量，确保了元器件的焊接可靠性。

因此，免洗焊接技术是一项非常有价值的实用技术，它的推广应用在技术上、经济效益上和对人类生存环境的保护方面都具有非常重要的现实意义。

7.6.4　通孔再流焊技术

随着电子产品向小型化、高组装密度方向发展，电子组装技术也以表面贴装技术为主。但在一些电路板中仍然会存在一定数量的通孔插装元器件，形成表面贴装元器件和通孔插装元器件共存的混装电路板。传统组装工艺对于混装电路板的组装工艺是先使用表面贴装技术完成表面贴装器件的焊接，再使用通孔插装技术插装通孔元器件，最后通过波峰焊或手工焊来完成印制板的组装。其主要工艺步骤如图7-31所示。

图7-31　混装电路板传统组装主要工艺步骤

采用传统组装工艺组装混装电路板的主要缺点是必须要为使用极少的通孔插装元器件的焊接增加一道波峰焊接的工序，因此可以采用通孔再流焊技术解决以上缺点。通孔再流焊技术是将焊膏印刷到电路板上，然后在贴片后插装通孔插装元器件，最后表面贴装元器件和通孔插装元器件共同通过再流焊炉，一次性完成焊接的组装技术，主要工艺步骤如图7-32所示。

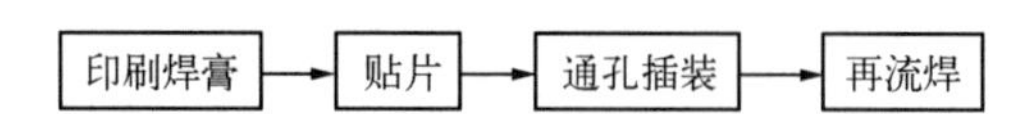

图7-32　混装电路板通孔再流焊主要工艺步骤

使用通孔再流焊技术，就可以在混装电路板上一次完成所有元器件的焊接，这样既可以减少工序提高生产效率，又可以节省波峰焊炉的设备成本。

1．通孔再流焊材料的选择

通孔再流焊可以选用锡铅（Sn为63%、Pb为37%）共晶焊膏，尽量选择焊料粉末直径较小且活性较好的新焊膏。印制电路板选用环氧树脂玻璃纤维布覆铜板，厚度为1.6mm。因为要采用锡铅再流焊接工艺，要求插装元器件必须能够耐高温，因此必须选择能够在235℃的高温下承受70s以上的通孔插装元器件。

2．通孔再流焊印刷焊膏

通孔再流焊技术的关键问题在于通孔焊点所需焊膏量比表面贴装焊点所需焊膏量要大，而采用传统再流工艺的焊膏印刷方法不能同时给通孔元器件及表面贴装元器件施放合适的焊膏量，通孔焊点的焊料量通常不足，因此焊点强度将会降低。可以通过下面两种不同工艺完成印刷。

（1）一次印刷工艺。

为了解决通孔元器件及表面贴装元器件焊膏需求量不同的问题，可以采用局部增厚模板进行一次印刷，如图 7-33 所示。

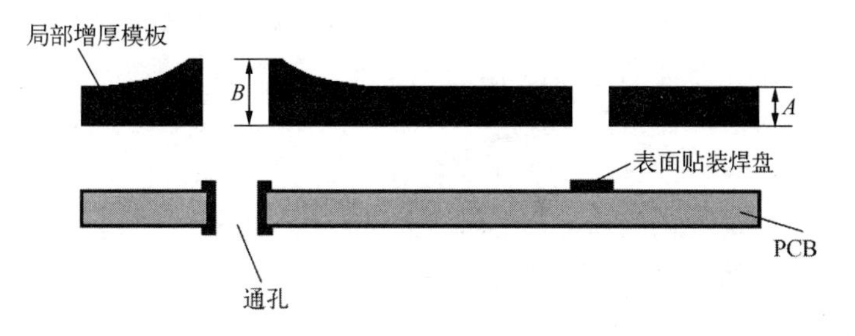

图 7-33　通孔再流焊局部增厚模板

采用局部增厚模板需要使用手动印刷焊膏的方式，而刮刀则要采用橡胶刮刀，印刷工艺与传统 SMT 印刷一致。通常局部增厚模板中参数 $A = 0.15$ mm、$B = 0.35$ mm 的厚度能够满足通孔再流焊各焊点焊膏量的要求。由于局部增厚模板使用橡胶刮刀，橡胶刮刀在压力下形变较大，因此印刷后会出现焊膏图形有凹陷的缺陷。

（2）二次印刷工艺。

一次印刷工艺使用局部增厚模板和橡胶刮刀完成印刷，然而对于一些引线密度较大而引线直径特小的混装电路板，采用局部增厚模板一次性印刷焊膏的工艺无法满足印刷质量的要求，就必须使用二次印刷焊膏工艺，如图 7-34 所示。首先通常采用 0.15 mm 厚的第一级模板印刷表面贴装元器件的焊膏，再用 0.3～0.4 mm 厚度的第二级模板印刷通孔插装元器件的焊膏。为了防止第二次印刷不至于影响第一次已经印刷在表面贴装焊盘上的焊膏，要在第二次印刷用模板的背面正对表面贴装焊盘处刻蚀出深度为 0.2 mm 的凹槽。

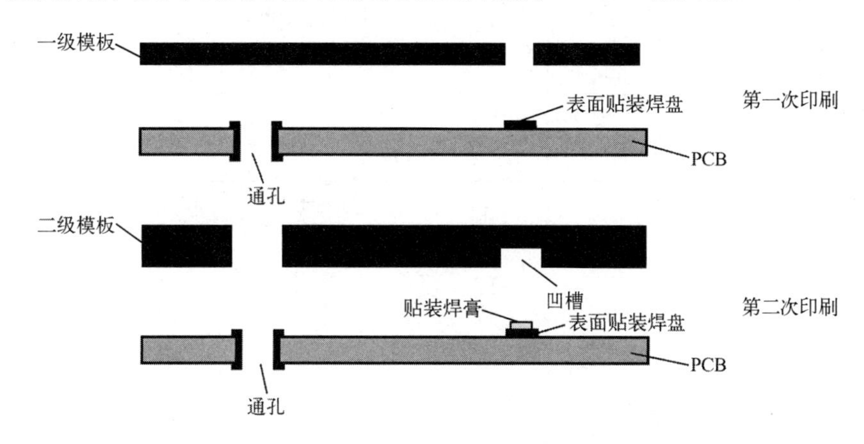

图 7-34　通孔再流焊二次印刷焊膏工艺

无论采用一次印刷工艺还是二次印刷工艺，当通孔插装元器件采用通孔再流焊所使用的焊料质量为采用波峰焊所使用的焊料质量的 80%时，焊点与采用波峰焊形成的焊点强度是相当的，但是如果通孔插装元器件的焊料质量低于这个临界量，则形成的焊点强度达不到标准。把 80%定义为通孔再流焊焊料临界量，无论是采用一次印刷工艺还是二次印刷工艺都要保证通孔再流焊所使用的焊料量大于这个临界量。

3. 通孔再流焊元器件的安装

混装电路板中的贴装元器件使用贴片机进行贴片，通孔插装元器件使用人工插装。通孔插装元器件插装时要求元器件的被焊接引脚超出 PCB 焊接面长度为 1.0～1.5 mm，过长的引脚会在插装时带出更多的焊膏，导致通孔内的焊膏量不足；元器件和 PCB 面之间应预留一定高度，高度为 0.5 mm 左右，以防止器件本身对焊膏造成挤压。插装元器件插入焊接孔后，通过再流炉时，由于焊膏熔化元器件易出现歪斜的状况，如图 7-35 所示。

可以通过使用固定冶具来保证焊接过程中元器件始终垂直于电路板，如图 7-36 所示。

图 7-35　再流焊中焊膏熔化元器件易歪斜

图 7-36　使用固定冶具

4. 通孔再流焊温区设置

以九温区的再流焊炉为例，通过对再流焊炉九个温区温度参数的设置，将再流焊炉划分成四大功能区，分别是预热区、浸温区、回流区和冷却区。将混装电路板放入已经设置好温区温度的再流焊炉，电路板依次经过四个功能区即可完成焊接。九温区的再流焊炉参数设置如表 7-3 所示。

表 7-3　九温区的再流焊炉参数设置

温区	温区 1	温区 2	温区 3	温区 4	温区 5	温区 6	温区 7	温区 8	温区 9
上温区	125 ℃	145 ℃	155 ℃	165 ℃	170 ℃	190 ℃	200 ℃	220 ℃	235 ℃
下温区	125 ℃	145 ℃	155 ℃	165 ℃	170 ℃	190 ℃	200 ℃	215 ℃	230 ℃
传送链条速度：0.72m/min									

习　题　7

1. 什么是再流焊技术？
2. 整个再流焊过程一般需经过哪几个不同的阶段？
3. 请举出三种再流焊常见的缺陷。
4. 激光再流焊的原理是什么？
5. 通孔再流焊的原理是什么？

第8章

清　　洗

8.1　污染物的种类

PCB的制作和储运、元器件的制作和储运及组件装联过程中所形成的各种污染物都会对印制电路板组件的质量和可靠性产生很大的影响，甚至引起电路失效，缩短产品的使用寿命。因此，必须在焊接工艺后对印制电路板组件进行清洗。

印制电路板组件清洗的主要目的包括以下几点。

（1）防止由于污染物对元器件、印制导线的腐蚀所造成的SMA短路等故障的出现，提高组件的性能和可靠性。

（2）避免由于PCB上附着离子污染物等物质所引起的漏电等电气缺陷的产生。

（3）保证组件的电气测试可以顺利进行，大量的残余物会使得测试探针不能和焊点之间形成良好的接触，从而使测试结果不准确。

（4）使组件的外观更加清晰美观，同时也对后道工序的进行提供了保证。

常见污染物的类型和来源如表8-1所示。

表8-1　常见污染物的类型和来源

污染物类型	来　源
有机化合物	焊剂、焊接掩膜、编带、指印
无机难溶物	光刻胶、焊剂剩余物
有机金属化物	焊剂剩余物
可溶无机物	焊剂剩余物、酸、水
颗粒物	空气中的物质、有机物残渣

一般而言，可以将这些不同类型的污染物分为极性污染物、非极性污染物和微粒状污染物三种。

（1）极性污染物。是指在一定条件下可电离为离子的物质，其分子具有偏心的电子分布。卤化物、酸及其盐都是极性污染物，它们主要来自于助焊剂中的活化剂。当极性污染物的分子分离时，会产生正的或负的离子。这种离子是良好的导体，能引起电路故障。在一定电压作用下，这种离子会向相反极性的导体迁移，同时由于极性污染物自身的吸湿性，它吸收水分并在空气中二氧化碳的作用下加速自身的溶解。这些离子载体的连锁反应会产生导电效应，造成PCB导线的腐蚀。

（2）非极性污染物。是指没有偏心电子分布的化合物，不会分离成离子，也不带电流，它们主要是指助焊剂中残留的有机物本身的残渣、波峰焊锡槽所用的防氧化油、残留胶带和浮油等。一般情况下，非极性污染物是绝缘体，不会产生腐蚀和电气故障。但由于其本身具有较大黏性，会吸附灰尘，因此会影响可焊性，如果其覆盖在焊点上还有可能会妨碍对焊点的电测试。

需要注意的是，大多数残留污染物是非极性物质和极性物质的混合物。

（3）微粒状污染物。主要来源于空气中的物质、有机物残渣等。尘埃、烟雾、静电粒子等都是微粒状污染物，它们同样会对印制电路板组件的性能造成损害。

8.2　清洗剂

1．清洗机理

在印制电路板组件中，污染物和组件之间的结合或附着主要有三种方式，分别是分子与分子之间的结合，也称为物理键结合；原子与原子之间的结合，也称为化学键结合；污染物以颗粒状态嵌入诸如焊接掩膜或电镀沉积的材料中，即所谓的“夹杂”。

清洗机理的核心就是破坏污染物与印制电路板之间的化学键或物理键的结合力，从而实现将污染物从组件上分离出去的目的。由于这个过程是吸热反应，因此必须供给足够的能量方可达到上述目的。

采用适当的溶剂，通过污染物和溶剂之间的溶解反应和皂化反应提供能量，就可破坏它们之间的结合力，使污染物溶解在溶剂中，从而达到去除污染物的目的。

另外，还可以采用特定的水去除水溶性助焊剂给组件留下的污染物。

2．清洗剂的选择

由于印制电路板组件在焊接后被污染的程度不同、污染物的种类不同及不同产品对组件清洗后的洁净度的要求不同，因此，可选用的清洗剂的种类也很多。那么，如何来选择合适的清洗剂呢？下面就来介绍一些对清洗剂的基本要求。

（1）润湿性。一种溶剂要溶解和去除 SMA 上的污染物，首先必须能润湿被污染的 PCB，扩展并润湿到污染物上。

润湿角是决定润湿程度的主要因素，最佳的清洗情况是 PCB 自发地扩展，出现这种情况的条件是润湿角接近于 0°。

（2）毛细作用。润湿能力佳的溶剂不一定能保证有效地去除污染物，溶剂还必须易于渗透、进入和退出这些细狭空间，并能反复循环直至污染物被去除。即要求溶剂具有很强的毛细作用，以便能渗入这些致密的缝隙中。常用清洗剂的毛细渗透率如表 8-2 所示，由此可知，水的毛细渗透率最大，但其表面张力大，所以难以从缝隙中排出，致使清洗水的交换率低，难以有效清洗。含氟烃混合物的毛细渗透率虽然较低，但表面张力也低，所以综合考虑其两种性能，这类溶剂对于组件污染物的清洗效果较好。

（3）黏度。溶剂的黏性也是影响溶剂有效清洗的重要性能。一般来说，在其他条件相同的情况下，溶剂的黏度高，在 SMA 上缝隙中的交换率就低，这意味着需要更大的力才能使溶剂从缝隙中排出。因此，溶剂的黏度低有助于它在 SMD 的缝隙中完成多次交换。

表 8-2　常用清洗剂的毛细渗透率

溶　剂	温　度（℃）	毛细渗透率
含氟烃混合物	25	26.4
含氯烃混合物	25	31.4
水	25	40.4
含氟烃混合物	40	28.0
含氯烃混合物	73	40.34
水	70	112.7

（4）密度。在满足其他要求的条件下，应采用密度高的溶剂来清洗组件。这是因为，在清洗过程中，当溶剂蒸气凝聚在组件上的时候，重力有助于凝聚的溶液向下流动，提高清洗效果；对于水平放置的组件，溶剂密度越高，溶剂在组件上的扩展越均匀，有利于改善清洗质量。另外，溶液密度高还有利于减少其向大气的散发，从而节省了材料，降低了运行成本。

（5）沸点温度。清洗温度对清洗效率也有一定的影响。在多数情况下，溶剂温度都控制在其沸点或接近沸点的温度范围。不同的溶剂混合物有不同的沸点，溶剂温度的变化主要影响它的物理性能。蒸气凝聚是清洗周期的重要环节，溶剂沸点的提高允许获得较高温度的蒸气，而较高的蒸气温度会导致更大量的蒸气凝聚，可以在短时间内去除大量污染物。这种关系在联机传送带式波峰焊和清洗系统中最重要，因为清洗剂传送带的速度必须与波峰焊传送带的速度相一致。

（6）溶解能力。在清洗 SMA 时，由于元器件与基板之间、元器件与元器件之间及元器件的 I/O 端子之间的距离非常微小，导致只有少量溶剂能接触器件底下的污染物。因此，必须采用溶解能力高的溶剂，特别是要求在限定时间内完成清洗时，如在联机传送带清洗系统中要这样考虑。但要注意到，溶解能力高的溶剂对被清洗零件的腐蚀性也大。多数焊膏和双波峰焊中采用松香基焊剂，所以，在比较各种溶剂的溶解能力时，对松香基焊剂剩余物要特别重视。

（7）臭氧破坏系数。随着社会的不断进步，人们的环保意识不断增强，因此，在评价清洗剂清洗能力的同时，也应考虑到其对臭氧层的破坏程度。为此，引入了臭氧破坏系数（ODP）这个概念，现在是以 CFC-113（三氟三氯乙烷）对臭氧的破坏系数为基准，即 $ODP_{CFC-113}=1$。

（8）最低限制值。最低限制值表示人体与溶剂接触时所能承受的最高限量值，又称为暴露极限。操作人员每天工作中不允许超出该溶剂的最低限制值。

在选择清洗剂时，除考虑上述性能外，还应该兼顾经济性、操作性及与设备的兼容性等因素。

3．清洗剂的发展

从清洗剂的特点来考虑，人们常选用三氯三氟乙烷（CFC-113）和甲基氯仿作为清洗剂的主体材料。CFC-113 具有脱脂效率高，对助焊剂残余物溶解力强，无毒、不燃不爆，易挥发，对元器件和 PCB 无腐蚀及性能稳定等优点。较长时间以来，它一直被视为印制电路板组件焊后清洗的理想溶剂。

但是近年来，人们经研究发现 CFC-113 对高空臭氧层有破坏作用，为了避免地球环境被破坏，现在已经研制出了 CFC 的替代品，主要有以下三种。

（1）改进型的 CFC。这种溶剂是在氯氟烃分子中引入了氢原子，代替了部分氯原子，以促进其可以在大气中迅速分解，减轻对臭氧层的损害，据测算，大概只有 CFC 的 1/10。这种 CFC 的替代溶液用 HCFC 表示。

（2）半水清洗溶剂。其特点是既能溶解松香，又能溶解于水中，主要有萜烯类溶剂和烃类混合物溶剂。萜烯类溶剂的主要成分是烃和有机酸，它可以生物降解，不会破坏臭氧层，无毒、无腐蚀，对助焊剂残余物有很好的溶解能力。烃类混合物溶剂的主要成分是烃类混合物，并含有极性和非极性成分，提高了对各种污染物的溶解能力。半水清洗剂是目前被广泛认为的最有希望的替代溶剂。

（3）水清洗剂。其成分是极性的水基无机物质，通常采用皂化剂跟焊接剩余物发生“皂化反应”，生成可溶于水的脂肪酸盐，然后再用去离子水漂洗。这种清洗材料是替代 CFC 溶剂清洗的有效途径，主要用于低密度组件的清洗。

目前，清洗剂正在继续向着无毒性、不破坏大气臭氧层、对自然环境不具有破坏作用、不会产生新的公害、能高效清洗高密度 SMA 的方向发展。

8.3　清洗方法及工艺流程

印制电路组件的清洗方法大多以清洗时所用溶液介质的性质来分类，主要分为溶剂清洗法、半水清洗法和水清洗法三类。

1．溶剂清洗法

（1）批量式溶剂清洗工艺。批量式清洗工艺又称为间歇式清洗，其主要工艺流程是：将欲清洗的印制电路组件置于清洗机的蒸气区，由于蒸气区四周设有冷凝管，当位于蒸气区下部的溶剂被加热而变成蒸气状态并上升至冷却的组件表面时又被冷凝成溶剂，并与组件表面的污染物作用后随液滴下落而带走污染物。被清洗组件在蒸气区停留 5～10min 之后，再用溶剂蒸气经冷凝而回收到的洁净液对组件进行喷淋，冲刷污染物。一直停留在蒸气区内的组件当其表面温度达到蒸气温度时，其表面不再产生冷凝液，此时组件已洁净干燥，可以取出。这种清洗方法清洗的组件洁净度高，适合小批量生产、印制电路组件污染不严重而洁净度要求较高的场合使用。它的操作是半自动的，溶剂蒸气会有少量泄漏，对环境有影响。

批量式溶剂清洗工艺的要点包括以下几个方面。

① 煮沸槽中应容纳足量的溶剂，以促进均匀、迅速地蒸发，还应注意从煮沸槽中清除清洗后的剩余物。

② 在煮沸槽中设置有清洗工作台，以支撑清洗负载；要使污染的溶剂在工作台水平架下面始终保持安全高度，以便使装清洗负载的筐子上升和下降时，不会将污染的溶剂带进另一溶剂槽中。

③ 溶剂罐中要充满溶剂，以使溶剂总是能流进煮沸槽中。

④ 当设备启动之后，应有充足的时间形成饱和蒸气区，并进行检查，确信冷凝蛇形管达到操作手册中规定的冷却温度，然后再开始清洗操作。

⑤ 根据使用量，周期性地用新鲜溶剂更换煮沸槽中的溶剂。

（2）连续式溶剂清洗工艺。连续式清洗工艺适用于大批量和流水线生产，清洗质量比较稳定，由于操作是全自动的，因此不受人为因素影响。另外，连续式清洗工艺中，可以加入高压倾斜喷射和扇形喷射的机械去污方法，特别适用于表面组装电路板的清洗。

① 连续式溶剂清洗技术的特点。连续式清洗机一般由一个很长的蒸气室构成，内部又分成几个小蒸气室，以适应溶剂的阶式布置、溶剂煮沸、喷淋和溶剂储存，有时还把组件浸没在煮沸的溶剂中。通常，把组件放在连续式传送带上，根据 SMA 的类型，以不同的速度运行，水平通过蒸气室。溶剂蒸馏和凝聚周期都在机内进行，清洗程序、清洗原理与批量式清洗类似，只是清洗程序是在连续式的结构中进行的。

采用连续式清洗技术清洗 SMA 的关键是选择满意的溶剂和最佳的清洗周期。

② 连续式溶剂清洗系统的类型。连续式清洗机按清洗周期可分为以下三种类型。

- 蒸气—喷淋—蒸气周期。这是在连续式溶剂清洗机中最普遍采用的清洗周期。组件先进入蒸气区，然后进入喷淋区，最后通过蒸气区送出。在喷淋区从底部和顶部进行上下喷淋。这种类型的清洗机常采用扁平、窄扇形和宽扇形等喷嘴相结合，并辅以高压、喷射角度控制等措施进行喷淋。
- 喷淋—浸没煮沸—喷淋周期。采用这类清洗周期的连续式溶剂清洗机主要用于难清洗的 SMA。要清洗的组件先进行倾斜喷淋，然后浸没在煮沸的溶剂中，再倾斜喷淋，最后排除溶剂。
- 喷淋—带喷淋的浸没煮沸—喷淋周期。采用这类清洗周期的清洗机与第二类清洗机类似，只是在煮沸溶剂上面附加了溶剂喷淋。有的还在浸没煮沸溶剂中设置喷嘴，以形成溶剂湍流。这些都是为了进一步强化清洗作用。

（3）沸腾超声波清洗工艺。沸腾超声波清洗工艺也是适用于 SMA 焊后清洗的技术之一，其在替代 CFC 的清洗方法中可适用于多种溶剂，并能显著地提高清洗效果。

① 超声波清洗的原理。超声波清洗的基本原理是“空化效应”（Cavitation Effect），当高于 20kHz 的高频超声波通过换能器转换成高频机械振荡传入清洗液中时，超声波在清洗液中疏密相间地向前辐射，使清洗液流动并产生数以万计的微小气泡，这些气泡在超声波的负压区形成、生长，而在正压区迅速闭合（熄灭），气泡闭合时形成约 1000 个大气压力的瞬时高压，就像一连串的小“爆炸”，不断地轰击被清洗物表面，并可对被清洗物的细孔、凹位或其他隐蔽处进行轰击，使被清洗物表面及缝隙中的污染物迅速剥落。然后再用溶剂喷淋被清洗组件，冲刷污染物，最后对清洗组件进行干燥处理。

② 沸腾超声波清洗的优点。效果全面，清洁度高；清洗速度快，提高了生产率；不损坏被清洗组件表面；减少了人手对溶剂的接触机会，提高了工作安全度；可以清洗其他方法达不到的部位。

但同时，由于超声波具有一定的穿透能力，往往会透过器件的封装进入器件内部而破坏晶体管和集成电路的焊点。因此，世界上很多国家都明确规定军用电子产品不得使用沸腾超声波清洗。我国 GJB3243—1998 军标也规定军用电子产品不允许用超声波清洗印制电路组件。

2．水清洗法

根据印制电路组件所用助焊剂种类不同，水清洗工艺又可分为皂化水清洗和净水清洗。

（1）皂化水清洗工艺。对于采用松香助焊剂焊接的印制电路组件，应采用皂化水清洗工艺。这是因为，松香中的主要成分松香酸不溶于水，而必须以水为溶剂，在皂化剂的作用下，将松香变成可溶于水的松香脂肪酸盐，然后在高压水喷淋下，才可以去除松香脂肪酸，最后再用净水清洗才能达到清洗目的。皂化水清洗工艺流程图如图 8-1 所示。

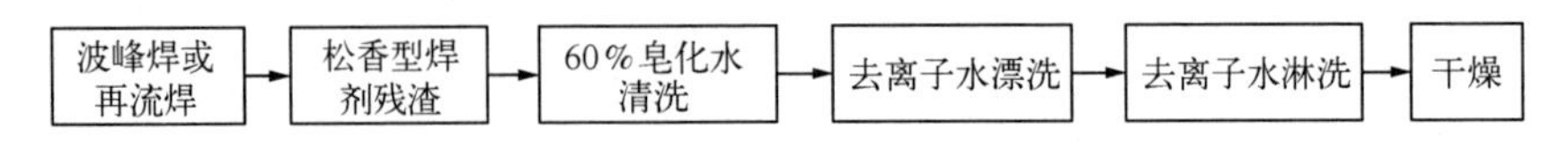

图 8-1　皂化水清洗工艺流程图

皂化水清洗工艺可以去除的污染物范围较广，并且可以根据所用的助焊剂选择合适的皂化剂进行清洗，针对性强。但它的清洗效果不如 CFC 理想，同时，皂化剂及其残渣往往又带来新的污染，影响印制电路组件的性能和质量。另外，皂化水清洗工艺对于非松香类的助焊剂残余物的清洗效果不稳定。

（2）净水清洗工艺。净水清洗就是清洗时洗涤和漂洗都采用净水或纯水。相对于皂化水清洗工艺，净水清洗主要适用于采用水溶性助焊剂进行焊接的印制电路组件。这种清洗方法非常简单，其工艺流程图如图 8-2 所示。

图 8-2　净水清洗工艺流程图

净水清洗工艺操作简单，成本低，但水溶性助焊剂质量不够稳定，工艺不易控制，在实际生产中使用较少。

3．半水清洗法

（1）半水清洗的原理。半水清洗是介于溶剂清洗和水清洗工艺之间的一种清洗方法，即先用溶剂清洗组件，再用水进行漂洗，最后烘干清洗的组件。半水清洗剂是其中的关键，其既能溶解松香，又能溶解在水中。清洗时，它首先快速地溶解组件上的松香残余物，然后再用水清洗组件，溶剂又与水互溶，此时松香残余物就会脱离组件而浮在水中，实现去除污染物的目的。

（2）半水清洗技术的特点。半水清洗先用萜烯类或其他半水清洗溶剂清洗焊接好的 SMA，然后再用去离子水漂洗。采用萜烯类半水清洗溶剂的半水清洗工艺流程图如图 8-3 所示。

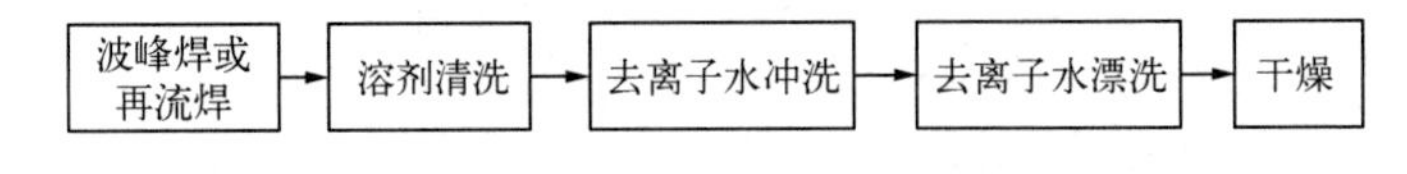

图 8-3　半水清洗工艺流程图

由于萜烯类半水清洗溶剂对电路组件有轻微的副作用，所以溶剂清洗后必须用去离子水漂洗。可以采用流动的去离子水漂洗，也可以采用蒸气喷淋漂洗工艺。在实际应用中，应根据需要选用不同的半水清洗溶剂和相应的工艺和设备。然而，不论采用哪种清洗溶剂和工艺，废渣和废水的处理是半水清洗中的一个重要环节，要使排放物符合环保的规定要求。另外，由于半水清洗中的溶剂价格比较贵，故在“去离子水冲洗”步骤后采用溶剂与水的分离技术将溶剂提取出来，实现溶剂的循环使用。

4．各种清洗方法的性能对比

几种清洗方法的性能比较如表 8-3 所示。

表 8-3　几种清洗方法的性能比较

清洗方法	优　　点	缺　　点
传统 CFC 清洗	① 现有配方 ② 用户熟悉的蒸气清洗 ③ 适合小批量清洗系统 ④ 产品呈干燥性 ⑤ 与产品、元器件有良好的相容性 ⑥ 无易燃危险、低毒	① 消耗臭氧 ② 使全球气候变暖 ③ 易挥发性有机化合物 ④ 短期方法，很快会被废止
HCFC 清洗	① 接近于 CFC 配方 ② 产品呈干燥性 ③ 与产品、元器件有良好的相容性 ④ 无易燃危险、低毒	① 易挥发性有机化合物 ② 缺少使用经验 ③ 消耗臭氧，同样会被废止
水清洗	① 有广泛的使用经验 ② 适用于批量和在线系统 ③ 较高的活性，增强了工艺灵活性 ④ 既可选用水溶性助焊剂，又可选用皂化的松香助焊剂 ⑤ 无易燃危险、低毒 ⑥ 排出物可以实现天然降解	① 由热风烘干，耗能 ② 对 SMT 组件须采用高压喷射 ③ 批量系统中，高压喷射较困难 ④ 必须软化水 ⑤ 对水的纯度要求很高 ⑥ 具有污水处理问题
半水清洗	① 对松香助焊剂有很好的溶解力 ② 当溶剂变脏时，溶解力保持不变 ③ 适合于批量和在线系统 ④ 低毒 ⑤ 有利于环境保护	① 要求烘干组件，能源昂贵 ② 对 SMT 组件要喷射清洗 ③ 有易燃的可能 ④ 离子溶解力较低 ⑤ 有异味 ⑥ 具有污水处理问题

8.4　影响清洗的主要因素及清洗效果评估方法

8.4.1　影响清洗的主要因素

要使印制电路组件的清洗顺利进行并且达到良好的效果，除了要了解清洗机理、清洗剂和清洗方法之外，还应该了解影响清洗效果的主要因素，如元器件的类型和排列、PCB 的设计、助焊剂的类型、焊接的工艺参数、焊后的停留时间及溶剂喷淋的参数等。

1．PCB 设计

PCB 设计时应避免在元器件下面设置电镀通孔。在采用波峰焊的情况下，焊剂会通过设置在元器件下面的电镀通孔流到 SMA 上表面或 SMA 上表面的 SMD 下面，给清洗带来困难。

PCB 的厚度和宽度应相互匹配，厚度适当。在采用波峰焊时，较薄的基板必须用加强筋或加强板增加抗变形能力，而这种加强结构会截流焊剂，清洗时难以去除。

焊接掩膜应能保持优良的黏性，经几次焊接工艺后也无微裂纹或褶皱。

2．元器件类型与排列

随着元器件的小型化和薄型化的发展，元器件和 PCB 之间的距离越来越小，这使得从

SMA 上去除焊剂剩余物越来越困难。例如，SOIC、QFP 和 PLCC 等复杂元器件，焊接后进行清洗时，会阻碍清洗溶剂的渗透和替换。当 SMD 的表面积增加和引线的中心间距减少时，特别是当 SMD 四边都有引线时，使焊后清洗操作更加困难。

元器件排列在元器件引线伸出方向和元器件的取向两个方面影响 SMA 的可清洗性，它们对从元器件下面通过的清洗溶剂的流动速度、均匀性和湍流有很大影响。

3．焊剂类型

焊剂类型是影响 SMA 焊后清洗的主要因素。随着焊剂中固体百分含量和焊剂活性的增加，清洗焊剂的剩余物变得更加困难。对于具体的 SMA 究竟应选择何种类型的焊剂进行焊接，必须与组件要求的洁净度等级及其能满足这种等级的清洗工艺结合进行综合考虑。

4．再流焊工艺与焊后停留时间

再流焊工艺对清洗的影响主要表现在预热和再流加热的温度及其停留时间上，也就是再流加热曲线的合理性。如果再流加热曲线不合理，使 SMA 出现过热，会导致焊剂劣化变质，变质的焊剂清洗很困难。焊后停留时间是指焊接后组件进入清洗工序之前的停留时间，即工艺停留时间。在此时间内焊剂剩余物会逐渐硬化，以至于无法清洗掉，因此，焊后停留时间应尽可能短。对于具体的 SMA，必须根据制造工艺和焊剂类型确定允许的最长停留时间。

5．喷淋压力和速度

为了提高清洗效率和清洗质量，在采用静态溶剂或蒸气清洗的基础上，大多采用喷淋冲刷。采用高密度溶剂和高速喷淋可使污染物颗粒受到大的作用力而容易被清除。但当溶剂选定后，溶剂的密度已不再是可以调节的参数，剩下唯一可调的参数就是溶剂的喷淋速度。

8.4.2　清洗效果的评估方法

印制电路组件是电子设备系统中的关键部件之一，其质量好坏对整个电子设备的可靠性和质量有着十分重要的影响。为此，当组件焊接完毕或经过清洗后，必须对组件的洁净度进行检测。目前常用的组件洁净度检测方法主要有目测法、溶液萃取的电阻率检测法及表面污染物的离子检测法。

1．目测法

目测法是借助光学显微镜的定性检测，其具体方法是：对清洗后的组件采用 5～10 倍的放大镜进行检查，观察组件表面特别是焊点四周是否有助焊剂残余物和其他污染物的痕迹。这种方法虽然简单易行，但无法检查元器件底部的污染情况，使用范围有限。

2．溶液萃取的电阻率检测法

这也是对印制电路组件洁净度检测常用的方法之一，其原理是：用一种特制溶液冲洗待检测的印制板组件，如果组件含有污染物，则冲洗过组件的溶液（收集液）因溶入了组件上的污染物而使其电阻率比溶液原始电阻率有所降低。下降的幅度与组件上污染物的数量成正比，从而可定量测出组件的洁净度，这一检测结果对衡量组件在服役后的电气可靠性具有重要意义。

3．表面污染物的离子检测法

离子检测法又称为离子污染度检测法，是衡量在已清洗过的组件上剩余的离子污染程度的方法。

这类测试方法的原理是：异丙醇和去离子水组成的测试溶液具有很低的电导率，将被测试组件浸没在测试溶液中之后，这种混合溶液溶解的表面极性污染物，将引起溶液电导率的增加，由仪器记录的电导率的变化将反映出溶解在溶液中的极性污染物的量值。由于溶液的电导率是溶解的离子浓度的线性函数，因此它比电阻率更容易解释。

习　题　8

1．在印制电路组件中，污染物和组件之间的结合或附着主要有哪几种方式？

2．印制电路清洗方法主要有哪些？

第9章

检　测

9.1　SMT检测概述

9.1.1　SMT检测的目的

PCB组件是现代电子产品中相当重要的一个组成部分，PCB的布线和设计追随着电子产品向快速、小型化、轻量化方向迈进。随着SMT的发展和SMA组装密度的提高，以及电路图形的细线化，SMD的细间距化，元器件引脚的不可视化等特征的增强，PCB组件的可靠性和高质量将直接关系到该电子产品是否具有高可靠性和高质量，为此，采用先进的SMT检测对PCB组件进行检测，可以将有关问题消除在萌芽状态。

9.1.2　SMT检测的基本内容

SMT检测的内容很丰富，基本内容包括可测试性设计、原材料来料检测、工艺过程检测和组装后的组件检测等。

（1）可测试性设计。可测试性设计包含光板测试的可测试性设计、可测试的焊盘、测试点的分布、测试仪器的可测试性设计等内容。

① 光板测试的可测试性设计。光板测试是为了保证PCB在组装前，所设计的电路没有断路和短路等故障，测试方法有针床测试、光学测试等。光板的可测试性设计应注意三个方面：第一，PCB上须设置定位孔，定位孔最好不放置在拼板上；第二，确保测试焊盘足够大，以便测试探针可顺利进行接触检测；第三，定位孔的间隙和边缘间隙应符合规定。

② 在线测试的可测试性设计。在线测试的方法是在没有其他元器件的影响下，对电路板上的元器件逐个提供输入信号，并检测其输出信号。其可测试性设计主要是设计测试焊盘和测试点。

（2）原材料来料检测。原材料来料检测包含PCB和元器件的检测，以及焊膏、焊剂等所有SMT组装工艺材料的检测。

（3）工艺过程检测。工艺过程检测包含印刷、贴片、焊接、清洗等各工序的工艺质量检测。组件检测含组件外观检测、焊点检测、组件性能测试和功能测试等。

9.1.3 SMT 检测的方法

目前，常用的检测是视觉检查（Visual Inspection）和电气测试（Electrical Test）。SMT 检测的方法分类如图 9-1 所示。视觉检查已经从人工目测发展到自动光学检测（Automated Optical Inspection，AOI）、自动 X 射线检测（Automatic X-ray Inspection，AXI）。电气测试则可分为在线测试和功能测试两大类。

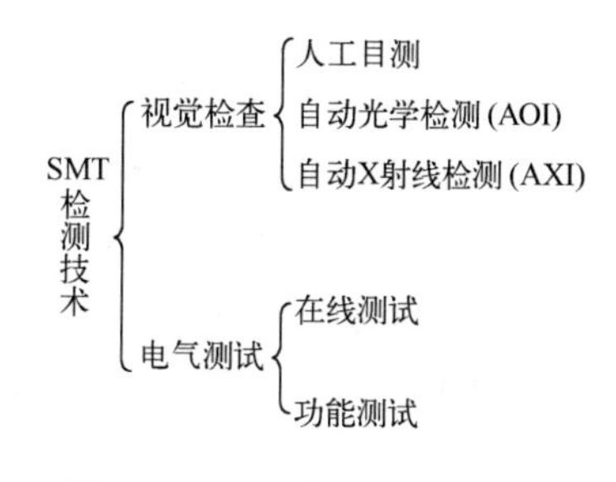

图 9-1 SMT 检测的方法分类

9.2 来料检测

来料检测的主要内容和基本检测方法如表 9-1 所示。

表 9-1 来料检测的主要内容和基本检测方法

检 测 项 目	检 测 方 法
元器件：可焊性	湿润平衡试验、浸渍测试仪
引线共面性	光学平面检查、贴片机共面性检测装置
使用性能	抽样检测
PCB：尺寸与外观检查	目检、专业量具
阻焊膜质量	热应力测试
翘曲和扭曲	
可焊性	旋转浸渍测试、波峰焊料浸渍测试、焊料珠测试
阻焊膜完整性	热应力试验
焊膏：金属百分比	加热分离称重法
焊料球	再流焊
黏度	旋转式黏度计
粉末氧化均量	俄歇分析法
焊锡：金属污染量	原子吸附测试
助焊剂：活性	铜镜实验
浓度	比重计
变质	目测颜色
黏结剂：黏性	黏结强度实验
清洗剂：组成成分	气体包谱分析法

9.2.1 元器件来料检测

1．元器件性能和外观质量检测

元器件性能和外观质量对表面组装组件 SMA 的可靠性有直接影响。对元器件来料首先要根据有关标准和规范对其进行检查，并要特别注意元器件性能、规格、包装等是否符合订货要求，是否符合产品性能指标要求，是否符合组装工艺和组装设备生产要求，是否符合存储要求等。

2．元器件可焊性检测

元器件引脚（电极端子）的可焊性是影响 SMA 焊接可靠性的主要因素，导致可焊性发生问题的主要原因是元器件引脚表面氧化。由于氧化较易发生，为保证焊接可靠性，一方面要采取措施防止元器件在焊接前长时间暴露在空气中，并避免其长期储存等；另一方面在焊前要注意对其进行可焊性测试，以便及时发现问题和进行处理。可焊性测试最原始的方法是目测评估，基本测试程序是：将样品浸渍于焊剂中，取出并去除多余焊剂后再浸渍于熔融的焊料槽中，浸渍时间达实际生产焊接时间的两倍左右时取出进行目测评估。这种测试实验通常采用浸渍测试仪进行，可以按规定精确控制样品浸渍深度、速度和浸渍停留时间。

3．元器件引脚共面性检测

表面组装技术是在 PCB 表面贴装元器件，为此对元器件引脚共面性有比较严格的要求，一般规定必须在 0.1mm 的公差区内。这个公差区由两个平面组成，一个是 PCB 的焊区平面，另一个是元器件引脚所处的平面。如果元器件所有引脚的三个最低点所处平面与 PCB 的焊区平面平行，各引脚与该平面的距离误差不超出公差范围，则贴装和焊接可以可靠进行，否则可能会出现引脚虚焊、缺焊等焊接故障。

元器件引脚共面性检测的方法较多，最简单的方法是将元器件放在光学平面上，用显微镜测量非共面的引脚与光学平面的距离。

目前，使用的高精度贴片系统一般都自带机械视觉系统，可在贴片之前对元器件引脚共面性进行自动检测，将不符合要求的元器件排除。

9.2.2　PCB 的检测

1．PCB 尺寸与外观检测

PCB 尺寸检测的内容主要有加工孔的直径、间距及其公差、PCB 边缘尺寸等。外观缺陷检测的内容主要有：阻焊膜和焊盘的对准情况；阻焊膜是否有杂质、剥离、起皱等异常状况；基准标记是否合格；电路导体宽度（线宽）和间距是否符合要求；多层板是否有剥层等。实际应用中，常采用 PCB 外观测试专用设备对其进行检测。典型设备主要由计算机、自动工作台、图像处理系统等部分组成。这种系统能对多层板的内层和外层、单/双面板、底图胶片进行检测；能检测出断线、搭线、划痕、针孔、线宽线距、边沿粗糙及大面积缺陷等。

设计不合理和工艺过程处理不当都有可能造成 PCB 的翘曲和扭曲，其测试方法是：将被测试 PCB 暴露在组装工艺具有代表性的热环境中，对其进行热应力测试。典型的热应力测试方法是旋转浸渍测试和焊料漂浮测试，在这种测试方法中，将 PCB 浸渍在熔融的焊料中一定时间，然后取出进行翘曲和扭曲检测。PCB 线路缺陷 AOI 检测装置及检测原理如图 9-2 所示。

人工测量 PCB 的方法是：将 PCB 的三个角紧贴桌面，然后测量第四个角距桌面的距离。这种方法只能进行粗略测估，更有效的方法还有应用波纹影像技术等。波纹影像方法是：在被测 PCB 上放置一个每英寸 100 线的光栅，另设一标准光源在上方以 45° 入射角通过光栅射到 PCB 上，由光栅在 PCB 上产生光栅影像，然后用一个 CCD 摄像机在 PCB 正上方观察光栅影像。这时，在整个 PCB 上可以看到两个光栅之间产生的几何干涉条纹，这种条纹显示了 *Z* 方向的偏移量，可数出条纹的数量计算 PCB 的偏移高度，然后通过计算转化成翘曲度。

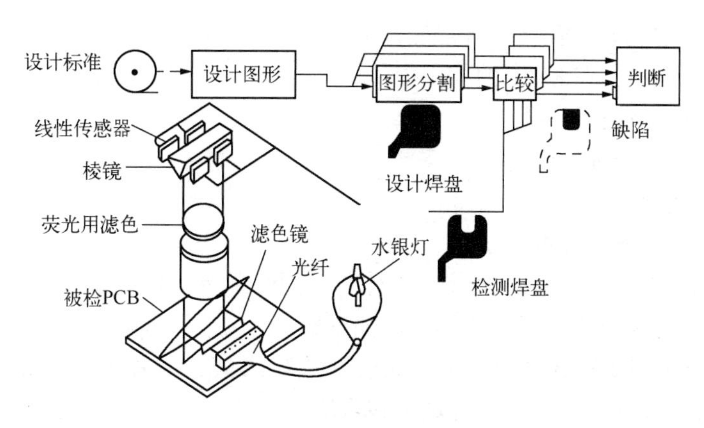

图 9-2　PCB 线路缺陷 AOI 检测装置及检测原理

2．PCB 的可焊性测试

PCB 的可焊性测试重点是焊盘和电镀通孔的测试，IPC-S-804 等标准中规定了 PCB 的可焊性测试方法，它包含边缘浸渍测试、旋转浸渍测试、波峰浸渍测试和焊料珠测试等。边缘浸渍测试用于测试表面导体的可焊性；旋转浸渍测试和波峰浸渍测试用于表面导体和电镀通孔的可焊性测试；焊料珠测试仅用于电镀通孔的可焊性测试。

3．PCB 阻焊膜完整性测试

PCB 上一般采用干膜阻焊膜和光学成像阻焊膜，这两种阻焊膜具有高的分辨率和不流动性。干膜阻焊膜是在压力和热的作用下层压在 PCB 上的，它需要清洁的 PCB 表面和有效的层压工艺。这种阻焊膜在锡铅合金表面的黏性较差，在再流焊产生的热应力冲击下，常会出现从 PCB 表面剥层和断裂的现象。这种阻焊膜也较脆，进行整平时受热和机械力的影响可能会产生微裂纹，另外，在清洗剂的作用下也有可能产生物理和化学损坏。为了找出干膜阻焊膜这些潜在的缺陷，应在来料检测中对 PCB 进行严格的热应力试验。当试验时观察不到阻焊膜剥层现象，可将 PCB 试件在试验后浸入水中，利用水在阻焊膜与 PCB 表面之间的毛细管作用观察阻焊膜剥层现象。还可将 PCB 试件在试验后浸入 SMA 清洗溶剂中，观察其与溶剂有无物理的和化学的作用。

4．PCB 内部缺陷检测

检测 PCB 的内部缺陷一般采用显微切片技术，其具体检测方法在 IPC-TM-650 等相关标准中有明确规定。显微切片检测的主要检测项目有铜和锡铅合金镀层的厚度、多层板内部导体层间对准情况、层压空隙和铜裂纹等。

9.2.3 组装工艺材料来料检测

1．焊膏检测

焊膏来料检测的主要内容有金属百分含量、焊料球、黏度、金属粉末氧化物含量等。

（1）金属百分含量。在 SMT 的应用中，通常要求焊膏中的金属百分含量为 85%～92%，常采用的检测方法如下所述。

① 取焊膏样品 0.1g 放入坩埚。

② 加热坩埚和焊膏。

③ 使金属固化并清除焊剂剩余物。

④ 称量金属重量：金属百分含量＝金属重量/焊膏重量×100%。

（2）焊料球。常采用的焊料球检测方法如下所述。

① 在氧化铝陶瓷或 PCB 基板的中心涂敷直径为 12.7mm、厚度为 0.2mm 的焊膏图形。

② 将该样件按实际组装条件进行烘干和再流。

③ 焊料固化后进行检查。

（3）黏度。SMT 所用焊膏的典型黏度是 200～800Pa · s，对其产生影响的主要因素是焊剂、金属百分含量、金属粉末颗粒形状和温度。一般采用旋转式黏度剂测量焊膏的黏度，测量方法可见相关测试设备的说明。

（4）金属粉末氧化物含量。金属粉末氧化是形成焊料球的主要因素，采用俄歇分析法能定量检测金属粉末氧化物含量，但价格贵且费时。常采用下列方法进行金属粉末氧化物含量的定性测试和分析。

① 称取 10g 焊膏放在装有足够量的花生油的坩埚中。

② 在 210℃的加热炉中加热并使焊膏再流，这期间花生油从焊膏中萃取焊剂，使焊剂不能从金属粉末中清洗氧化物，同时还防止了在加热和再流期间金属粉末的附加氧化。

③ 将坩埚从加热炉中取出，并加入适当的溶剂溶解剩余的油和焊剂。

④ 从坩埚中取出焊料，目测即可发现金属表面氧化层和氧化程度。

⑤ 估计氧化物覆盖层的比例，理想状态是无氧化物覆盖层，一般要求氧化物覆盖层不超过 25%。

2．焊料合金检测

SMT 工艺中一般不要求对焊料合金进行来料检测，但在波峰焊和引线浸锡工艺中，焊料槽中的熔融焊料会连续熔解被焊接物上的金属，产生金属污染物并使焊料成分发生变化，最后导致不良焊接。为此，要对其进行定期检测，检测周期一般是每月一次或按生产实际情况确定，检测方法有原子吸附定量分析方法等。

3．焊剂检测

（1）水萃取电阻率试验。水萃取电阻率试验主要测试焊剂的离子特性，其测试方法在 QQ-S-571 等标准中有规定。非活性松香焊剂（R）和中等活性松香焊剂（RMA）水萃取电阻率应不小于 100 000Ω · cm；而活性焊剂的水萃取电阻率小于 100 000 Ω · cm。

（2）铜镜试验。铜镜试验是通过焊剂对玻璃基底上涂敷的薄铜层的影响来测试焊剂活性的。例如，QQ-S-571 中规定，对于 R 和 RMA 类焊剂，不管其水萃取电阻率试验的结果如何，它不应该有去除铜镜上涂敷铜的活性，否则即为不合格。

（3）比重试验。比重试验主要测试焊剂的浓度。在波峰焊等工艺中，焊剂的比重受其熔剂蒸发和 SMA 焊接量的影响，一般需要在工艺过程中跟踪检测、及时调整，以使焊剂保持设定的比重，确保焊接工艺顺利进行。比重试验常采用定时取样、用比重计测量的方式进行，也可采用联机自动焊剂比重检测系统连续、自动地进行。

（4）彩色试验。彩色试验可显示焊剂的化学稳定程度，以及由于曝光、加热和使用寿命等因素而导致的变质。比色计测试是彩色试验的常用方法，当测试者有丰富的经验时，可采用最简单的目测方法。

4．其他来料检测

（1）黏结剂检测。黏结剂检测主要是黏性检测，应根据有关标准规定，检测通过黏结剂把 SMD 粘贴到 PCB 上的黏结强度，以确定其是否能保证被黏结元器件在工艺过程中受震动和热冲击不脱落，以及黏结剂是否有变质现象等。

（2）清洗剂检测。清洗过程中溶剂的组成会发生变化，甚至会变成易燃的或有腐蚀性的，同时会降低清洗效率，所以需要定期对其进行检测。清洗剂的检测一般采用气体色谱分析法。

9.3 自动光学检测与自动 X 射线检测

9.3.1 自动光学检测

自动光学检测（AOI）运用高速、高精度视觉处理技术，自动检测 PCB 上各种不同的贴装错误及焊接缺陷。PCB 的范围可从细间距高密度板到低密度大尺寸板，并可提供在线检测方案，以提高生产效率及焊接质量。

1．AOI 工作原理

AOI 系统包括多光源照明、高速数字摄像机、高速线性电机、精密机械传动结构和图形处理软件等部分。AOI 工作原理如图 9-3 所示。检测时，AOI 设备通过摄像头自动扫描 PCB，将 PCB 上的元器件或者特征（包括印刷的焊膏、贴片元器件的状态、焊点形态及缺陷等）捕捉成像，通过软件处理与数据库中合格的参数进行综合比较，判断元器件及其特征是否合格，然后得出检测结论，如元器件有缺失、桥连或者焊点质量等问题。

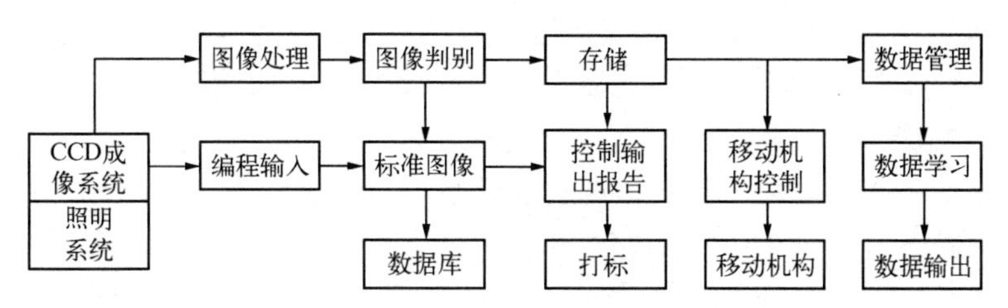

图 9-3 AOI 工作原理

AOI 原理与贴片机和印刷机所用的视觉系统的原理相同，通常采用设计规则检验（Design Rule Checking，DRC）和图形识别两种方法。DRC 法按照一些给定的规则（如所有连线应以焊点为端点，所有引线宽度不小于 0.127mm，所有引线之间的间隔不小于 0.102mm 等）检查电路图形。这种方法可以从算法上保证被检验电路的正确性，同时具有制造容易、算法逻辑容易、处理速度快、程序编辑量小、数据占用空间小等特点，为此采用该检验方法的较多。但是，该方法确定边界的能力较差。

图形识别法是将存储的数字化图像与实际图像比较。检查时，按照一块完好的印制电路板或根据模型建立起来的检查文件进行比较，或者按照计算机辅助设计中编制的检查程序进行比较。精度取决于分辨率和所用检查程序，一般与电子测试系统相同，但是采集的数据量大，数据实时处理要求高。图形识别法是用实际设计数据代替 DRC 中既定的设计原则，因而具有明显的优越性。

AOI 具有元器件检验、PCB 光板检查、焊后组件检查等功能。AOI 检测系统进行组件检测的一般程序是：自动计数已装元器件的印制电路板，开始检验；检查印制电路板有引线的一面，以保证引线端排列和弯折适当；检查印制电路板正面是否有元器件缺漏、错误元器件、损伤元器件、元器件装接方向不当等；检查装接的 IC 及分立元器件的型号、方向和位置等；检查 IC 元器件上标记的印制质量检验等。一旦 AOI 发现不良组件，系统向操作者发出信号，或触发执行机构自动取下不良组件。系统对缺陷进行分析，向主计算机提供缺陷类型和频数，对制造过程做必要的调整。AOI 的检查效率与可靠性取决于所用软件的完善性。AOI 还具有使用方便、调整容易、不必为视觉系统算法编程等优点。

2．AOI 的特点

（1）高速检测系统与 PCB 的贴装密度无关。

（2）快速便捷的编程系统。

（3）运用丰富的专用多功能检测算法和二元或灰度水平光学成像处理技术进行检测。

（4）根据被检测元器件位置的瞬间变化进行检测窗口的自动校正，达到高精度检测。

（5）通过用墨水直接标记于 PCB 上或在操作显示器上用图形错误表示来进行检测点的核对。

3．AOI 在 SMT 生产上的应用策略

AOI 可放置在印刷后、焊前及焊后。

（1）AOI 放置在印刷后。可对焊膏的印刷质量做工序检测。可检测焊膏量是否适当、焊膏图形的位置有无偏移、焊膏图形之间有无粘连。

（2）AOI 放置在贴片后、焊接前。可对贴片质量做工序检测。可检测元器件贴错、元器件移位、元器件贴反（如电阻翻面）、元器件侧立、元器件丢失、极性错误及贴片压力过大造成焊膏图形之间粘连等。

（3）AOI 放置在再流焊后。可做焊接质量检测。可检测元器件贴错、元器件移位、元器件贴反（如电阻翻面）、元器件丢失、极性错误、焊点润湿度、焊锡量过多、焊锡量过少、漏焊、虚焊、桥连、焊球（引脚之间的焊球）、元器件翘起（立碑）等焊接缺陷。

9.3.2 自动 X 射线检测

1．X 射线检测原理

X 射线检测是由计算机图像识别系统对微焦 X 射线透过 SMT 组件所得的焊点图像，经过灰度处理来判别各种缺陷。它采用的是扫描 X 射线分层照相技术。普通 X 射线（直射式）影像分析只能提供检测对象的二维图像信息，对于遮蔽部分很难进行分析，而扫描 X 射线分层照相技术能获得三维影像信息，而且可消除遮蔽阴影。

自动 X 射线检测（Automatic X-ray Inspection，AXI）的原理图如图 9-4 所示。当组装好的电路板沿导轨进入机器内部后，在电路板的上方有一个 X 射线发射管，其发射的 X 射线穿过电路板后，被置于下方的探测器（一般为摄像机）接收，由于焊点中含有可以大量吸收 X 射线的铅，因此与穿过玻璃纤维、铜、硅等其他材料的 X 射线相比，照射在焊点上的 X 射线被大量吸收，呈黑点，产生良好图像，如图 9-5 所示，使得对焊点的分析变得相当直观，故通过简单的图像分析算法便可自动且可靠地检测焊点缺陷。

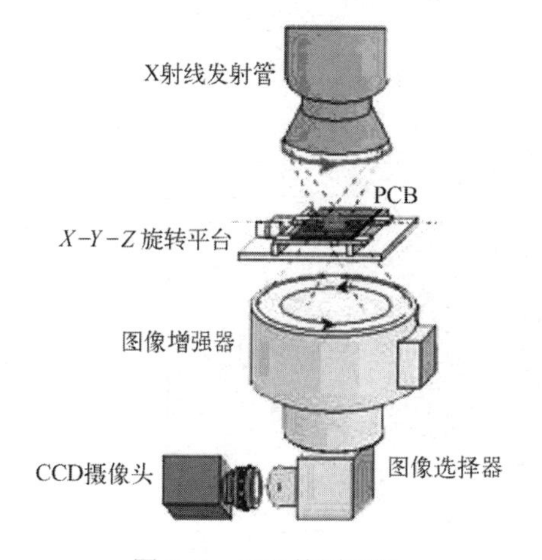

图 9-4 AXI 的原理图

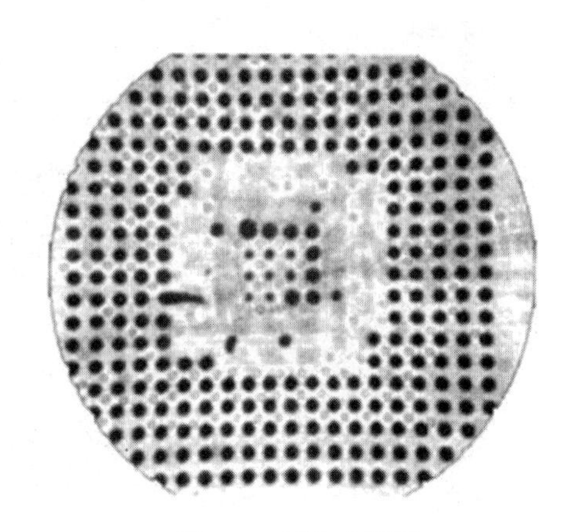

图 9-5 焊点成像图

AXI 技术已从以往的 2D 检验法发展到目前的 3D 检验法。前者为透射 X 射线检验法，对于单面板上的元器件焊点可产生清晰的视像，但对于目前广泛使用的双面贴装电路板，效果就会很差，会使两面焊点的视像重叠而极难分辨。而 3D 检验法采用分层技术，即将光束聚焦到任何一层并将相应图像投射到一高速旋转的接收面上，由于接收面高速旋转使位于焦点处的图像非常清晰，而其他层上的图像则被消除，故 3D 检验法可对电路板两面的焊点独立成像。

2．AXI 检测的特点

（1）对工艺缺陷的覆盖率高达 97%。可检查的缺陷包括虚焊、桥连、立碑、焊料不足、气孔及元器件漏装等。

（2）较高的测试覆盖度。可以对肉眼和在线测试检查不到的地方进行检查。

（3）测试的准备时间短。

（4）能观察到其他测试手段无法可靠探测到的缺陷，如虚焊、空气孔和成型不良等。

（5）对双面板和多层板只需一次检查（带分层功能）。

（6）提供相关测量信息，用来对生产工艺过程进行评估。

3．常见的 X 射线检测到的不良现象

（1）桥连现象，如图 9-6 所示。

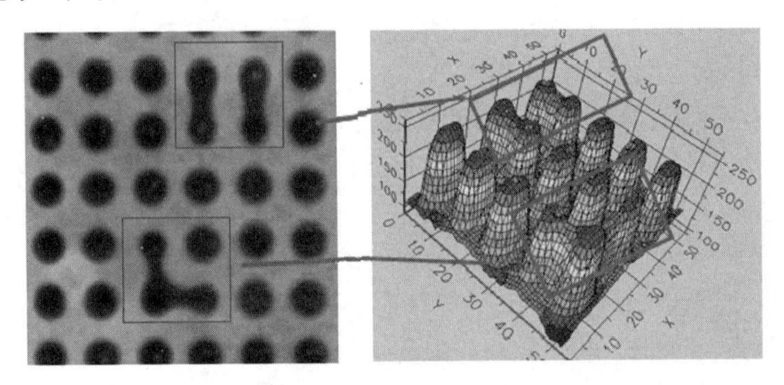

图 9-6　桥连现象 X 射线影像图

（2）漏焊现象，如图 9-7 所示。

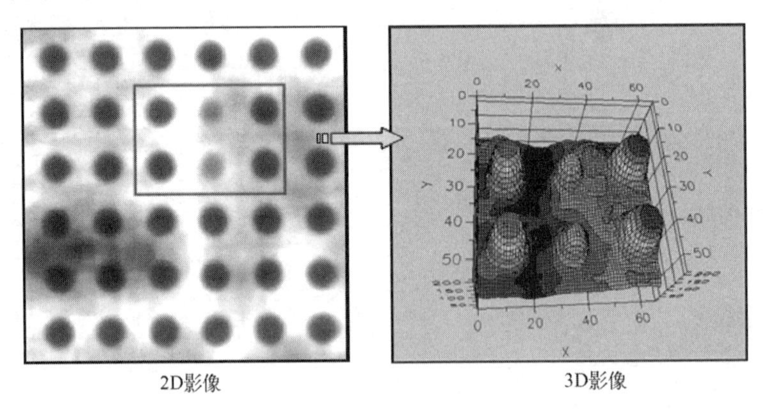

图 9-7　漏焊现象 X 射线影像图

（3）焊点不充分饱满，如图 9-8 所示。

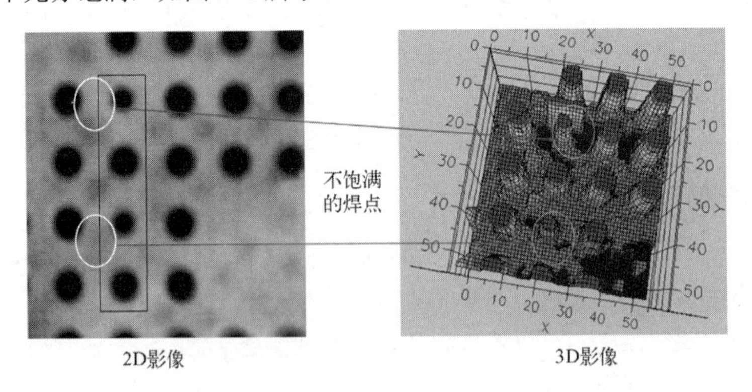

图 9-8　焊点不充分饱满 X 射线影像图

9.4　在线测试

在线测试（In-Circuit Test，ICT）是通过对在线元器件的电性能及电气连接进行测试来检查生产制造缺陷及元器件不良的一种标准测试手段。它主要检查在线的单个元器件及各电路网络的开、短路情况，具有操作简单、快捷迅速、故障定位准确等特点。

针床式在线测试可进行模拟器件功能和数字器件逻辑功能测试，故障覆盖率高，但对每种单板须制作专用的针床夹具，夹具制作和程序开发周期长。

飞针在线测试基本上只进行静态的测试，优点是无须制作夹具，程序开发时间短。

1．ICT 的范围

在线测试检查制成板上在线元器件的电气性能和电路网络的连接情况，能够定量地对电阻、电容、电感、晶振等器件进行测量；对二极管、三极管、光耦合器、变压器、继电器、运算放大器、电源模块等进行功能测试；对中、小规模的集成电路进行功能测试，如所有 74 系列、Memory 类、常用驱动类和交换类等 IC。

它通过直接对在线元器件电气性能的测试来发现制造工艺的缺陷和元器件的不良。元器件类可检查出元器件值的超差、失效或损坏；Memory 类可检查出程序错误等；对工艺类可发现如焊锡短路，元器件插错、插反、漏装，引脚翘起、虚焊，PCB 短路、断线等故障。

2．ICT 的特点

测试的故障直接定位在具体的元器件、元器件引脚、网络点上，故障定位准确。对故障的维修无须较多的专业知识。它采用程序控制的自动测试，操作简单，测试快捷迅速，单板的测试时间一般只需几秒至几十秒。

3．ICT 的意义

在线测试通常是生产中的第一道测试工序，能及时反映生产制造状况，有利于工艺的改进和提升。ICT 测试过的故障板，因故障定位准，维修方便，可大幅提高生产效率和减少维修成本。因其测试项目具体，是现代化大生产品质保证的重要测试手段之一。

9.4.1　飞针式在线测试技术

对于不能使用针床测试的印制电路板，可以使用飞针式在线测试仪。典型的飞针式在线测试仪如图 9-9 所示。飞针式在线测试状态如图 9-10 所示。测试作业时，根据预先编排的坐标位置程序，移动测试探针到测试点处与之接触，各测试探针根据测试程序对装配的元器件进行开/短路测试或元器件测试。

飞针式在线测试仪上安装有多根针，每根针都安装在适当的角度上，不会发生测试死角现象，能进行全方位角测试。因此，采用飞针式在线测试仪能大幅度地提高不良检出率。

飞针式在线测试仪的测试程序一般自动生成，其方法是：由 PCB 电路 CAD 系统与测试设备相连构成数据链站，将 CAD 数据输出的位置坐标变换为探接坐标，再由结点资料、元器件资料生成测试程序。由 CAD 数据直接转换成测试程序，能大幅度缩短编程时间和读入周期，降低运行成本。

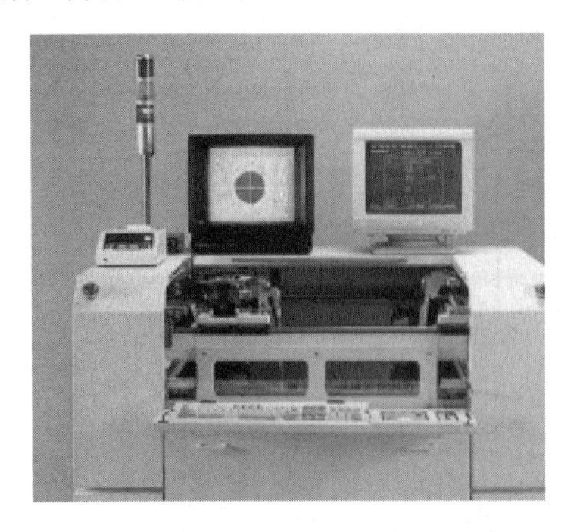

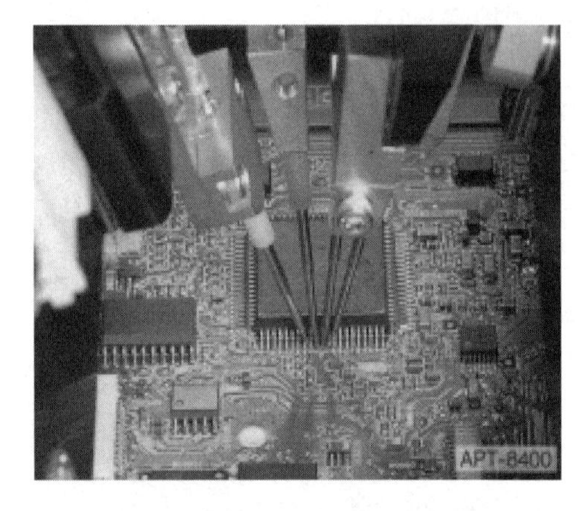

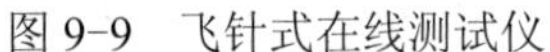

图 9-9　飞针式在线测试仪

图 9-10　飞针式在线测试状态

（1）PCB 标号定位。由 CAD 数据生成的测试探针探接坐标，借助印制电路板上的布线基准标号，以图像识别进行坐标修正后，可以减小被测电路板的制作误差及电路板的设置误差，从而实现高精度测量。

基准标号的图像识别与位置修正功能原理是：由 CCD 摄像机读取印制电路板布线时印制上的基准标号，由图像处理装置提取出标记的中心坐标，计算出与基准坐标的偏移量，然后对预先程序编定的 *X-Y* 坐标完成修正，进行测量。

（2）探针形状的选择和测试点的选择顺序。

① 探针形状的选择。表面贴装电路板的探针接触点有测试走线、过孔、元器件引脚等不同种类，飞针式在线测试仪的各根探针可以根据要求选择最适当的探针形状。

② 测试点的选择顺序。测试点的选择可按如下顺序进行：测试点、2125 以上的芯片焊盘、0.8mm 间距以上的 IC 引脚焊盘、过孔（已有元器件时）、裸孔、1608 以下的芯片焊盘（但指定 2 点）、0.65mm 间距以下的 IC 引脚焊盘。

9.4.2　针床式在线测试技术

在线测试根据 PCB 检测内容分为焊接工艺后检查焊锡桥接挂连、布线断线的短/开路测试和检查各元器件是否正确装配的元器件测试两种。高密度贴装电路板由于端脚布线密集、贴装元器件超小型化等原因，焊接不良及元器件漏装、错装率增高。由此，在线测试的重要性也越发显著。时至今日，在高密度 SMA 的检测中，借助测试针床进行不良检出的在线检测仍占较大比重。

针床式在线测试仪可在电路板装配生产流水线上高速、静态地检测出电路板上元器件的装配故障和焊接故障，还可在单板调试前，通过对已焊装好的实装板上的元器件用数百毫伏电压和 10mA 以内电流进行分立隔离测试，从而精确地测出所装电阻、电感、电容、二极管、三极管、场效应管、集成块等通用和特殊元器件的漏装、错装、参数值偏差、焊点连焊、印制电路板开/短路等故障，并可准确确定故障点是哪个元器件或开/短路位于哪个点。

1．针床式在线测试仪的基本构成

如图 9-11 所示为一种用于双面测试的针床式在线测试仪，它由控制系统、测量电路、测量驱动，以及上、下测试针床（夹具）等部分构成。

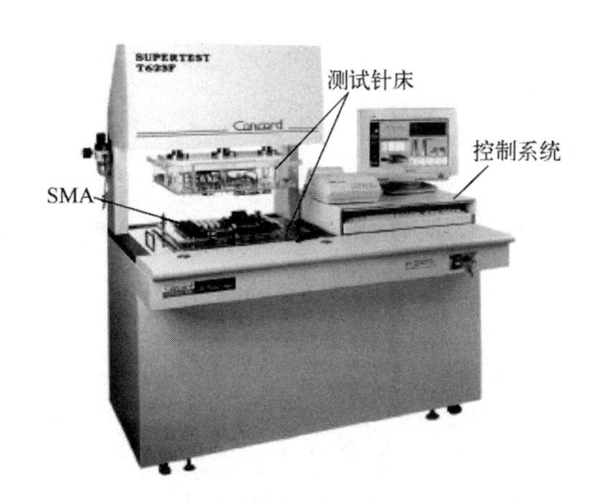

图 9-11　针床式在线测试仪

2．针床的制作

针床在线测试仪必须用测试针床对 PCB 上的导电体进行接触性测试检查，从而采集电气信号。因此，在线测试仪的测试可靠性取决于测试针的接触状态。表面贴装电路板中，不能从单面测试所有布线结点的情况很多，因此要采用从电路板两面测试的两面针床。由于涉及 PCB 位置高精度吻合性、元器件对测试针位避让、PCB 变形矫正等问题，两面针床的结构要求较复杂，对其制作要严格把关。

针床制作可分为不利用 PCB 电路 CAD 数据的制作和利用 CAD 数据的制作两种情况。有 CAD 数据情况下制作针床时，探针位置坐标信息通常是参照实装电路以精密数字化仪由裸板读取而来的。若要获得高精度坐标，应由电路板制板用的负片读取数据，制作所需的标准资料有布线负片、裸电路板、贴装好的电路板、贴装位置图、电路原理图和元器件表。利用 CAD 数据制作针床可除去测量误差因素，制作所需的标准资料包括探针位置数据、探针序号数据、贴装好的电路板、电路原理图和元器件表。

被测电路板与针床的相对位置精度恶化的原因是由加工精度、探针固定精度及温度系数等引起的。另外，PCB 本身的制作误差也是原因之一。

3．自动在线测试机

自动在线测试机是针对生产线自动化要求，配带自动传送装置的自动在线测试装置。自动传送系统包括表面贴装电路板的传送机构、电路板固定机构及两面高精度针床机构，还有便于更换针床的针床转接单元。

在线测试机有如下特点。

（1）即刻判断和确定缺陷。

（2）能检测出绝大多数的生产问题。

（3）可在线测试生成元器件库。

（4）提供系统软件，支持写测试和评估测试。

（5）对不同的元器件能进行模型测试。

9.5 几种检测技术的比较

目前，在电子组装领域中使用的检测技术种类繁多，常用的有人工目检、在线测试、自动光学检测、自动 X 射线检测和功能测试等。这些检测方式都有各自的优点和不足之处。

（1）人工目检是一种用肉眼检测的方法。其检测范围有限，只能检测元器件漏装、方向极性、型号正误、桥连及部分虚焊。由于人工目检易受人的主观因素影响，因此具有很高的不稳定性，在处理 0603、0402 和细间距芯片时人工目检更加困难，特别是当 BGA 元器件大量采用时，对其焊接质量的检查，人工目检几乎无能为力。

（2）飞针测试是一种机器检查方式。它是以两根探针对元器件加电的方法来实现检测的，能够检测元器件失效、性能不良等缺陷。这种测试方式对插装 PCB 和采用 0805 以上尺寸元器件贴装的密度不高的 PCB 比较适用。但是，元器件的小型化和产品的高密度化使这种检测方式的不足表现明显。对于 0402 级的元器件，由于焊点的面积较小，探针已无法准确连接，特别是高密度的消费类电子产品，探针会无法接触到焊点。此外，其对采用并联电容、电阻等电连接方式的 PCB 也不能准确测量。所以，随着产品的高密度化和元器件的小型化，飞针测试在实际检测工作中的使用量也越来越少。

（3）ICT 针床测试是一种广泛使用的测试技术。其优点是测试速度快，适合单一品种大批量的产品。但是，随着产品品种的丰富和组装密度的提高及新产品开发周期的缩短，其局限性也越发明显。其缺点主要表现是：须要专门设计测试点和测试模具，制作周期长，价格贵，编程时间长；元器件小型化带来的测试困难和测试不准确性；PCB 进行设计更改后，原测试模具将无法使用。

（4）自动光学检测 AOI 是近几年兴起的一种检测方法。它通过 CCD 照相的方式获得元器件或 PCB 的图像，然后经过计算机的处理和分析比较来判断缺陷和故障。其优点是：检测速度快，编程时间较短，可以放到生产线中的不同位置，便于及时发现故障和缺陷，使生产、检测合二为一。因此，它是目前采用得比较多的一种检测手段。但 AOI 系统也存在不足，如不能检测电路错误，对不可见焊点的检测也无能为力。

（5）功能测试。ICT 能够有效地查找在 SMT 组装过程中发生的各种缺陷和故障，但是它不能够评估整个电路板所组成的系统在时钟速度上的性能。而功能测试则可以测试整个系统是否能够实现设计目标，它将电路板上的被测单元作为一个功能体，对其提供输入信号，按照功能体的设计要求检测输出信号。这种测试是为了确保电路板能按照设计要求正常工作。功能测试最简单的方法是：将组装好的某电子设备上的专用电路板连接到该设备的适当电路上，然后加电压，如果设备正常工作，就表明电路板合格。这种方法简单、投资少，但不能自动诊断故障。

习　题　9

1．SMT检测包含哪些基本内容？
2．什么是在线测试？
3．什么是X射线检测?

第10章

返　　修

10.1　返修概述

返修通常是为了去除失去功能、引线损坏或排列错误的元器件，重新更换新的元器件。就是使不合格的电路组件恢复成与特定要求相一致的合格电路组件。为了满足电子设备更小、更轻和更便宜的要求，电子产品越来越多地采用精密组装微型元器件，如倒装芯片、CSP、BGA等，新型封装器件对装配工艺提出了更高的要求，对返修工艺的要求也在提高，因此，应更加注意采用正确的返修技术、返修方法和返修工具。

10.1.1　常见的返修焊接技术

返修工艺要求技术优秀的操作人员和良好的工具紧密配合，返修时必须小心谨慎，其基本的原则是不能使电路板、元器件过热，否则极易造成电路板的电镀通孔、元器件和焊盘的损伤。下面就来介绍几种常见的SMT组件返修焊接技术。

（1）接触焊接。接触焊接的特点是用加热的电烙铁头或环直接接触焊接媒介，经过一定时间后在特定位置形成可接受的焊点，焊接媒介包括焊盘、焊锡丝、助焊剂等物质。

焊接头用来加热单个的焊接点，而焊接环用来同时加热多个焊接点。焊接头有单头、双头或四面环绕等多种形式，主要用于元器件拆除。焊接环的外形设计主要用于双边、外围引脚封装的多引脚元器件的拆焊，如集成电路等元器件的拆焊。

接触焊接返修系统有多种规格，通常能够控制或限制温度。按照温度控制特性，可以将接触焊接返修系统分为三类。

① 恒温系统。能够提供连续、恒定的热量输出。对于SMT组件的焊接和返修应用，应该在335～365℃温度范围内运行。

② 限制温度系统。保持温度在一个最佳范围内，不能连续地传送热量，这个特点可以防止过热，但系统的加热速度慢。限温接触焊接系统在SMT组件应用中的操作温度范围一般为285～315℃。

③ 可控温度系统。可以提供效率更高的热量输出能力，系统温度偏差通常控制在10℃之内，不能连续传送热量，但温度自适应响应时机和温度控制比限制温度系统要优越。这类接触焊接系统要求操作温度范围控制在285～315℃。

接触焊接具有以下特点：焊接成本相对较低，容易买到；用胶预固定的元器件可以很容易地用焊接环取下；电烙铁环必须直接接触焊接点和引脚才能得到相应的加热效率；没有焊接温度限制或控制的电烙铁头或焊接环容易受温度冲击，温度冲击可能损伤陶瓷元器件，特别是多层电容等。

（2）加热气体（热风）焊接。热风焊接通过用喷嘴把加热的空气或惰性气体（如氮气等）引向焊接点和引脚来完成焊接加热过程。

热风系统由于加热均匀，可以避免采用接触焊接可能发生的局部热应力，这使它在均匀加热是关键问题的返修应用中成为首选。热风温度的可调范围一般为300～400℃。熔化焊锡所需要的时间取决于热风量的多少。

热风焊接系统的热风喷嘴构造设计十分重要，大多会具有两个主要部件，一是真空吸嘴，用于拆卸或焊接吸取、放置元器件；二是热风导流腔，主要作用是将返修装置产生的热气流引向拆卸或焊接的元器件，其次还有一个功能是维持局部热容量。

热风系统较之接触焊接系统具有如下优势：热风作为传热媒介传热效率低，能够有效地减少高加热率产生的热冲击；能够消除直接热媒介硬接触可能造成的物理损伤；系统的温度和加热速率可控制、可重复和可预测；设备价格范围从低到高，选择范围较宽。但同时，自动热风焊接系统比较复杂，要求操作者具有很高的技术水平。

（3）激光焊接。这类系统具有焊接热量集中于点、不受元器件封装材料特性影响、可不对基板加热、热熔时间短的特点，能够获得较高质量的焊点，但也存在速度慢、易产生焊球、焊接温度特性一致性较难控制、价格昂贵等缺点，因而多用于特殊领域。可应用于 SMT 返修的激光焊接系统除具有基本的激光产生和光学控制系统外，还有红外探测装置用以实时监测激光焊接的焊点温度状态，这样在计算机系统的辅助下，可以对特定焊点的热特征进行检查，确保焊点焊接的一致性，同时又直接产生反馈控制，做到焊接与检验同步。

激光返修装置的以上特点尤其适合于返修过程的增添元器件，特别是高密度印制电路组件的返修，而某些不适于气相焊和热风再流焊的热敏元器件也极其符合激光焊接的特点，新型元器件如 BGA、CSP、倒装芯片等，也能够在足够快的激光能量光束扫描下，不用借助其他辅助装置完成逐点焊接。在特别控制下，还可以完成高密度电路组件的短路修正，甚至是 PCB 印制导线也可以进行修正、切割、标注等工作，虽然目前由于装置复杂和制造成本原因尚未有专用装备得到实质应用，但激光焊接技术在 SMT 电路组件的快速返修应用方面极有发展前途。

（4）焊接工艺材料。助焊剂是所有印制电路组件焊接过程中必不可少的工艺材料，液体助焊剂可以用针头滴涂，也可以使用密封的或可重复充满的助焊剂笔施加，助焊剂笔施加能够有效地控制使用的助焊剂量。常见的焊锡丝也可带固体助焊剂芯，这种形式的焊接材料就同时含有助焊剂和焊锡合金，当使用带助焊剂芯的焊锡和液体助焊剂时，在工艺控制上要保证两种助焊剂相互兼容。

（5）手工焊接工艺。通常情况下，手工焊接程序有五个过程，包括准备、加热、插入锡线、拿开锡线、电烙铁头离开五步。快速地把加热和上锡的电烙铁头接触带芯锡线，然后接触焊接点区域，用熔化的焊锡帮助实现从电烙铁头到元器件的最初热传导，然后把锡线移开将要接触焊接表面的电烙铁头。在某些应用环境下，例如，无铅焊锡手工焊接的作业，由于焊锡、助焊剂成分特性要求，大多数企业都推荐这样的焊接程序：首先，加热电烙铁头接触引脚或焊盘，把锡线放在电烙铁头与引脚之间，形成热桥；然后，快速地把锡线移动到焊接点区域的周围，从而构成完美的焊点形态。

以上简述的任何一种手工焊接方法，只要能够正确完成和控制每个步骤的时间及焊料量，都将达到满意的焊接效果。

10.1.2　返修装置

返修装置根据其构造、应用及复杂程度，可以划分为三种类型：简易型、复杂多功能型和红外型。

（1）简易型返修装置。这种返修装置较为常见，在应用上比一般独立使用的恒温温控烙铁等焊接工具略有扩展，能够根据器件规格选择使用不同规格的电烙铁头，部分系统有简易固定 PCB 的操作平台，不带摄像头等视觉装置，只能应对封装密度较低的元器件，如 SOP、PLCC 的返修，而不适于 BGA 这类封装元器件的拆焊。

该类装置的基本功能有：通孔元器件焊点的加热、芯片焊接、芯片真空吸取及四周引脚元器件拆除等。

（2）复杂多功能型返修系统。复杂多功能型返修系统如图 10-1 所示，是集元器件拆卸、贴片、涂焊膏和热风再流焊等功能为一体的装置。

图 10-1　复杂多功能型返修系统

它与简易型返修装置相比，最为关键的区别是多了图像对位系统、温度控制系统、可控真空吸放系统和带有底部加热的板固定操作台这四个部分。

（3）红外型返修系统。红外型返修系统主要是利用中等波长的红外辐射加热效应来完成元器件的返修。一般情况下，红外辐射加热的效果具有均匀性，没有像热风再流加热时所发生的局部冷却现象。

红外焊接工艺曾经是表面贴装工艺的原始焊接方法，近年来，逐渐被热风再流焊工艺所代替，已不是主流焊接工艺技术，但在某些元器件的焊接与返修时具有其特色。

10.2　返修过程

就整个 SMT 组件的返修过程而言，可以将其分为拆焊、元器件整形、PCB 焊盘清理、贴放元器件、焊接及清洗等几个步骤。

（1）拆焊。该过程就是将返修器件从已固定好的 SMT 组件的 PCB 上取下，其最基本的原则就是不损坏或损伤被拆元器件本身、周围元器件和PCB焊盘。加热控制是拆焊过程中的一个关键因素，焊料必须完全熔化，以免在取走元器件时损伤焊盘。

（2）元器件整形。在对被返修元器件进行拆焊之后，要想继续使用已拆下元器件，必须对元器件进行整形。一般情况下，拆下元器件的引脚或焊球都会有不同程度的损伤，如细间距封装元器件的引脚变形、BGA的焊球脱落等情形。引脚变形的整理过程只能通过手工进行，除去除引脚上过量的焊锡外，还要使引脚间距保持与焊盘分布尺寸基本一致并不得弯折、相碰，同时要尽可能地保持较好的平整度。

球栅阵列封装取下之后须要进行锡球重整，该过程通常又称为植球。其重整过程可分为四个步骤：一是清理BGA上的焊盘及PCB焊盘表面的残余焊球或焊锡等物质；二是将配好的助焊剂均匀地涂敷到焊盘上；三是将已准备的与原器件焊球直径相对应的焊球颗粒手工移植到对应的焊盘上，通常借助专用的焊球模板；四是根据焊球、助焊剂温度要求将已完成植球的BGA置于合适的温度氛围中焊好，以使焊球与焊盘紧密可靠地连接。

（3）PCB焊盘清理。PCB焊盘清理包括焊盘清洗和整平等工作。焊盘整平通常指已拆下器件的PCB焊盘表面整平。焊盘清理通常是利用焊锡清扫工具、扁头电烙铁，辅以铜质吸锡带将残留于焊盘之上的焊锡去除，再以无水酒精或认可的溶剂擦拭去除细微物质和残余助焊剂成分。清理操作时，必须小心地保持吸锡带在烙铁嘴与焊盘之间，避免电烙铁嘴与元器件基板直接接触而损伤焊盘。

（4）贴放元器件。检查已印好焊膏的返修PCB；利用返修工作站的元器件贴放装置，选择适当的真空吸嘴，固定好要进行贴放的返修PCB；利用真空吸嘴吸附被贴装元器件，通过返修系统附带的视觉对位系统，将PCB与贴放臂进行预定位，确定元器件极性或标志引脚位置；完成预定位后，手工操作贴放臂平稳下移，使得器件各引脚或焊球直接紧密接触已涂敷焊膏的焊盘，放下被贴元器件，完成元器件贴放过程。

（5）焊接。返修的焊接过程基本可以归类为手工焊接及再流焊接过程，需要根据元器件及PCB布局特征、使用的焊接材料特性等进行周密考虑。手工焊接较为简单，主要用于小型元器件的返修焊接。

返修再流焊其整个过程有以下几个工艺要点。

① 返修再流焊的曲线应当与原始焊接曲线接近，热风再流焊曲线可分成四个区域：预热区、浸温区、回流区和冷却区。四个区域的温度、时间参数可以分别设定，通过与计算机连接，可以将这些程序存储和随时调用。

② 在再流焊过程中要正确选择各区域的加热温度和时间，同时应注意升温速度。一般在100℃之前，最大升温速度不超过6℃／s；100℃之后最大升温速度不超过3℃／s；在冷却区，最大冷却速度不超过6℃／s。因为过高的升温速度和降温速度都可能损坏PCB和返修元器件，这种损坏有时是肉眼不能观察到的。不同的元器件、不同的焊膏，应选择不同的加热温度和时间。如CBGA芯片的回流温度应高于PBGA的回流温度，90％Pb、10％Sn应较37％Pb、63％Sn焊膏选用更高的回流温度。对于免洗焊膏，其活性低于非免洗焊膏，因此焊接温度不宜过高，焊接时间不宜过长，以防止焊锡颗粒的氧化。

③ 在热风再流焊时，PCB的底部必须能够加热。加热有两个目的：一是避免由于PCB单面受热而产生翘曲和变形；二是使焊膏熔化时间缩短。对于大尺寸板返修BGA，底部加热尤为重要。通常返修设备的底部加热方式有两种：热风加热和红外加热。热风加热的优点是

加热均匀，一般返修工艺建议采用这种加热方式；而红外加热的缺点是 PCB 受热不均匀。

④ 选择好的热风回流喷嘴。热风回流喷嘴属于非接触式加热，加热时依靠高温空气流使 BGA 芯片上各焊点的焊锡同时熔化。

（6）清洗。返修后的清洗一般为局部清洗，有两种方法：一是直接使用与焊接材料、助焊剂相匹配的溶剂清洗，这种方法清洗后可能仍然会有不清晰的印迹；二是采用清洗液兑水清洗，这个过程由于水成分的存在，往往在随后又要进行烘干处理，但洁净度较好，能够满足相关工艺标准的要求。

无论采用何种返修手段和使用何种返修工具，由于受装置使用和操作者技能的影响，虽然能够使印制电路组件满足质量水平要求，但其过程多多少少存在各种不可控的因素。

客观上，手工焊接形式的返修质量很大程度上取决于操作者的技能水平和领悟能力，短期内不可能形成非常一致的工作效果，因此，在某些印制电路组件的返修上存在一定的风险。

虽然现在的返修工作站系统在功能上、能力上有了很大的提高，精度、可重复程度均可与自动化贴装设备媲美，但究其根本仍然是人在操作，因此对操作者的培养非常重要。其次，在焊接装置的构造上，由于其功能和作用所限，不可能与现代的七温区、十温区的自动再流焊接设备相比。极小区域的热气氛环境可调控参数有限，焊接温度曲线设置、调整困难，所完成的大型封装器件的焊接所形成的焊点形态上会有很大的差别，特别是 BGA、CSP 等元器件局部焊点的外形、光泽度、平滑度比再流炉的焊接效果要差一些。

习　题　10

1．返修过程主要有哪些步骤？

2．球栅阵列封装元器件的植球过程分为哪几个步骤？

参 考 文 献

[1] 杨清学．电子装配工艺[M]．北京：电子工业出版社，2003.
[2] 韩光兴．电子元器件与使用电路基础[M]．北京：电子工业出版社，2005.
[3] 吴懿平．电子组装技术[M]．武汉：华中科技大学出版社，2006.
[4] 何丽梅．SMT——表面组装技术[M]．北京：机械工业出版社，2008.
[5] 曹白杨．电子组装工艺与设备[M]．北京：电子工业出版社，2007.
[6] 晁小宁．提高波峰焊接质量的方法[J]．电子产品可靠性与环境试验，2006(3): 24-25
[7] 李可为．集成电路芯片封装技术[M]．北京：电子工业出版社，2007.
[8] 郎为民．表面组装技术（SMT）及其应用[M]．北京：机械工业出版社，2007.
[9] 余国兴．现代电子装联工艺基础[M]．西安：西安电子科技大学出版社，2007.
[10] 宣大荣．袖珍表面组装技术（SMT）工程师使用手册[M]．北京：机械工业出版社，2007.
[11] 张文典．实用表面组装技术[M]．北京：电子工业出版社，2006.
[12] 顾霭云．学习、运用焊接理论，提高无铅再流焊质量[C]. 2006 上海国际 SMT 技术高级研讨会论文集，2006(4): 11-30.
[13] 任博成，刘艳新．SMT 连接技术手册[M]．北京：电子工业出版社，2008.
[14] 周德俭．SMT 组装质量检测与控制[M]．北京：国防工业出版社，2007.
[15] 黄永定．SMT 技术基础与设备[M]．北京：电子工业出版社，2006.

举报电话：（010）88254396；（010）88258888

传　　真：（010）88254397

E-mail：dbqq@phei.com.cn

通信地址：北京市海淀区万寿路 173 信箱

　　　　　电子工业出版社总编办公室

邮　　编：100036